中等职业教育教学改革创新规划教材
数控技术应用专业教学用书

零件测量与质量控制

主　编　李尤举
副主编　于　华
参　编　赵　青　孙永厚　宋延鹏
　　　　任丰收　李勤敏

机 械 工 业 出 版 社

本书根据“以能力为本位，以就业为导向”的职业教育方针，以国家职业标准为依据，结合山东省数控技术应用专业教学指导方案，系统地介绍了机械零件极限配合基础知识、质量控制基础知识等，并通过实训安排使学生掌握零件尺寸、几何形状、锥度和角度、螺纹、表面结构的测量技能，工量具的选择、使用和维护，以及质量控制的基本知识和技能。

本书体现了“精简理论、突出技能”的编写原则，注重岗位职业素养的培养。全书共有六个单元，主要内容包括线性尺寸及其测量，几何误差及其测量，角度、锥度及其测量，螺纹及其测量，表面结构要求及其测量，质量控制。

本书适合中等职业学校机械类专业及相关专业使用，也可供相关专业短期培训班及机械加工技术人员使用或参考。

本书配有相关教学资源，选择本书作为教材的教师，可登录 www.cmpedu.com 网站，注册后免费下载。

图书在版编目（CIP）数据

零件测量与质量控制/李尤举主编. —北京：机械工业出版社，2020.5（2026.2 重印）
中等职业教育教学改革创新规划教材　数控技术应用专业教学用书
ISBN 978-7-111-65316-5

Ⅰ.①零…　Ⅱ.①李…　Ⅲ.①机械元件-测量-中等专业学校-教材②机械元件-质量控制-中等专业学校-教材　Ⅳ.①TG801②TH13

中国版本图书馆 CIP 数据核字（2020）第 061031 号

机械工业出版社（北京市百万庄大街 22 号　邮政编码 100037）
策划编辑：汪光灿　责任编辑：汪光灿　杨　璇
责任校对：张　征　封面设计：陈　沛
责任印制：郜　敏
保定市中画美凯印刷有限公司印刷
2026 年 2 月第 1 版第 4 次印刷
184mm×260mm · 13.5 印张 · 332 千字
标准书号：ISBN 978-7-111-65316-5
定价：39.00 元

电话服务　　网络服务
客服电话：010-88361066　机　工　官　网：www.cmpbook.com
010-88379833　机　工　官　博：weibo.com/cmp1952
010-68326294　金　书　网：www.golden-book.com
封底无防伪标均为盗版　机工教育服务网：www.cmpedu.com

前言

为适应当前中等职业教育改革创新的需要，在充分吸纳近几年中等职业学校课程改革经验的基础上，山东省教育厅组织中等职业学校骨干教师和企业一线技术人员共同编写了本书。本书既是数控技术应用专业必修课程的教材之一，也是山东省数控技术应用专业教学指导方案中的规划教材。

本书以培养学生综合职业能力为出发点，坚持“精简理论、突出技能”的编写原则，内容设计充分考虑了学生的认知能力、实践能力以及企业生产一线的岗位技能需要，注重学生岗位职业素养的培养。本书体现了以下特点：

1）突出技能实训的主导地位。各单元围绕技能实训要求，确定理论学习内容和目标，理论学习完全服务于技能实训。全书共设计了 32 个实训，包含了常用量具、量仪的使用与保养技能，以及企业常见的测量项目。

2）和大部分同类教材不同的是，本书包含了零件质量控制的基础知识，使学生获得统计过程控制方面的应用技术知识，培养学生对产品质量进行把关的能力。

3）采用了现行国家标准。

4）体例实用。全书共有六个单元，每个单元开头设有【学习目标】。各节中一般有以下几个环节：

【基本知识】围绕实训学习介绍必要的理论知识。

【实训准备】实训所需的量具（量仪）、零件。

【量具/量仪】介绍实训所用量具（量仪）的种类、规格、结构、使用方法。

【实训任务】给出实训所要完成的具体任务。

【任务分析】分析实训任务的内容和要求，选择测量工具。

【实训步骤】完成实训任务的具体过程、步骤。

【技能拓展】生产一线会用到的、没有单独设计实训的测量技能。

根据学习目标，第六单元中各节只有基本知识、实训任务、任务分析和实训步骤。

使用本书，建议采用一体化教学模式组织教学，学时分配建议如下：

单　元	学 时 数		
	理论学习	实训	小计
绪论	2		2
第一单元　线性尺寸及其测量	8	14	22
第二单元　几何误差及其测量	8	22	30
第三单元　角度、锥度及其测量	3	5	8
第四单元　螺纹及其测量	5	5	10

（续）

章　　节	学　时　数		
	理论学习	实训	小计
第五单元　表面结构要求及其测量	3	5	8
第六单元　质量控制	5	5	10
总计	34	56	90

本书由聊城市技师学院（聊城高级工程职业学校）的李尤举、于华分别担任主编、副主编，赵青、孙永厚、宋延鹏、任丰收、李勤敏参加编写。全书由李尤举统稿。

由于编者水平有限，书中错误和缺点在所难免，恳请广大读者和同仁批评指正。

编　者

目录

绪论

学习目标

（1）了解本课程的内容和学习要求。

（2）掌握互换性的相关概念。

（3）掌握误差和公差的相关概念。

基本知识

一、本课程的内容和学习目标

1. 本课程的内容

（1）机械零件的测量　一种机器的设计，经过运动设计、总体设计、结构设计、零件设计等过程，从而完成对机器的功能、结构形状、尺寸等的设计。在进行零件设计时，为了使机器正常运转，并实现所需求的功能，需要对零件进行精度设计，即给出零件的加工精度要求。

一种机器的生产，包括零件的加工、零件的测量、零部件的组装、产品的组装、产品的测试等过程。在零件的生产过程中以及生产后，都要进行必要的测量，以保证进入下道工序的零件的加工精度符合设计要求。

（2）质量控制　质量是加工出来的，而不是测量出来的。机械加工质量控制的关键是如何在加工过程中实施质量“控制”。

加工质量的内容非常广泛，影响加工质量的变量因素也很多。按照工艺系统的理论，质量问题出在工艺系统，控制质量也就是要解决工艺问题（严格地讲，质量控制只解决了工艺问题的三分之一，即质量控制可以解决工艺的“优质”问题，另外还有“高产”和“低耗”的工艺问题）。工艺系统由机床、夹具、刀具和工件四个子系统组成，任一子系统出了问题，加工质量都无法保证。发现质量问题后，我们首先要找出其工艺原因，然后从最简单的方法入手采取解决措施来保证加工质量。

进行测量的目的：一是判断零部件合格与否，保证不合格品不流向下道工序；二是实现对工艺过程的指导，即发挥质量控制的作用。

本课程就是关于零件的精度要求以及零件测量的知识和技能、关于加工过程质量控制的一门专业基础课。

2. 学习要求

在正常情况下（即机床和夹具符合质量要求），质量控制的能动环节在于工艺过程的正确性、操作者的技能和经验。一名优秀的机床操作者，应该掌握一定的测量技能，运用测量结果对自己的加工质量实施控制；一名优秀的质量检验员，应该能够通过对产品的测量，及时发现质量异常现象，分析产生不合格产品的原因，指导解决工艺问题。

通过本课程的学习，我们应达到下列基本要求：

1）建立互换性、标准化的基本概念。

2）掌握零件的各种几何参数的公差标准，并会查、用相关表格及技术资料。

3）能正确识读、标注常见的公差要求。

4）能合理选择和正确使用现场测量器具，具备产品测量的基本技能及分析零件质量的初步能力。

5）了解质量控制的基本理论，掌握直方图、控制图的应用。

二、互换性概述

互换性是现代化生产的重要原则，广泛应用于机械制造、仪器仪表和其他许多工业生产部门。

1. 互换性的概念

在日常生产和生活中，我们随时可以发现零部件互换的情况。例如：车床、汽车、拖拉机、自行车上的某一零件坏了，只要换上相同规格的零件就能正常运转。之所以这样方便，就是因为这些零件是按照互换性原则生产的。

在制造业中，互换性是指同一规格的零部件，不需做任何挑选、调整或修配，就能进行装配，并且能满足机械产品使用性能要求的特性，即指同一规格的零部件可以相互替换的性能。

零部件的互换性包括其几何参数、力学性能和理化性能等方面的互换性。本课程主要研究机械零件几何参数的互换性。

2. 互换性的作用

1）从设计者的角度看，由于采用具有互换性的标准件、通用件，可使设计工作简化、设计周期缩短，并便于进行计算机辅助设计。

2）从制造者的角度看，应用互换性原则可以实现专业化协作生产，即整个生产过程可以采用分散加工、集中装配的方式进行。这样，有利于使用现代化的工艺装备，有利于采用流水线和自动线等先进的生产方式，有利于提高产品质量和生产率，有利于降低生产成本。

3）从装配者的角度看，由于装配时不需做任何挑选、调整或修配，缩短了装配周期，并且便于装配自动化，大幅度地提高生产率。

4）从使用者的角度看，由于零部件具有互换性，生产中各种设备的零部件损坏后，能方便地用备件加以替换，减少了修理时间及费用，从而提高了设备的利用率，延长了设备的使用寿命。

3. 互换性的种类

按互换程度的不同，互换性可分为完全互换性和不完全互换性。

（1）完全互换性　若零部件在装配或更换前，不需做任何挑选；装配或更换时不需做任何调整或修配；装配或更换后，能够满足设备预定的使用性能，这样的零部件就具有完全互换性。完全互换性也称为绝对互换性。

例如：螺栓、定位销等标准件就具有完全互换性。

(2) 不完全互换性　若零部件在装配或更换前，需要进行附加挑选；装配或更换时，需要进行附加调整，但不需修配；装配后能够满足设备预定的使用性能，这样的零部件就具有不完全互换性。不完全互换性也称为有限互换性。

例如：当相配合的轴和孔装配精度要求很高时，若采用完全互换性，零件的制造误差要求就很小，加工难度加大，甚至无法加工。为此，生产上常常采用降低零件的精度要求，也就是放大加工零件允许的误差，使零件容易加工。在加工后，增加一道挑选工序：根据零件实际尺寸的大小，把相配零件分成若干对应组，使对应组内轴和孔的尺寸差别较小。然后，把轴和孔按对应组进行装配，即遵循大孔配大轴、小孔配小轴的原则进行装配。这样，既解决了加工困难的问题，又保证了装配精度。这种装配方法称为分组装配法。这种仅限于对应组内零部件的互换性就是不完全互换性。

应该指出，不是任何情况下的生产都必须应用互换性原则。例如：为保证机器的装配精度要求，在装配过程中，有时采用钳工修配的方法来获得所需要的装配精度，此种装配方法称为修配法；有时采用移动或更换某些零件以改变其位置和尺寸的办法来达到所需的精度，这种装配方法称为调整法。这些没有互换性的装配方式，通常应用在单件小批量生产中，特别是在重型机械与高精度的仪器制造中应用较多。

三、公差与测量——实现互换性生产的条件

1. 零部件的加工误差

具有互换性的零部件，其几何参数一定要做得绝对精确吗？从加工角度考虑，具有互换性的零部件，其几何参数一定要做得绝对准确是不可能的。因为在零件的加工过程中，无论设备的精度和操作者的技术水平有多高，几何参数绝对准确一致的零件是加工不出来的，不可避免会产生各种误差；从满足设备使用性能的角度考虑，具有互换性的零部件，其几何参数一定要做得绝对准确也是没有必要的。只要把零件的几何参数误差控制在一定的范围之内，零件的使用性能和互换性就能得到保证。

零件的几何参数误差可分为下列几种：

(1) 尺寸误差　尺寸误差是指一批零件的尺寸变动，即加工后零件的实际尺寸和理想尺寸之差，如直径误差、孔距误差等。

(2) 形状误差　形状误差是指加工后零件几何要素的实际形状相对于其理想形状的差异（或偏离程度），如轴线的直线度误差、截面圆的圆度误差等。

(3) 位置误差　位置误差是指加工后零件的表面、轴线或对称平面之间的相互位置相对于其理想位置 的差异（或偏离程度），如阶梯轴的同轴度误差、对称孔的对称度误差等。

(4) 表面微观形状误差——表面粗糙度　表面粗糙度误差是指加工后零件表面上具有的较小间距和峰谷所形成的微观几何形状误差。

2. 公差

零件几何参数误差的允许范围称为几何参数公差，简称为公差。它包括尺寸公差和几何公差（包括形状公差、方向公差、位置公差、跳动公差）等。公差是限制误差的，是误差的最大允许值，它是由设计人员根据产品使用性能要求和互换性要求给定的。

要用几何参数公差来限制几何参数误差，就要合理地确定几何参数公差的大小。现代化

生产中，一种产品的制造往往涉及许多企业，为了使各企业在技术上相互协调，就必须有一个统一的公差标准，以保证互换性生产的实现。因此，公差标准是互换性生产的基础。

3. 测量

加工完的零件是否符合设计要求，是否满足互换性的要求，还需要经过测量来检验。如果测量结果显示零件的几何参数误差控制在公差要求的范围以内，零件就合格，也就能够满足互换性的要求；反之，如果测量结果显示零件的误差超出了公差要求的范围，零件就不合格，也就不能满足互换性的要求。因此，测量是互换性生产的重要手段。

总之，制定和贯彻公差标准、相应的测量措施是实现互换性生产的两个必要条件。

四、公差标准

1. 标准和标准化

标准就是由一定的权威组织对经济、技术和科学等领域中反复出现的共同的技术语言和技术事项所规定的统一技术准则。它是相关各方必须共同遵守的技术依据。我国标准分为国家标准、部颁标准、地方标准和企业标准。标准就是技术法规。标准经主管部门颁布生效后，具有一定的法制性，不得擅自修改或拒不执行。

标准化是指以制定标准和贯彻标准为主要内容的全部活动过程，标准化程度的高低体现了一个国家现代化的程度。我国自 1959 年起，陆续制定了各种国家标准，对国民经济发展起了重要的作用。

2. 公差标准和优先数系

（1）公差标准　公差的标准化有利于机器的设计、制造、使用和维修，有利于保证产品的互换性和质量，有利于刀具、量具、夹具、机床等工艺装备的标准化。我国现行有关公差的主要国家标准有：

GB/T 1800.1—2009《产品几何技术规范（GPS）　极限与配合　第 1 部分：公差、偏差和配合的基础》。

GB/T 1800.2—2009《产品几何技术规范（GPS）　极限与配合　第 2 部分：标准公差等级和孔、轴极限偏差表》。

GB/T 1801—2009《产品几何技术规范（GPS）　极限与配合　公差带和配合的选择》。

GB/T 1803—2003《极限与配合　尺寸至 18mm 孔、轴公差带》。

GB/T 1804—2000《一般公差　未注公差的线性和角度尺寸的公差》。

GB/T 17851—2010《产品几何技术规范（GPS）　几何公差　基准和基准体系》。

GB/T 17852—2018《产品几何技术规范（GPS）　几何公差　轮廓度公差标注》。

GB/T 1958—2017《产品几何技术规范（GPS）　几何公差　检测与验证》。

GB/T 1182—2018《产品几何技术规范（GPS）　几何公差　形状、方向、位置和跳动公差标注》。

（2）优先数系　在制定公差标准、设计零件的结构参数时，都需要通过数值表示。

任何一种产品的技术参数都直接或间接地影响到与其配套的一系列产品的参数。例如：螺母直径的大小，影响并决定与其配合的螺栓直径的大小，以及加工和测量该螺母的丝锥、螺纹塞规、钻头等一系列产品的数值。为了避免产品数值的杂乱无章、品种规格过于繁多，减少给组织生产、管理和使用等带来的困难，必须把技术参数的可选数目限制在较小范围内，并进行优选、协调、简化和统一。

优先数系是一种科学的数值系列，对数值的协调、简化起重要的作用，是制定有关标准的依据。优先数系是一种十进制几何级数。十进制，即几何级数的各项数值中包括 1、10、100、…、10^n 和 0.1、0.01、0.001、…、10^{-n} 组成的级数（n 为正整数）。几何级数的特点是任意相邻两项之比为一常数，即公比。优先数系中的任何一个数都是优先数。国家标准 GB/T 321—2005 推荐了 5 个系列，分别为 R5、R10、R20、R40、R80 系列，各系列的公比分别为：

R5 系列：$q_5=\sqrt[5]{10}\approx1.6$

R10 系列：$q_{10}=\sqrt[10]{10}\approx1.25$

R20 系列：$q_{20}=\sqrt[20]{10}\approx1.12$

R40 系列：$q_{40}=\sqrt[40]{10}\approx1.06$

R80 系列：$q_{80}=\sqrt[80]{10}\approx1.03$

按公比计算得到优先数的理论值，经近似圆整后应用到标准的制定和实际工程技术中。例如：R10 系列从 250 到 3150 的优先数系为 250、315、400、500、630、800、1000、1250、1600、2000、2500、3150。

思 考 题

1. 什么是互换性？并请举例说明。
2. 简述互换性在现代化生产中的意义。
3. 实现互换性生产的条件是什么？

第一单元
线性尺寸及其测量

学习目标

（1）掌握尺寸、偏差、公差及配合的有关基本概念。
（2）能测量零件各种线性尺寸，做出尺寸合格性判断。
（3）能根据零件尺寸要求，合理选择量具。
（4）会保养有关测量用具，养成良好的职业习惯。

第一节　长度及其测量

基本知识

一、尺寸的有关术语

1. 尺寸

线性尺寸，简称为尺寸，是指两点之间的距离，如直径、半径、宽度、深度、高度、中心距等。线性尺寸主要区别于角度尺寸。尺寸表示长度的大小，由数字和长度单位组成。图样上标注尺寸时常以 mm 为单位，这时，只标数字，省去长度单位。当采用其他单位时，必须标注单位。

2. 公称尺寸（D、d）

公称尺寸是设计给定的尺寸。通常孔的公称尺寸用大写字母 D 表示，轴的公称尺寸用小写字母 d 表示。

国家标准中定义的孔、轴是广义的。

（1）孔　孔主要是指圆柱形的内表面，也包括其他由单一尺寸确定的非圆柱形的内表面部分。

（2）轴　轴主要是指圆柱形的外表面，也包括其他由单一尺寸确定的非圆柱形的外表面部分。

从加工工艺上讲，随着刀具逐渐切削，孔的尺寸不断加大，而轴的尺寸不断减小。从装配上来讲，轴是被包容面，孔是包容面。例如：圆柱孔、键槽都是孔，圆柱体、键等都是轴，如图 1-1 所示。

设计人员在设计零件的公称尺寸时，应根据零件的工作状况，从标准尺寸中选取适当的数值。

3. 实际尺寸（D_a、d_a）

通过测量获得的尺寸称为实际尺寸。由于测量必然会产生误差，所以实际尺寸并不是零件的真实尺寸。而且又由于几何形状误差是客观存在的，因此零件同一表面的不同部位的实际尺寸往往也是不等的。

4. 极限尺寸（D_{max}、D_{min}，d_{max}、d_{min}）

极限尺寸是允许孔和轴尺寸变动的两个界限值。允许孔或轴的最大尺寸称为上极限尺寸（D_{max}、d_{max}）；允许孔或轴的最小尺寸称为下极限尺寸（D_{min}、d_{min}）。

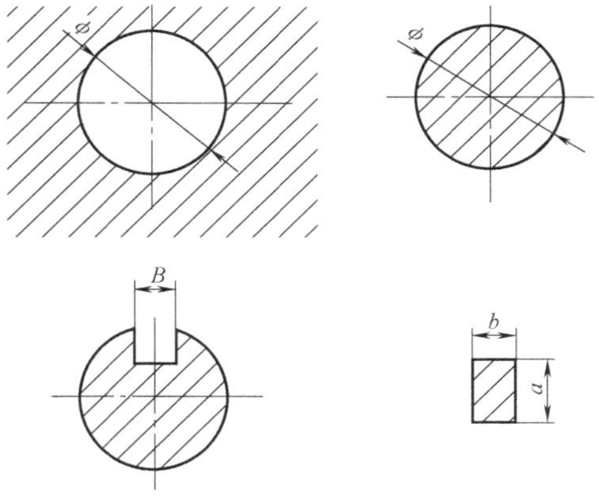

图 1-1 孔和轴

极限尺寸是根据设计要求以公称尺寸为基础给定的，用来控制实际尺寸变动范围。实际尺寸如果不大于上极限尺寸，同时不小于下极限尺寸，则该尺寸合格。

二、尺寸偏差和尺寸公差

1. 尺寸偏差

尺寸偏差是某一尺寸减其公称尺寸所得的代数差，简称为偏差。偏差可能为正值、负值或零，书写或标注时正、负号或零都要写出并标注上。偏差分为实际偏差和极限偏差。

（1）实际偏差　实际偏差是实际尺寸减其公称尺寸所得的代数差。孔、轴的实际偏差分别用符号 E_a 和 e_a 表示，并可用公式 $E_a=D_a-D$ 和 $e_a=d_a-d$ 计算。

（2）极限偏差　极限偏差是极限尺寸减其公称尺寸所得的代数差。极限尺寸有上极限尺寸和下极限尺寸之分，极限偏差也就有上极限偏差和下极限偏差之分。

1）上极限偏差。上极限尺寸减其公称尺寸所得的代数差。孔和轴的上极限偏差分别用符号 ES 和 es 表示。

$$ES=D_{max}-D \qquad es=d_{max}-d$$

2）下极限偏差。下极限尺寸减其公称尺寸所得的代数差。孔和轴的下极限偏差分别用符号 EI 和 ei 表示。

$$EI=D_{min}-D \qquad ei=d_{min}-d$$

极限偏差是设计人员根据零件之间配合的需要给定的。合格尺寸的实际偏差应该控制在上、下极限偏差之间，即如果实际偏差不大于上极限偏差，同时不小于下极限偏差，则该尺寸就合格。

2. 极限偏差的标注

在图样上或技术文件中标注极限偏差时，上极限偏差标注在公称尺寸的右上角，下极限偏差标注在公称尺寸的右下角。还需要注意的是：当极限偏差为零时，也应在相应位置标注“0”；上极限偏差、下极限偏差的数位要对齐；当上、下极限偏差数值相等而符号相反时，应简化标注。例如：标注 $\phi12^{+0.034}_{+0.007}$、$20^{+0.021}_{0}$、100±0.011。

3. 尺寸公差和公差带图

（1）尺寸公差（T）　尺寸公差简称为公差，是允许尺寸的变动量。

公差是设计人员根据零件使用时的精度要求和加工的经济性，对尺寸变动量给定的允许值。公差越大，即允许尺寸的变动量越大，加工就越容易，加工成本也就越低。反之，公差越小，加工就越困难，加工成本也就越高。

不难看出，公差与极限尺寸和极限偏差之间的关系为

孔的公差　　$T_h = |D_{max} - D_{min}| = |ES - EI|$

轴的公差　　$T_s = |d_{max} - d_{min}| = |es - ei|$

还应指出，公差是绝对值，数字前面没有“+”或“-”号。同时，因为加工误差不能避免，所以公差也不能取零值。

例 1-1　求孔 $\phi 20^{+0.010}_{-0.023}$mm 的尺寸公差。

解：

1）利用极限偏差计算：

$T_h = |ES - EI| = |+0.010\text{mm} - (-0.023\text{mm})| = 0.033\text{mm}$

2）利用极限尺寸计算：

$D_{max} = D + ES = 20\text{mm} + (+0.010\text{mm}) = 20.010\text{mm}$

$D_{min} = D + EI = 20\text{mm} + (-0.023\text{mm}) = 19.977\text{mm}$

$T_h = |D_{max} - D_{min}| = |20.010\text{mm} - 19.977\text{mm}| = 0.033\text{mm}$

（2）公差带图　为了更好地说明尺寸、偏差和公差的关系，我们可以画出极限与配合示意图，如图 1-2 所示。该图把极限偏差和公差部分放大，而公称尺寸没有放大，这样可以直观地看出公称尺寸、极限尺寸、极限偏差、公差之间的关系。

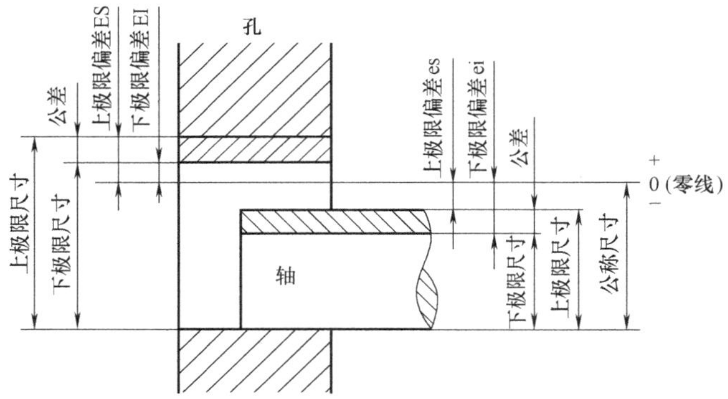

图 1-2　极限与配合示意图

极限与配合示意图是分析零件配合关系的重要工具。为了简化作图，我们通常不画出孔和轴的全形，只将公差部分按一定的比例放大画出，称为公差带图，如图 1-3 所示。

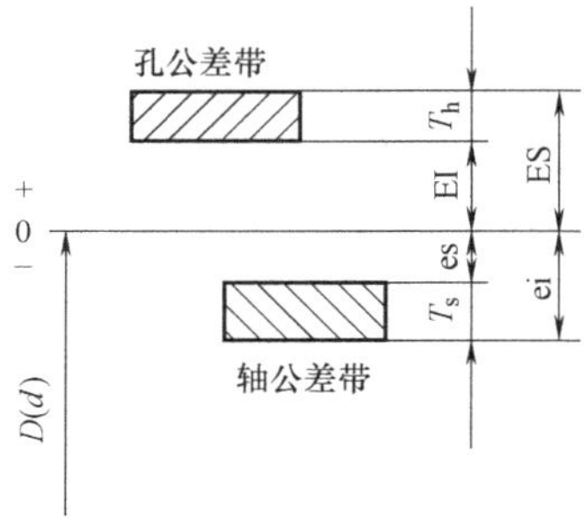

图 1-3　公差带图

公差带图中，表示公称尺寸的一条直线称为零线。由代表上极限偏差和下极限偏差（或上极限尺寸和下极限尺寸）的两条直线所限定的区域称为公差带。下面举例说明公差带图的画法。

例 1-2　作孔 $\phi 25^{+0.021}_{0}$mm 和轴 $\phi 25^{-0.007}_{-0.020}$mm 的公差带图。

解：作图步骤见表 1-1。

表 1-1 例 1-2 表

步骤	作图内容	图解	说明
1	画出零线	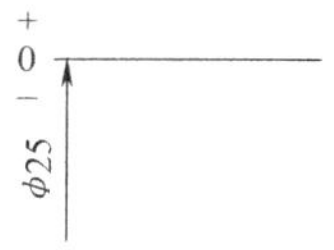	一般沿水平方向画出零线，并在其左端标上“0”和“+”“-”号，在其左下方画上带单向箭头的尺寸线，并标上公称尺寸
2	选定合适的作图比例		根据极限偏差值的大小选定合适的作图比例（一般选 500∶1，极限偏差值较小时可选 1000∶1），本题选 500∶1 的作图比例，即 0.5mm 代表 1μm
3	画出孔的上、下极限偏差线	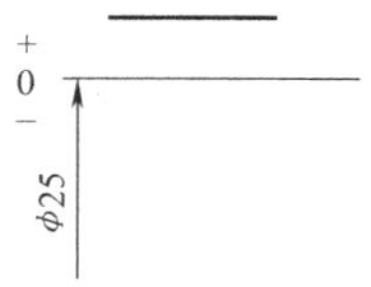	孔的上极限偏差为 +0.021mm，应在零线上方 10.5mm 处画出上极限偏差线；孔的下极限偏差为 0，即孔的下极限偏差线与零线重合
4	画出轴的上、下极限偏差线		轴的上极限偏差为 -0.007mm，应在零线下方 3.5mm 处画出上极限偏差线；轴的下极限偏差为 -0.020mm，应在零线下方 10mm 处画出下极限偏差线
5	完成孔、轴的公差带图	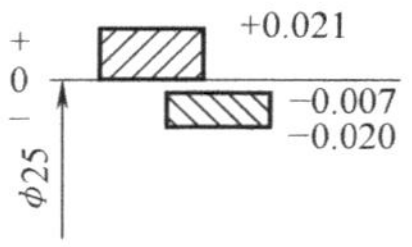	在孔、轴的上、下极限偏差线左右两侧分别画上垂直于极限偏差线的线段，将公差带封闭成矩形（矩形的长度适当即可）。然后在矩形内画上剖面线（孔、轴的剖面线方向相反以示区别），并在相应的部位标上极限偏差值

通过作图可以发现，公差带的要素有两个：公差带的大小和公差带的位置。公差带的大小是指公差带沿垂直于零线方向的宽度，由公差大小决定。公差带的位置是指公差带相对于零线的位置，由靠近零线的上极限偏差或下极限偏差决定。

三、技术测量概述

1. 技术测量的含义

在机械制造领域，技术测量主要是对零件的几何参数（如长度、角度、几何形状、相互位置关系、表面粗糙度等）进行测量和检验。

测量就是把被测的几何量与具有计量单位的标准量进行比较，从而确定被测几何量的量值的过程。测量不同于检验，检验是指判断零件是否合格，不一定需要测出具体数值。

2. 测量过程的要素

任何一个完整的测量过程都包括测量对象、计量单位、测量方法和测量精度四个要素。

（1）测量对象　测量对象就是被测的几何量，即长度、角度、几何形状、相互位置关系、表面粗糙度以及螺纹、齿轮等零件的几何参数等。

（2）计量单位　在测量过程中，计量单位必须统一。我国采用的法定计量单位中，常用的长度计量单位为米（m）、毫米（mm）、微米（μm）、纳米（nm）。常用的角度计量单位为弧度（rad）和度（°）、分（′）、秒（″），其换算关系见表 1-2 和表 1-3。

表 1-2　长度计量单位换算关系

单位名称	符号	与基本单位的关系	单位名称	符号	与基本单位的关系
米	m	基本单位	微米	μm	$1\mu m=10^{-6}m(0.000001m)$
毫米	mm	$1mm=10^{-3}m(0.001m)$	纳米	nm	$1nm=10^{-9}m(0.000000001m)$

表 1-3　角度计量单位换算关系

单位名称	符号	单位换算关系
度	°	基本单位 $1°=(\pi/180)rad=0.0174533rad$
分	′	$1°=60'$
秒	″	$1'=60''$
弧度	rad	基本单位 $1rad=(180/\pi)°=57.29577951°$

（3）测量方法　测量方法是指在实现测量时所使用的计量器具（测量工具）、依据的原理和检测条件的综合。根据测量目的的不同，常见的各测量项目也有多种不同的测量方法。常见的测量方法见表 1-4。

表 1-4　常见的测量方法

按比较方式分类	绝对测量	被测量值直接由量具或量仪刻度尺上读数表示
	相对测量	由量仪读出的是被测量相对于标准量的差值
按接触形式分类	接触测量	量具或量仪的测量头与被测表面直接接触
	非接触测量	量具或量仪的测量头不与被测表面接触
按同时测量项目的数量分类	综合测量	把被测件相关的几个参数合成为一个综合参数进行测量
	单项测量	对被测件的各个参数分别单独进行测量
按测量时被测件的状态分类	静态测量	测量时被测件处于静止状态
	动态测量	测量时被测件处于运动状态，测量头与被测件有相对运动
按测量对工艺过程的作用分类	主动测量	零件加工过程中的测量，测量结果用来控制零件的加工精度
	被动测量	加工结束后的测量，测量结果用来检验零件的合格性

（4）测量精度　测量精度是指测量结果与真实值的接近程度。

四、计量器具

计量器具是指能用以直接或间接测出被测对象量值的装置、仪器仪表、量具和用于统一量值的标准物质。计量器具包括量具、量仪、量规和计量装置。

1. 量具

量具又分为标准量具和通用量具。标准量具是用来复现单一量值的量具，如量块、直角尺等。通用量具是用来复现一定范围内的一系列不同量值的量具，如钢直尺、游标卡尺和千分尺等。通用量具按其结构特点又可以分为刻线量具（如钢直尺）、游标量具（如游标卡尺）和螺旋测微量具（如千分尺）。

2. 量仪

量仪是计量仪器的简称，它是将被测几何量值转换成可直接观察的指示值或等效信息的一类计量器具。量仪按照原始信号的转换原理可以分为以下几种：

（1）机械量仪　用机械的方法实现原始信号的转换，具有机械测微机构。这种量仪结构简单、性能稳定、使用方便，如指示表、机械比较仪。

（2）光学量仪　用光学的方法实现原始信号的转换，具有光学放大测微机构。这种量仪精度高、性能稳定，如光学比较仪、工具显微镜、干涉仪等。

（3）电动量仪　能把原始信号转换成电量信号的量仪，具有放大滤波电路。这种量仪精度高、测量信号易于输入计算机，可以实现数据处理的自动化，如电感比较仪、电动轮廓仪、圆度仪等。

（4）气动量仪　以压缩气体为介质，通过气动系统流量或压力的变化来实现原始信号的转换。这种量仪结构简单、测量精度和效率高、操作方便，但示值小，如水柱式气动量仪、浮标式气动量仪等。

3. 量规

量规是没有刻度的专用计量器具，可用于检验零件要素实际尺寸和几何误差的综合结果。使用量规检验零件不能测得零件的实际尺寸和几何误差，而只能确定被检测的零件是否合格，如光滑极限量规、螺纹量规等。

4. 计量装置

计量装置是指为确定被测几何量值所必需的计量器具和辅助设备的总体。它能够测量同一零件上较多的几何量和形状比较复杂的零件，有助于检测的自动化，如数控检测中心、齿轮综合精度检测仪、发动机缸体的几何精度综合测量仪等。

思　考　题

1. 什么称为孔？什么称为轴？
2. 什么称为实际尺寸？实际尺寸是零件的真实尺寸吗？为什么？
3. 什么称为极限尺寸？极限尺寸的作用是什么？
4. 什么称为偏差？什么称为极限偏差？极限偏差如何分类？极限偏差的作用是什么？
5. 什么称为尺寸公差？如何根据极限尺寸和极限偏差计算尺寸公差？
6. 画出下列各对孔和轴的公差带图：

（1）孔 $\phi40^{+0.024}_{-0.015}$mm、轴 $\phi40^{\ 0}_{-0.016}$mm

（2）孔 $\phi80^{+0.046}_{\ 0}$mm、轴 $\phi80^{+0.041}_{+0.011}$mm

（3）孔 $\phi16^{+0.017}_{+0.006}$mm、轴 $\phi16^{+0.027}_{\ 0}$mm

7. 什么是测量过程的四个要素？

实训 1-1　用钢直尺测量长度

实训准备：钢直尺、长度约为 75mm 的 $\phi32$mm 圆钢若干。

量具：钢直尺。

钢直尺（图 1-4）是最简单的长度量具，可直接用来测量零件尺寸。它的长度规格有 150mm、300mm、500mm 和 1000mm 四种。

图 1-4　钢直尺

用钢直尺测量零件的长度尺寸时，精确读数只能读到 mm，mm 以下的数值只能靠估计，测量误差较大，特别是测量零件的外径和内径时，测量精度更差。所以一般用钢直尺来粗测零件的长、宽、厚等尺寸。例如：在测绘机械设备时，用钢直尺测量非加工面的尺寸；加工零件时，用钢直尺测量零件毛坯的尺寸等。

使用钢直尺时应轻拿轻放，要防止钢直尺生锈、弯曲；不要让钢直尺靠近热工件，以防变形。钢直尺在使用一定时间以后应进行精度检定，根据使用情况一般以一年为一个检定周期。

一、实训任务

现在要加工如图 1-5 所示的轴零件，问图 1-6 所示的毛坯料（ϕ32mm 圆钢）长度是否够用。

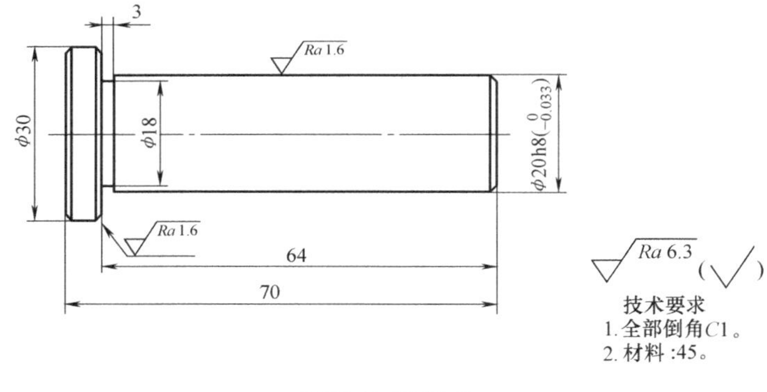

图 1-5　轴零件

二、任务分析

图 1-6　毛坯料

由图 1-5 可以看出，该轴的总长为 70mm，只要毛坯料的长度大于 70mm（应留有一定的加工余量）就可以，所以不需要太高的测量精度。这里我们选用长度规格为 150mm 的钢直尺作为量具。

从测量方法的分类来说，这里用钢直尺测量毛坯料的长度，钢直尺的读数就是被测量值的绝对数值，属于绝对测量。绝对测量和相对测量是两个平行的概念。对于绝对测量来说，要求量具的测量范围要大于测量对象的大小，但不能相差太大。如果用测量范围大的量具测量小型零件，不仅不经济、操作不方便，而且测量精度也难以保证。

三、实训步骤

1. 测量

1）清洁。用棉纱擦净钢直尺和毛坯料。

2）检查量具。检查钢直尺有无弯曲、端面及刻度线有无缺陷。

3）测量。以钢直尺左端的零刻度线为测量基准，刻度侧面靠紧毛坯料放正（图 1-7），从刻度线的正前方正视钢直尺，读取测量数值。

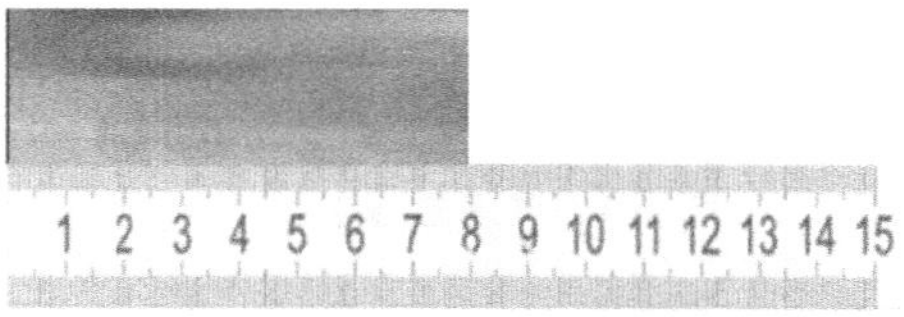

图 1-7 用钢直尺测量毛坯料长度

4）测量完毕后，将钢直尺擦净，放回指定位置。

2. 测量报告

根据测量结果给出毛坯料长度是否够用的结论。

实训 1-2 用游标卡尺测量长度

实训准备：按图样（图 1-8）加工出的小齿轮零件，各类游标量具，零件测量报告单。

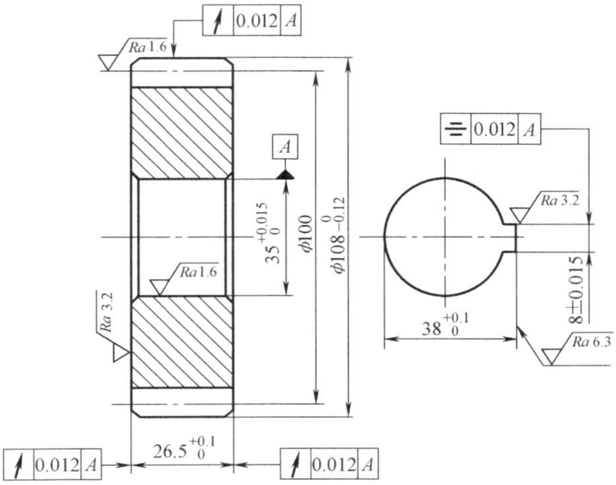

图 1-8 小齿轮零件

量具：游标卡尺。

游标卡尺、游标深度卡尺、游标高度卡尺都属于游标量具。

1. 游标卡尺的结构

游标卡尺可以直接测量零件的外径、内径、长度、宽度和深度等尺寸。按结构不同，游标卡尺可分为单面游标卡尺、双面游标卡尺、三用游标卡尺等几种。按测量范围不同，游标卡尺可分为 0～70mm、0～125mm、0～150mm、0～200mm、0～300mm、0～500mm 等规格。

按分度值不同，游标卡尺有 0.1mm、0.05mm、0.02mm 三种。

如图 1-9 所示，三用游标卡尺主要由尺身和游标两部分构成。

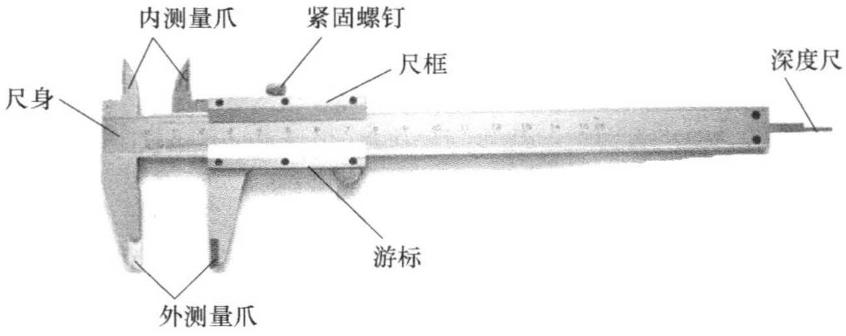

图 1-9 三用游标卡尺

尺身上具有固定测量爪，实质上是一个毫米刻度尺，它的长度决定了游标卡尺的测量范围。尺框上具有活动测量爪和游标，游标上有 10 个、20 个或 50 个分格，根据分格的不同，游标卡尺可分为 10 分度游标卡尺、20 分度游标卡尺、50 分度游标卡尺，其游标读数值分别对应 0.1mm、0.05mm 和 0.02mm。游标读数值，就是指使用这种游标卡尺测量零件尺寸时，能够读出的最小数值。游标可以沿导轨紧贴尺身滑动，用外测量爪可以测量零件的长度和外直径，用内测量爪可以测量槽的长度和内直径，用深度尺可以测量孔或槽的深度。紧固螺钉用来锁紧游标。

2. 游标卡尺的读数

（1）游标卡尺的读数原理　我们首先以 10 分度游标卡尺（图 1-10）为例来了解游标卡尺的读数原理。

尺身上的最小分度是 1mm，游标上有 10 个小的等分刻度，它们的总长是 9mm，每一分度为 0.9mm，因此游标的每一分度与尺身的最小分度相差 0.1mm。测量爪并拢时尺身和游标的零刻度线对齐，它们的第 1 条刻度线相差 0.1mm，第 2 条刻度线相差 0.2mm，……，第 10 条刻度线相差 1mm，即游标的第 10 条刻度线恰好与尺身的 9mm 刻度线对齐。

当测量爪间所量物体的尺寸为 0.1mm 时，游标向右应移动 0.1mm。这时它的第 1 条刻度线恰好与尺身的 1mm 刻度线对齐。同样当游标的第 5 条刻度线跟尺身的 5mm 刻度线对齐时，说明两测量爪之间有 0.5mm 的尺寸，依此类推。

测量时，活动测量爪与固定测量爪之间的距离，就是被测尺寸。该尺寸的整数部分由尺身的刻度线读出，小数部分由游标读出：游标的第几条刻度线与尺身的刻度线对齐，就是零点几毫米。

（2）游标卡尺的读数方法　游标卡尺的读数分三步，以图 1-11 所示的 20 分度游标卡尺为例说明如下（表 1-5）。

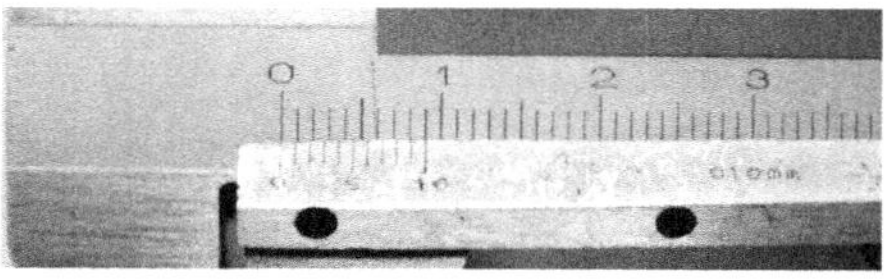

图 1-10 10 分度游标卡尺

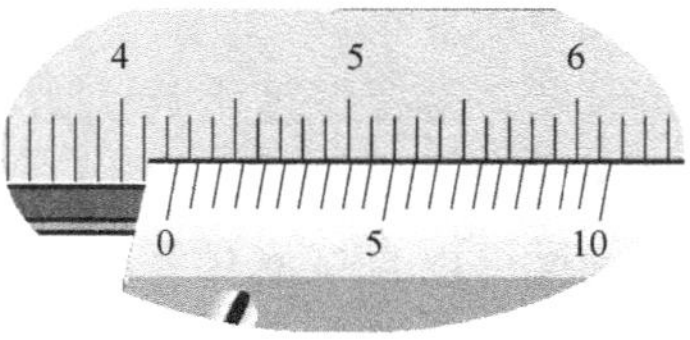

图 1-11 20 分度游标卡尺的读数

表 1-5 游标卡尺的读数方法

步骤	读数内容	读数方法	示例
1	读整数	在游标零刻度线的左边，尺身上最靠近游标零刻度线的刻度线的数值，就是被测尺寸的整数部分	如图 1-11 所示，在游标零刻度线的左边，尺身上最靠近游标零刻度线的刻度线的数值是 42。所以该被测尺寸的整数部分是 42mm
2	读小数	在游标零刻度线的右边，看游标的第几条刻度线与尺身的刻度线对齐，该数值乘以游标读数值（即 0.1mm、0.05mm 或 0.02mm）就是被测尺寸的小数部分	如图 1-11 所示，在游标零刻度线的右边，游标的第 9 条刻度线与尺身的刻度线是对齐的。又知该游标卡尺的游标读数值为 0.05mm，所以该被测尺寸的小数部分为 9×0.05mm=0.45mm
3	算出被测尺寸	上述整数部分和小数部分相加，就是被测尺寸	如图 1-11 所示，被测尺寸为 42mm+0.45mm=42.45mm

3. 游标卡尺的测量精度

测量或检验零件尺寸时，要按照零件尺寸的精度要求，选用相适应的量具。游标卡尺是一种中等精度的量具，它只适用于中等精度尺寸的测量和检验。用游标卡尺去测量精度很低的锻铸件毛坯或精度要求很高的尺寸，都是不合理的。前者容易损坏量具，后者测量精度达不到要求，因为量具都有一定的示值误差。游标卡尺的示值误差见表 1-6。

表 1-6 游标卡尺的示值误差 （单位：mm）

游标读数值	示值误差	游标读数值	示值误差
0.02	±0.02	0.10	±0.10
0.05	±0.05		

游标卡尺的示值误差就是游标卡尺本身的制造精度，不论你使用得怎样正确，卡尺本身就可能产生这些误差。例如：用游标读数值为 0.02mm 的 0~125mm 的游标卡尺（示值误差为±0.02mm），测量 50mm 的尺寸时，若游标卡尺上的读数为 50mm，实际直径可能是 50.02mm，也可能是 49.98mm。这不是游标卡尺的使用方法有什么问题，而是它本身制造精度所允许产生的误差。因此，若某轴的直径尺寸是 $\phi 50_{-0.025}^{\ 0}$mm，则轴的尺寸公差为 0.025mm，而游标卡尺本身就有着±0.02mm 的示值误差，选用这样的量具去测量，显然是无法保证轴径的精度要求的。

一、实训任务

测量小齿轮的长度尺寸 $26.5_{\ 0}^{+0.1}$mm 是否合格。

二、任务分析

由图 1-8 可以看出，小齿轮零件的长度（即齿宽）的公称尺寸为 26.5mm，上极限偏差为+0.1mm，下极限偏差为零，故其公差为 0.1mm。那么，我们这时应选择哪种量具来测量该尺寸呢？

在国家标准 GB/T 3177—2009《产品几何技术规范（GPS） 光滑工件尺寸的检验》中，对量具精度的选择做出了详细规定。一般情况下，我们可以按尺寸公差的 1/3~1/10 选择量具的示值误差。测量配合尺寸应选择精度高一些的量具，测量非配合尺寸可以选择精度低一些的量具。这里，我们选择游标读数值为 0.02mm 的 0~150mm 的游标卡尺作为量具。

三、实训步骤

1. 测量

1）清洁零件。用棉纱擦净零件。

2）清洁游标卡尺。用棉纱擦净游标卡尺测量爪的测量面。注意游标卡尺属精密量具，应轻拿轻放。

3）检查游标卡尺。检查游标卡尺测量爪的测量面是否平直无损，尺框移动是否平稳，紧固螺钉是否起作用，深度尺是否有窜动等。同时，用紧固螺钉固定尺框时，游标卡尺的读数不能有变动。在移动尺框时要注意松开紧固螺钉。

4）校对零位。把两个测量爪紧密贴合时，应无明显的光隙，同时游标和尺身的零刻度线应是对齐的。这个过程就是校对游标卡尺的零位。

如果游标和尺身的零刻度线不是对齐的，说明游标卡尺存在原始误差，此时测量要记取“零误差”：游标的零刻度线在尺身零刻度线右侧时称为正零误差，游标的零刻度线在尺身零刻度线左侧时称为负零误差。这种情况下，被测量的实际尺寸是游标卡尺读数减去零误差。

5）测量。该零件较小，可以采用单手测量法（对于较大的零件应采用双手测量法）。左手拿被测零件，右手持游标卡尺，使外测量爪张开尺寸略大于被测尺寸。放正游标卡尺（即使测量爪的假想连线垂直于零件端面），用右手拇指轻推游标，使测量爪逐渐与零件被测量表面靠近，最后达到轻微接触卡住零件（图 1-12）。为防止读数时游标移动，可锁紧游标。读数时视线应垂直于尺身。

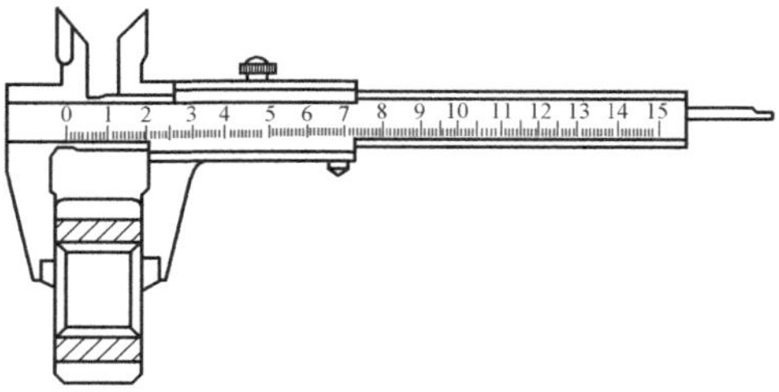

图 1-12 游标卡尺测量小齿轮

注意，测量时不能把测量爪用力抵紧零件，更不允许把被夹紧的零件在测量爪的卡口内挪动，以免变形和磨损，影响测量精度。

为提高测量精度，应在多处进行测量，取其平均数值来消除偶然误差，并将读数值记入测量报告单（表 1-7）。

6）测量完毕后，将游标卡尺擦净、合拢两测量爪并拧紧紧固螺钉，放到游标卡尺盒内盖好。长期不用时应将游标卡尺擦上黄油或机油。

2. 测量报告

计算出测量结果的平均数值，给出尺寸是否合格的结论。

表 1-7 测量报告单

<table>
<tr><td colspan="2">零件名称</td><td></td><td>编号</td><td colspan="2"></td><td>数量</td><td colspan="2"></td></tr>
<tr><td colspan="2">零件简图</td><td colspan="7"></td></tr>
<tr><td colspan="2">测量方法及要求</td><td colspan="7"></td></tr>
<tr><td rowspan="2">序号</td><td rowspan="2">项目</td><td rowspan="2">量具</td><td colspan="5">实测数据</td><td rowspan="2">测量数据处理</td></tr>
<tr><td>No. 1</td><td>No. 2</td><td>No. 3</td><td>No. 4</td><td>No. 5</td></tr>
<tr><td>1</td><td></td><td></td><td></td><td></td><td></td><td></td><td></td><td></td></tr>
<tr><td>2</td><td></td><td></td><td></td><td></td><td></td><td></td><td></td><td></td></tr>
<tr><td>3</td><td></td><td></td><td></td><td></td><td></td><td></td><td></td><td></td></tr>
<tr><td>4</td><td></td><td></td><td></td><td></td><td></td><td></td><td></td><td></td></tr>
<tr><td>5</td><td></td><td></td><td></td><td></td><td></td><td></td><td></td><td></td></tr>
<tr><td>6</td><td></td><td></td><td></td><td></td><td></td><td></td><td></td><td></td></tr>
<tr><td>7</td><td></td><td></td><td></td><td></td><td></td><td></td><td></td><td></td></tr>
<tr><td>8</td><td></td><td></td><td></td><td></td><td></td><td></td><td></td><td></td></tr>
<tr><td>9</td><td></td><td></td><td></td><td></td><td></td><td></td><td></td><td></td></tr>
<tr><td>10</td><td></td><td></td><td></td><td></td><td></td><td></td><td></td><td></td></tr>
<tr><td>11</td><td></td><td></td><td></td><td></td><td></td><td></td><td></td><td></td></tr>
<tr><td>12</td><td></td><td></td><td></td><td></td><td></td><td></td><td></td><td></td></tr>
</table>

测量结果：

检验员： 日期：

技能拓展：其他长度测量方法

1. 三用游标卡尺测量槽宽和深度

我们可以使用三用游标卡尺的内测量爪来测量槽宽和孔径，用深度尺测量深度，如图 1-13 所示。

测量沟槽宽度时，也要注意放正游标卡尺的位置，即使游标卡尺测量爪的假想连线垂直于沟槽，不能歪斜。否则，就会导致测量结果不准确。同理，测量深度时，应使尺身垂直于孔的底面。

2. 双面、单面游标卡尺测量槽宽

双面游标卡尺和单面游标卡尺的结构如图 1-14 所示。和三用游标卡尺相比较，它们都没有深度尺，都设置了微动螺母，并且在下测量爪上都有可以测量内尺寸的外测量面。

使用下测量爪的外测量面测量槽宽时（图 1-15），将测量爪外缘端面的小平面贴在零件

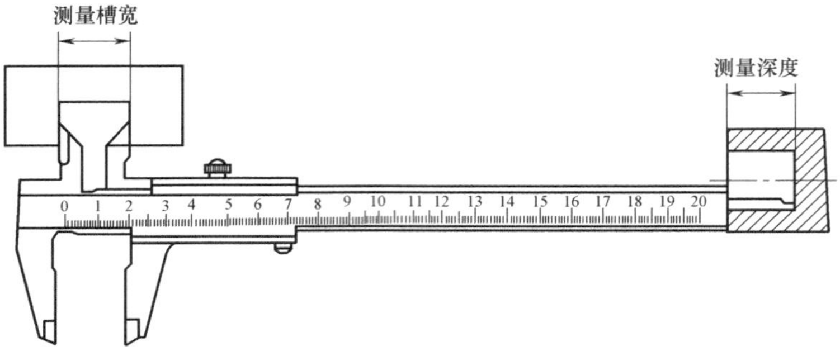

图 1-13 三用游标卡尺测量槽宽和深度

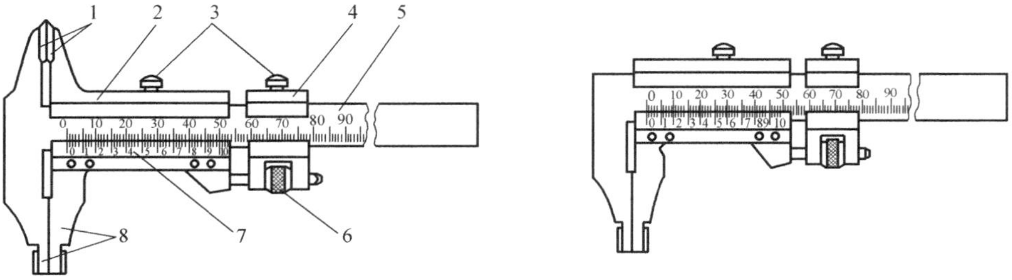

a) 双面游标卡尺　　b) 单面游标卡尺

图 1-14 双面游标卡尺和单面游标卡尺的结构

1—上测量爪 2—尺框 3—紧固螺钉 4—微动装置 5—尺身 6—微动螺母 7—游标 8—下测量爪

凹槽的平面上，用紧固螺钉把微动装置固定，转动微动螺母，使测量爪的外测量面轻轻地与槽表面接触，并放正两测量爪的位置（可以轻轻地摆动一个测量爪，找到槽宽的垂直位置），读出游标卡尺的读数。但由于它是用测量爪的外测量面测量内尺寸的，游标卡尺上所读出的读数是测量爪内测量面之间的距离，因此必须加上两个测量爪的厚度，才是槽的宽度。

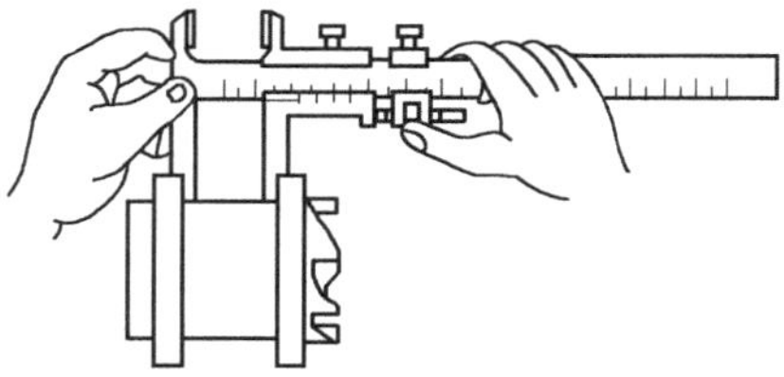

图 1-15 使用下测量爪的外测量面测量槽宽

测量范围在 500mm 以下的游标卡尺，测量爪厚度一般为 10mm。但当测量爪磨损和修理后，测量爪厚度就要小于 10mm，读数时这个修正值也要考虑进去。

3. 游标深度卡尺

图 1-16 所示为游标深度卡尺，主要用于测量零件的深度尺寸、台阶高低或槽的深度。它的结构特点是尺框 3 的两个测量爪连成一体成为一个测量基座 1，基座的端面和尺身 4 的端面就是它的两个测量面。如图 1-17 所示，测量内孔深度时，首先把测量基座的端面紧压在被测孔的端面上，再移动尺身，直到尺身的端面接触的零件的测量面上，然后用紧固螺钉固定尺框，提出卡尺，读出被测尺寸。游标深度卡尺的读数方法和游标卡尺完全一样。

图 1-18 所示为游标深度卡尺的各种使用场合。要注意的是，当零件尺寸的基准面是曲

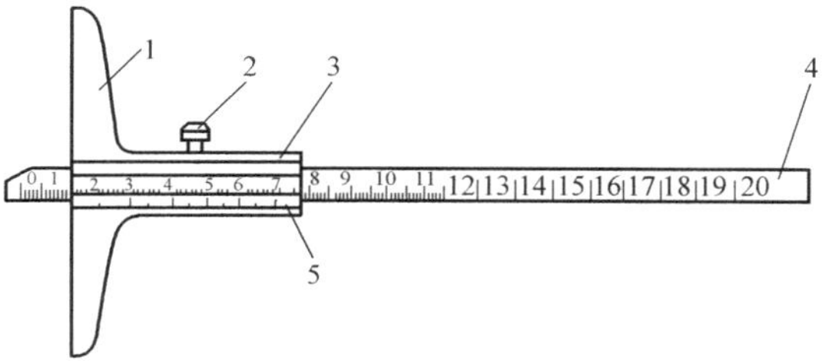

图 1-16　游标深度卡尺

1—测量基座　2—紧固螺钉　3—尺框　4—尺身　5—游标

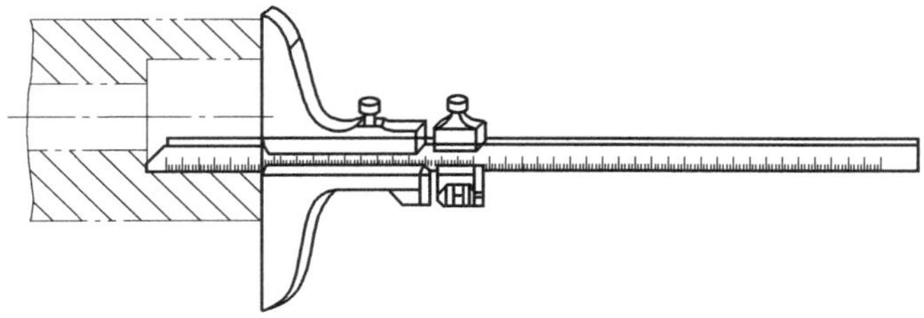

图 1-17　游标深度卡尺（带有微动装置）测量内孔深度

面（线）时，如图 1-18e 所示，测量基座的端面一定要放在曲面的最高点上，这时测出的才是零件的实际尺寸，否则会出现测量误差。

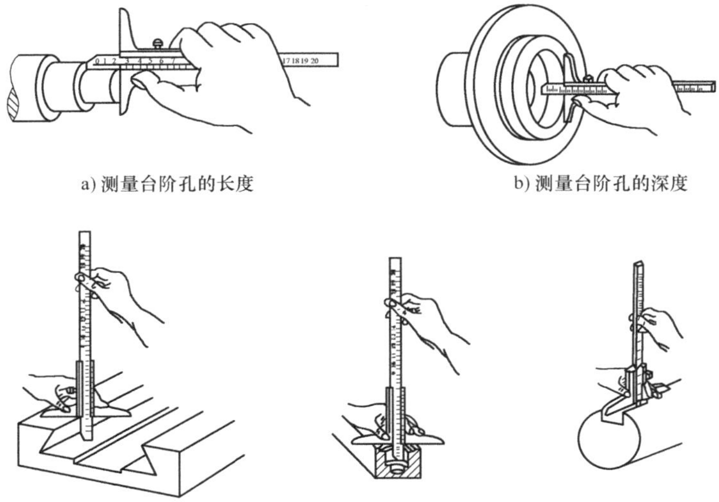

a) 测量台阶孔的长度　b) 测量台阶孔的深度

c) 测量燕尾槽槽深　d) 测量孔深　e) 测量键槽深度

图 1-18　游标深度卡尺的各种使用场合

4. 游标高度卡尺

图 1-19 所示为游标高度卡尺，主要用于测量零件的高度和精密划线。它的结构特点是用质量较大的基座 4 代替固定测量爪，活动的尺框 3 通过横臂装有测量高度和划线用的测量

爪5。测量爪的测量面上镶有硬质合金，提高测量爪使用寿命。

游标高度卡尺的测量工作应在平台上进行。当测量爪的测量面与基座的底平面位于同一平面时，如在同一平台平面上，尺身1与游标6的零刻度线相互对准。所以在测量高度时，测量爪测量面的高度，就是被测量零件的高度尺寸。它的具体数值，与游标卡尺一样可在尺身（整数部分）和游标（小数部分）上读出。

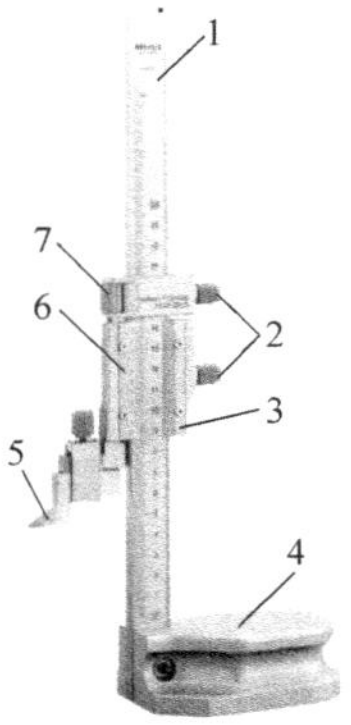

图1-19　游标高度卡尺

1—尺身　2—紧固螺钉　3—尺框　4—基座　5—测量爪　6—游标　7—微动装置

5. 其他游标量具

以上各种游标量具都存在一个共同的问题，就是读数很不方便，容易读错，有时不得不借助放大镜将读数部分放大。现有游标量具采用无视差结构，使游标刻度线与尺身刻度线处在同一平面上，消除了在读数时因视线倾斜而产生的视差；有的卡尺装有测微表成为带表卡尺（图1-20a），便于读数，提高了测量精度；更有一种带有数字显示装置的游标卡尺（图1-20b），这种游标卡尺在零件表面上量得尺寸时，就直接用数字显示出来，其使用极为方便。

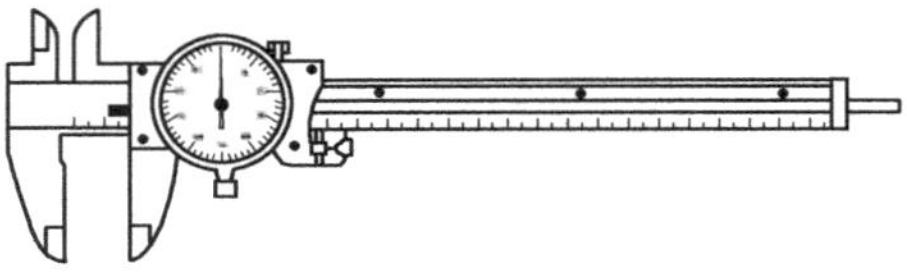

a) 带表卡尺

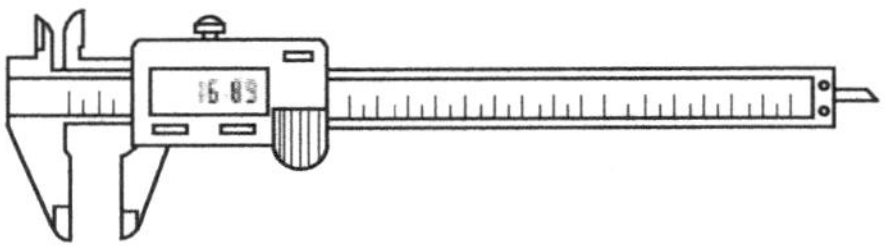

b) 数字显示卡尺

图1-20　带表卡尺和数字显示卡尺

第二节　轴径及其测量

基本知识

一、标准公差

标准公差就是国家标准《极限与配合》中所规定的公差，是设计人员在进行零件尺寸公差设计时的依据。

表1-8列出了我国国家标准GB/T 1800.2—2009中规定的标准公差数值（部分）。从此表中可以看出，标准公差的数值与两个要素有关，即标准公差等级和公称尺寸分段。

1. 标准公差等级

确定尺寸精确程度的等级称为公差等级。

不同的零件、零件的不同部位在机械设备中所起的作用不同，对尺寸精度的要求也就不同。为满足需要，国家标准设置了20个公差等级，分别用IT01、IT0、IT1、IT2、IT3、…、

IT18 表示，称为标准公差等级。IT 表示标准公差，数字表示公差等级。从 IT01 到 IT18，精度依次降低，即 IT01 精度最高，IT18 精度最低。

表 1-8 标准公差数值

公称尺寸/mm		标准公差等级																	
		IT1	IT2	IT3	IT4	IT5	IT6	IT7	IT8	IT9	IT10	IT11	IT12	IT13	IT14	IT15	IT16	IT17	IT18
大于	至	μm											mm						
—	3	0.8	1.2	2	3	4	6	10	14	25	40	60	0.1	0.14	0.25	0.4	0.6	1	1.4
3	6	1	1.5	2.5	4	5	8	12	18	30	48	75	0.12	0.18	0.3	0.48	0.75	1.2	1.8
6	10	1	1.5	2.5	4	6	9	15	22	36	58	90	0.15	0.22	0.36	0.58	0.9	1.5	2.2
10	18	1.2	2	3	5	8	11	18	27	43	70	110	0.18	0.27	0.43	0.7	1.1	1.8	2.7
18	30	1.5	2.5	4	6	9	13	21	33	52	84	130	0.21	0.33	0.52	0.84	1.3	2.1	3.3
30	50	1.5	2.5	4	7	11	16	25	39	62	100	160	0.25	0.39	0.62	1	1.6	2.5	3.9
50	80	2	3	5	8	13	19	30	46	74	120	190	0.3	0.46	0.74	1.2	1.9	3	4.6
80	120	2.5	4	6	10	15	22	35	54	87	140	220	0.35	0.54	0.87	1.4	2.2	3.5	5.4
120	180	3.5	5	8	12	18	25	40	63	100	160	250	0.4	0.63	1	1.6	2.5	4	6.3
180	250	4.5	7	10	14	20	29	46	72	115	185	290	0.46	0.72	1.15	1.85	2.9	4.6	7.2
250	315	6	8	12	16	23	32	52	81	130	210	320	0.52	0.81	1.3	2.1	3.2	5.2	8.1
315	400	7	9	13	18	25	36	57	89	140	230	360	0.57	0.89	1.4	2.3	3.6	5.7	8.9
400	500	8	10	15	20	27	40	63	97	155	250	400	0.63	0.97	1.55	2.5	4	6.3	9.7
500	630	9	11	16	22	32	44	70	110	175	280	440	0.7	1.1	1.75	2.8	4.4	7	11
630	800	10	13	18	25	36	50	80	125	200	320	500	0.8	1.25	2	3.2	5	8	12.5
800	1000	11	15	21	28	40	56	90	140	230	360	560	0.9	1.4	2.3	3.6	5.6	9	14
1000	1250	13	18	24	33	47	66	105	165	260	420	660	1.05	1.65	2.6	4.2	6.6	10.5	16.5
1250	1600	15	21	29	39	55	78	125	195	310	500	780	1.25	1.95	3.1	5	7.8	12.5	19.5
1600	2000	18	25	35	46	65	92	150	230	370	600	920	1.5	2.3	3.7	6	9.2	15	23
2000	2500	22	30	41	55	78	110	175	280	440	700	1100	1.75	2.8	4.4	7	11	17.5	28
2500	3150	26	36	50	68	96	135	210	330	540	860	1350	2.1	3.3	5.4	8.6	13.5	21	33

注：1. 公称尺寸大于 500mm 的 IT1～IT5 的标准公差数值为试行的。

2. 公称尺寸小于或等于 1mm 时，无 IT14～IT18。

3. IT01 和 IT0 在生产中很少用到，本表未列出。

同时，从 IT01 到 IT18，同一公称尺寸段的标准公差数值依次增大，即 IT01 公差数值最小，IT18 公差数值最大。

公称尺寸和公差等级相同的孔与轴，它们的标准公差相等。在同一公差等级中，不同公称尺寸对应的标准公差数值不同，但它们的精确程度相同，即公差等级是划分尺寸精确程度高低的标志。

2. 公称尺寸分段

从理论上讲，对应于每一个标准公差等级，每一个公称尺寸都应当有一个相应的公差数值。但公称尺寸很多，会形成一个庞大的公差数值表，给生产带来许多困难，既繁琐也无必要。实际上，公差等级相同而公称尺寸相近的公差数值差别并不大。因此，标准对公称尺寸进行了分段，对同一尺寸段内的所有公称尺寸，在公差等级相同的情况下，规定了相同的标准公差。这样同一个尺寸段的尺寸只有一个公差数值，使标准更简化、使用更方便。

例 1-3 某轴上有一段直径为 50mm 的圆柱体，若其标准公差等级为 IT7，查出其公差数值。

解：

轴的公称尺寸为 50mm，属于“大于 30 至 50”这一尺寸段。在该尺寸段所处的“行”和 IT7 所处的“列”的交叉处，数值为“25”，单位为“μm”，即其公差数值为 25μm，即 IT = 0. 025mm。

二、轴的基本偏差

由以上可知，在公称尺寸和公差等级确定以后，公差数值就随之确定了，即公差带的大小确定了。但零件的极限偏差仍未确定，即零件的极限尺寸、公差带的位置还未确定，该尺寸的加工仍有无数可能。为实现互换性生产，给设计提供统一的依据，国家标准《极限与配合》规定了基本偏差。

1. 基本偏差

国家标准《极限与配合》中所规定的，用以确定公差带相对于零线位置的上极限偏差或下极限偏差，称为基本偏差。基本偏差一般为靠近零线的那个极限偏差，如图 1-21 所示。

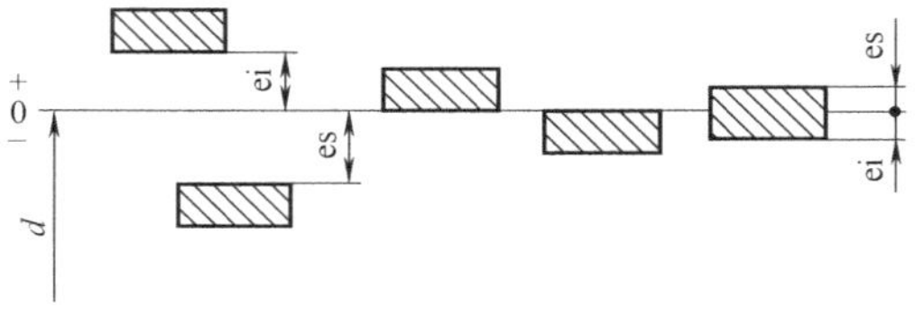

图 1-21 基本偏差

由图 1-21 可以看出：

1）当公差带在零线上方时，下极限偏差为基本偏差。

2）当公差带在零线下方时，上极限偏差为基本偏差。

3）当公差带的某一极限偏差与零线重合时，此极限偏差为基本偏差。

4）当公差带关于零线对称时，基本偏差可以是上极限偏差，也可以是下极限偏差。

2. 轴的基本偏差代号

国家标准规定，基本偏差代号用拉丁字母表示。轴的基本偏差代号用小写字母表示，见表 1-9。

表 1-9 轴的基本偏差代号

轴	a	b	c	d	e	f	g	h	j	k	m	n	p	r	s	t	u	v	x	y	z			
			cd		ef	fg			js													za	zb	zc

由表 1-9 可以看出：

1）在 26 个拉丁字母中，没有使用 i、l、o、q、w 五个字母，这是因为它们容易和其他代号相混淆。

2）增加了 cd、ef、fg、js、za、zb、zc 七个双写字母。

这样，轴共有 28 个基本偏差代号。

3. 轴的基本偏差系列图

图 1-22 所示为轴的基本偏差系列图。它表示的是公称尺寸相同的轴的 28 种基本偏差相对零线的位置关系。

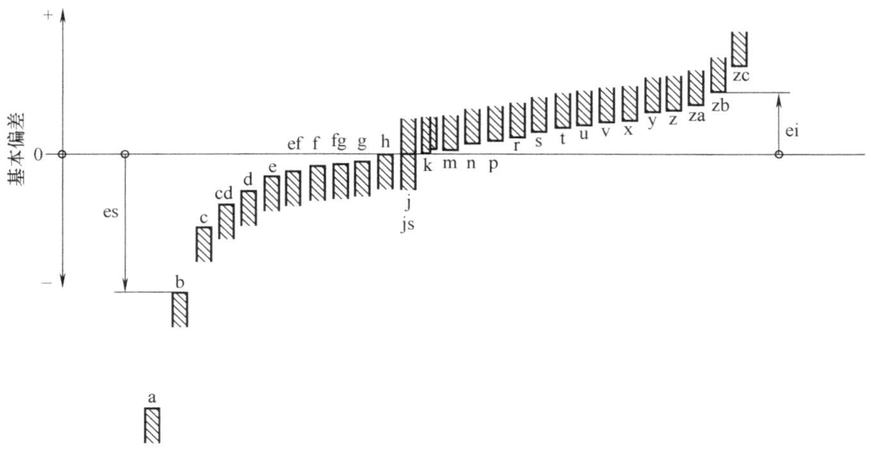

图 1-22 轴的基本偏差系列图

由轴的基本偏差系列图可以看出：

1）基本偏差系列图表示且只表示公差带的位置，不表示公差带的大小。所以，图中的公差带只画出了靠近零线的一端（即基本偏差），另一端是开口的。开口端的极限偏差由标准公差数值确定。

2）在轴的基本偏差中，a~h 的基本偏差均为上极限偏差 es，j~zc 的基本偏差均为下极限偏差 ei，且 a~zc 的基本偏差依次增大。

3）h 的基本偏差为上极限偏差，为零。

4）js 与零线对称，上极限偏差 $es=+IT/2$，下极限偏差 $ei=-IT/2$。其上、下极限偏差均可作为基本偏差，但为统一起见，在基本偏差数值表中将 js 的基本偏差按上极限偏差处理。

还需说明的是，代号为 j、k 的基本偏差的数值与公差等级有关，图中未示出。

4. 轴的基本偏差数值

国家标准中列出了轴的基本偏差数值表（见附录 A），可查表确定其数值。在查表时要注意：分清基本偏差是上极限偏差还是下极限偏差；代号 j、k 的基本偏差与公差等级有关。

例 1-4 某轴上有一段直径为 50mm 的圆柱体，公差等级为 IT7，问基本偏差代号分别为 e、j、m 时的基本偏差数值。

解：

1）由附录 A 可知，当基本偏差代号为 e 时，其基本偏差为上极限偏差，且和公差等级无关。公称尺寸 50mm 属于“大于 40 至 50”尺寸段。该尺寸段所在的行、基本偏差代号 e 所在的列，其交叉处为“-50”，表示其基本偏差（上极限偏差）为 -50μm，即其基本偏差为 $es=-0.050mm$。

2）由附录 A 可知，当基本偏差代号为 j 时，其基本偏差为下极限偏差，且和公差等级有关。“大于 40 至 50”尺寸段所在的行、基本偏差代号 j 中公差等级 IT7 所在的列，其交叉处为“-10”，表示其基本偏差（下极限偏差）为-10μm，即其基本偏差为 ei=-0.010mm。

3）由附录 A 可知，当基本偏差代号为 m 时，其基本偏差为下极限偏差，且和公差等级无关。“大于 40 至 50”尺寸段所在的行、基本偏差代号 m 所在的列，其交叉处为“+9”，表示其基本偏差（下极限偏差）为+9μm，即其基本偏差为 ei=+0.009mm。

三、轴的公差带

1. 轴的公差带代号

我们已经知道，公差带的两个要素中，公差带的大小由公差大小决定；公差带的位置由靠近零线的上极限偏差或下极限偏差决定，即由基本偏差决定。这样，公差带代号就由基本偏差代号与公差等级数字组成，如 h7、m6、js9、u5 等都是轴的公差带代号。

2. 轴的公差带系列

根据国家标准，标准公差等级有 20 级，基本偏差有 28 种，由此可以组成很多种公差带。在生产中，若使用数量如此之多的公差带，既发挥不了标准化的作用，也不利于互换性生产。为了尽可能减少零件、定值刀具、定值量具和工艺准备的品种、规格，在满足生产现实需要并考虑生产发展的前提下，国家标准对可选用公差带做了必要的限制，即规定了优先、常用和一般用途的轴公差带。图 1-23 所示为公称尺寸≤500mm 轴优先、常用和一般用途公差带。

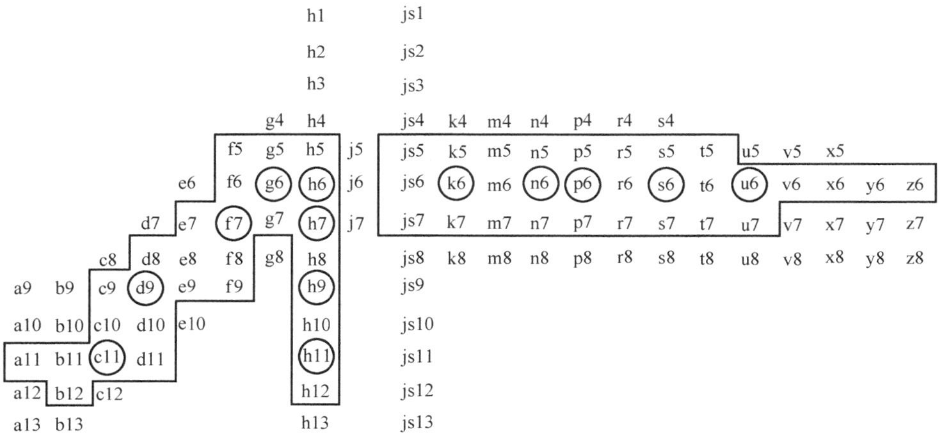

图 1-23 公称尺寸≤500mm 轴优先、常用和一般用途公差带

图 1-23 中，轴的优先公差带有 13 种（画圆圈的），常用公差带有 59 种（方框内的），一般用途公差带有 116 种。在实际应用中，选择公差带的顺序是：先优先公差带，再常用公差带，最后再选一般用途公差带。

3. 尺寸公差的标注

在图样上标注轴的尺寸公差时，有三种方法：

1）在公称尺寸后只标注极限偏差数值，就是前文所述极限偏差的标注，如标注 $\phi12^{+0.034}_{+0.007}$、$20^{+0.021}_{0}$、100±0.011。这种标注方法对于零件的加工较为方便。

2）在公称尺寸后只标注公差带代号，如标注 ϕ50m7、ϕ40h8、ϕ16d9。这种标注方法能清楚地表示公差带的性质，但没有直接显示极限偏差数值，不利于零件的加工。

3）在公称尺寸后既标注公差带代号又标注极限偏差数值，如标注 $\phi16d9\ (^{-0.050}_{-0.093})$，$\phi40n6\ (^{+0.033}_{+0.017})$。这种标注方法兼有上面两种方法的优点，但标注比较麻烦。

四、轴的极限偏差数值的确定

由轴的基本偏差数值表可以查出轴的基本偏差数值，如何确定轴的另一极限偏差数值呢？即如何确定轴的两个极限偏差数值呢？

1. 根据基本偏差和标准公差确定极限偏差数值

基本偏差确定了公差带中的一个极限偏差，即靠近零线的那个上极限偏差或下极限偏差，从而确定了公差带的位置。而标准公差确定了公差带的大小，所以在基本偏差和标准公差确定以后，另一极限偏差的数值也就确定了。

由轴的标准公差和极限偏差的关系式 $IT=|es-ei|$ 不难得出

轴的上极限偏差　　$es=ei+IT$

轴的下极限偏差　　$ei=es-IT$

例 1-5　某轴上有一段直径为 50mm 的圆柱体，公差等级为 IT7，当基本偏差代号为 j 时，求其极限偏差数值。

解：

1）在例 1-4 中已知，基本偏差为 $ei=-0.010$mm。

2）由标准公差数值表可以查出，其标准公差为 $IT=0.025$mm。

3）该尺寸的另一个极限偏差即上极限偏差为

$$es=ei+IT=-0.010\text{mm}+0.025\text{mm}=+0.015\text{mm}$$

2. 查极限偏差数值表确定极限偏差

上述计算方法在实际应用中比较麻烦，所以国家标准《极限与配合》中列出了轴的极限偏差数值表（附录 B），从中可以很快地确定轴的两个极限偏差数值。

例 1-6　查表确定轴 $\phi50m7$ 的极限偏差数值。

解：

查表时仍由公称尺寸查行，由基本偏差代号和公差等级查列，在行与列交叉处的框格中的上下两个数值就是两个极限偏差数值：上方的是上极限偏差，下方的是下极限偏差。

根据上述方法查附录 B，“大于 40 至 50”尺寸段所在的行、公差带代号 m7 所在的列，其交叉处框格中的数值为 $^{+34}_{+9}$，即其上极限偏差 $es=+34\mu m=+0.034$mm，下极限偏差 $ei=+9\mu m=+0.009$mm。

五、线性尺寸的一般公差标准

1. 一般公差标准

一般公差是指在车间一般加工条件下可保证的公差，是机床设备在正常维护和操作情况下能达到的经济加工精度。采用一般公差时，在该尺寸后不标注极限偏差或其他代号，所以也称为未注公差。

2. 公差等级及其极限偏差

在 GB/T 1804—2000 中，对线性尺寸的一般公差规定了四个公差等级，即 f（精密级）、

m（中等级）、c（粗糙级）、v（最粗级）。线性尺寸的未注极限偏差数值见表 1-10。

一般公差主要用于较低精度的非配合尺寸。在确定图样上线性尺寸的未注公差时，应考虑车间的一般加工精度，选取国家标准规定的公差等级，在相应的技术文件或技术标准中做出具体规定。

表 1-10 线性尺寸的未注极限偏差数值（摘自 GB/T 1804—2000） （单位：mm）

公差等级	尺寸分段							
	0.5~3	>3~6	>6~30	>30~120	>120~400	>400~1000	>1000~2000	>2000~4000
f(精密级)	±0.5	±0.05	±0.1	±0.15	±0.2	±0.3	±0.5	—
m(中等级)	±0.1	±0.1	±0.2	±0.3	±0.5	±0.8	±1.2	±2
c(粗糙级)	±0.2	±0.3	±0.5	±0.8	±1.2	±2	±3	±4
v(最粗级)	—	±0.5	±1	±1.5	±2.5	±4	±6	±8

3. 一般公差的表示方法

采用一般公差时，在图形上一般不标注公差，但可以在图样上、技术文件或技术标准中用一般公差标准号和公差等级符号表示。例如：选用中等级 m 时，可在图样上（标题栏上方）标明“未注公差尺寸按 GB/T 1804—m”，这表明图样上凡是未注公差的线性尺寸均按 m 级加工和检测。

思 考 题

1. 什么是标准公差？标准公差数值是由哪两个要素确定的？
2. 什么是基本偏差？轴的基本偏差有几种？
3. 使用标准公差与基本偏差数值表，确定下列公差带的上、下极限偏差。

   ϕ32d9　　ϕ80p6　　ϕ20v7　　ϕ170h11
4. 使用极限偏差数值表，查出下列公差带的上、下极限偏差。

   ϕ28k7　　ϕ280m6　　ϕ40c11　　ϕ140m8

实训 1-3 用游标卡尺测量轴径

实训准备： 游标卡尺、阀门。

一、实训任务

图 1-24 所示为一阀门，它是一种安全阀（图 1-25）上的零件。轴 ϕ25mm±0.1mm 需和阀体配合，请通过测量判断实际零件上该尺寸是否合格。

二、任务分析

尺寸 ϕ25mm±0.1mm 公差较大，但属于配合尺寸，应选择精度高一些的量具。这里，我们选择游标读数值为 0.02mm 的 0~125mm 的游标卡尺作为量具。

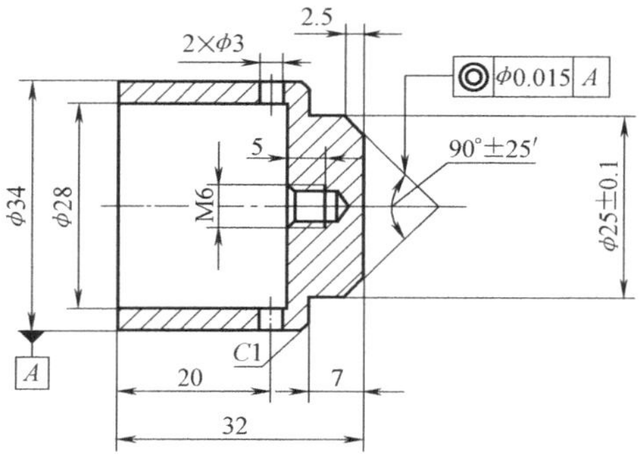

图 1-24 阀门

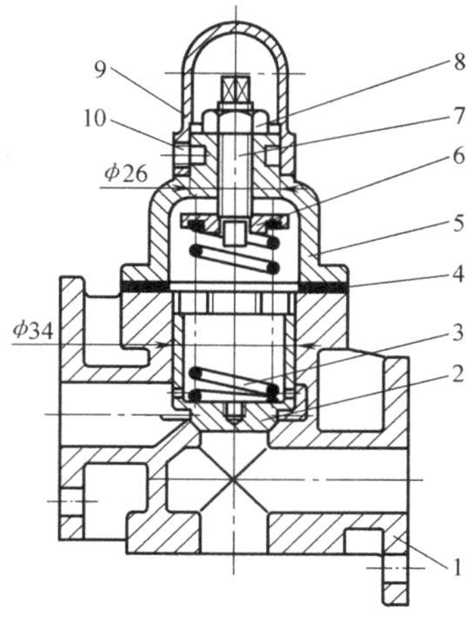

图 1-25 安全阀装配图

1—阀体 2—阀门 3—弹簧 4—衬片 5—阀盖 6—弹簧托盘 7—螺杆 8—六角螺母 9—阀帽 10—紧定螺钉

三、实训步骤

1. 测量

1）清洁阀门。

2）清洁游标卡尺。

3）检查游标卡尺。

4）校对零位。

5）测量。该零件较小，可以采用单手测量法。左手拿被测零件，右手持游标卡尺，使外测量爪张开尺寸略大于被测尺寸。放正游标卡尺（即使两测量爪所在平面垂直于零件轴线，并使测量爪通过零件中心线），用右手拇指轻推游标，使测量爪逐渐与零件被测量表面平行接触。轻微摆动游标卡尺，同时用拇指施加测量力，然后锁紧游标，把游标卡尺轻轻滑出零件表面。目光正视读出尺寸数值并记录。

为提高测量精度，应在多处进行测量，取其平均数值来消除偶然误差，并将读数值记入测量报告单。

6）存放游标卡尺。

2. 测量报告

计算出测量结果的平均数值，给出尺寸是否合格的结论。

实训 1-4 用外径千分尺测量轴径

实训准备：外径千分尺、车床尾座螺母。

基础工具：平台。

平台，也称为平板，是测量用的基础工具。

1. 平台的材质

按材质不同，平台有钢质、铸铁和石材三类。

1）钢质平台韧性好，一般用于冷作放样或样板修整。

2）铸铁平台精度、稳定性好，按用途分为检验平台、划线平台和压砂平台。

3）石材类平台的工作表面保养维护简便，材质稳定，受温度影响较小，机械精度高（防锈、防磁、绝缘），但湿度高时易变形，适用于直角检测、平面检测、高度测量、机床机械检测，并作为精密划线及一般划线等各种检验工作的精度测量用基准平面。花岗石平台就是石材类平台中较常见的一种。

2. 平台的精度

石材类平台有000、00、0、1四个精度等级；铸铁平台有000、00、0、1、2、3六个精度等级，在机械加工制造中多用铸铁平台。

一般机械加工常用平台的级别为0、1、2、3四个精度等级，0、1、2级平台一般做检验用，3级平台多做划线使用。

检验用工作平台适合于各种检验工作和精密测量，基础平面常与平尺、方箱、V形架（铁）、弯板、直角尺、圆柱角尺等工具配合使用。

几种不同用途平台的外观形状如图1-26所示。

a) 三坐标平台　b) 装配平台　c) 检验平台　d) 圆平台

图1-26　几种不同用途平台的外观形状

3. 平台的放置要求

平台应安放平稳，一般用三个支承点调整水平面。大平台增加的支承点须垫平垫稳，且不可破坏水平。平台受力须均匀以减少自重引起的变形。平台的放置如图1-27所示。

图1-27　平台的放置

4. 平台使用基本要求

平台在使用中，应避免某一局部使用过于频繁而使局部磨损过多，避免划痕和碰伤。使用中被测零件的基准面必须要与平台的工作面贴合。平台应避免热源的影响和酸碱的腐蚀，不宜承受冲击、重压，也不宜在平台上长时间地堆放物品。

量具：外径千分尺。

外径千分尺、内测千分尺、内径千分尺、深度千分尺及螺纹千分尺、齿轮千分尺等都属于测微螺旋量具。测微螺旋量具是利用螺旋副的传动原理进行测量的测微量具，其测量精度比游标卡尺高。

外径千分尺可以测量零件的各种外形尺寸，如长度、厚度、外径、凸肩厚度以及板厚或壁厚等。外径千分尺按测量范围的不同有不同的规格，如 0~25mm 的外径千分尺可以测量 0~25mm 的尺寸，25~50mm 的外径千分尺可以测量 25~50mm 的尺寸等。

1. 外径千分尺的结构

外径千分尺如图 1-28 所示，主要由尺架、测砧、测微螺杆、固定套管、微分筒、测力装置和锁紧装置几部分组成。测砧和测微螺杆的端面为测量面。

当转动测力装置时，通过内部的螺旋传动副带动微分筒和测微螺杆一起转动，并同时沿轴向移动，使测砧和测微螺杆两测量面之间的距离发生变化。

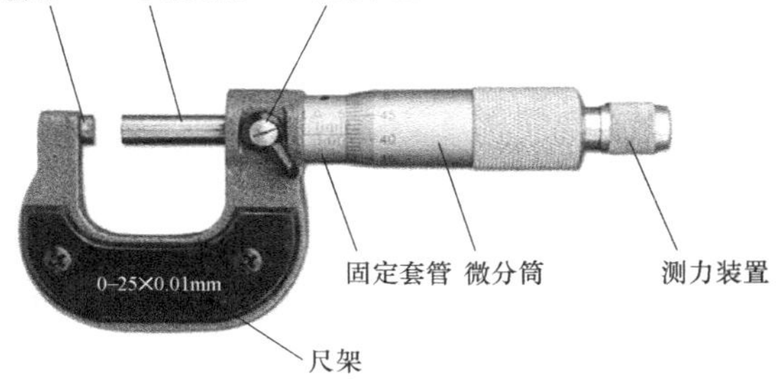

图 1-28 外径千分尺

2. 外径千分尺的读数

(1) 外径千分尺的读数原理 外径千分尺的固定套管上刻有轴向中线，在中线的上下两侧各有一列间距为 1mm 的刻度线，并且上下两列刻度线相互错开 0.5mm。

外径千分尺是依据螺旋放大的原理制成的。测微螺杆的螺距为 0.5mm。微分筒的外圆周上有 50 等分的水平刻度线。当微分筒旋转一周时，测微螺杆就前进或后退一个螺距 (0.5mm)。如果微分筒转动一个分度（一格），即转动 1/50 周，那么测微螺杆就沿轴线移动 1/50×0.5mm = 0.01mm。可见，微分筒的每一小分度表示 0.01mm，所以外径千分尺的分度值是 0.01mm。由于还能再估读一位，也就是可以读到毫米的千分位，所以称为千分尺。

测量尺寸时，使测砧和测微螺杆的测量面接触待测尺寸的两端，测微螺杆向右移动的距离就是所测的尺寸。

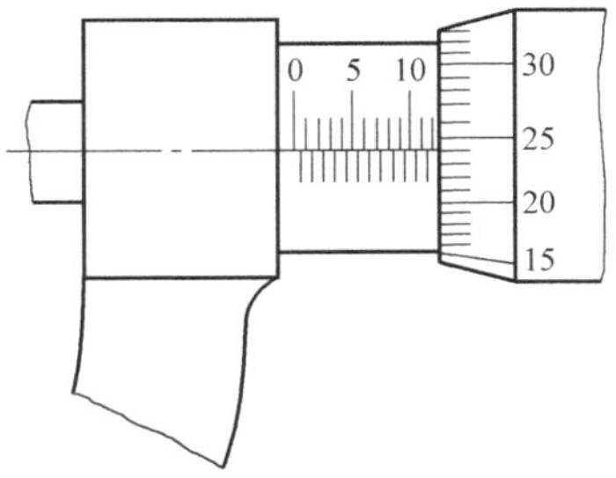

图 1-29 外径千分尺的读数

(2) 外径千分尺的读数方法 外径千分尺的读数分三步，以图 1-29 所示的外径千分尺为例说明如下（表 1-11）。

表 1-11 外径千分尺的读数方法

步骤	读数内容	读数方法	示例
1	读毫米的整数部分和半毫米部分	微分筒的端面是毫米的整数部分和半毫米读数的指示线，读毫米的整数部分和半毫米时，微分筒端面左边固定套管上露出的刻度线就是被测尺寸的毫米的整数部分和半毫米部分读数	如图 1-29 所示，在微分筒端面左边固定套管上露出的刻度线是 12，没有露出半毫米的刻度线。所以，该被测尺寸的毫米的整数部分和半毫米部分的读数是 12mm

（续）

步骤	读数内容	读数方法	示例
2	读小于半毫米的小数部分	固定套管上的轴向中线是微分筒读数的基准线。从固定套管轴向中线所对应的微分筒上的刻度线，读出被测尺寸小于半毫米的小数部分。如果固定套管轴向中线处在微分筒上的两条刻度线之间，即为千分之几毫米，可用估读法确定	如图1-29所示，固定套管轴向中线对应在微分筒的24、25两刻度线之间。所以可以准确读出到0.01mm，为24×0.01=0.24mm；再估读到0.001mm，为0.005mm。该被测尺寸小于半毫米的小数部分为0.24mm+0.005mm=0.245mm
3	算出被测尺寸	上述两部分相加，就是所测尺寸	图1-29所示的被测尺寸为12mm+0.245mm=12.245mm

一、实训任务

现有一批车床尾座螺母（图1-30），请通过测量确定其轴径 $\phi32h6\left(\begin{smallmatrix}0\\-0.016\end{smallmatrix}\right)$ 是否合格。

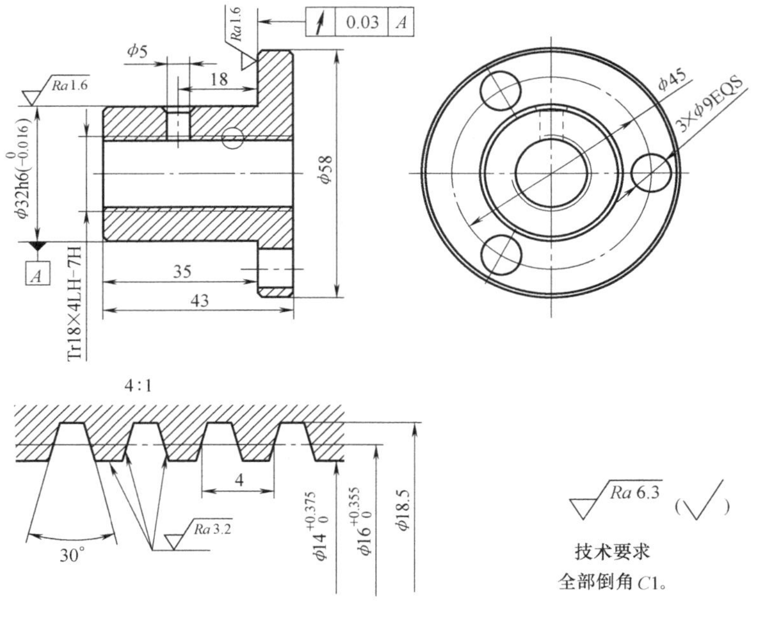

图1-30 车床尾座螺母

二、任务分析

根据零件技术要求，可以计算出该处轴径的上极限尺寸 $d_{max}=32mm$，下极限尺寸 $d_{min}=31.984mm$，即零件的实际尺寸若不大于32mm，同时不小于31.984mm，该尺寸就合格。该尺寸公差较小，不能再用游标卡尺来测量，这里我们选用测量范围为25～50mm的外径千分尺。

三、实训步骤

1. 测量

1）清洁车床尾座螺母。

2）清洁外径千分尺，包括尺身和两测量面。

3）检查测力装置。转动测力装置时，微分筒应能自由灵活地沿着固定套管活动，没有任何轧卡和不灵活的现象。如有活动不灵活的现象，应送计量站及时检修。

4）校对零位。使用千分尺时先要检查其零位是否校准。0～25mm 的外径千分尺可直接用测微螺杆测量面与测砧测量面贴合来检查零位；测量下限大于零的外径千分尺，如此处选用的测量范围为 25～50mm 的外径千分尺，应该用所配的校对用标准量杆进行检查。检查时，外径千分尺读数与校对用量杆实际之差为零位偏差。只要零位偏差不超过±0.002mm，该千分尺就可以被视为合格，无需校正，否则就需要校正。

检查千分尺零位是否校准时，要使测微螺杆和测砧接触，偶尔会发生向后旋转测力装置两者不分离的情形。这时可用左手手心用力顶住尺架上测砧的左侧，右手手心顶住测力装置，再用手指沿逆时针方向旋转旋钮，可以使测微螺杆和测砧分开。

不同厂家生产的千分尺的调零方法不一样，调零校正工作应送计量室由专业人士处理。

5）测量。外径千分尺可以单手使用，也可以双手使用。测量小零件时，可以单手使用外径千分尺，如图 1-31a 所示，测量时先用大拇指和食指转动活动套筒缓慢进给测微螺杆，在测量面将要接触零件时，再转动测力装置渐进测量面进行测量。测量较大零件时，可把零件放在 V 形铁或平台上，双手使用外径千分尺，如图 1-31b 所示，左手握尺架，右手握测力装置。

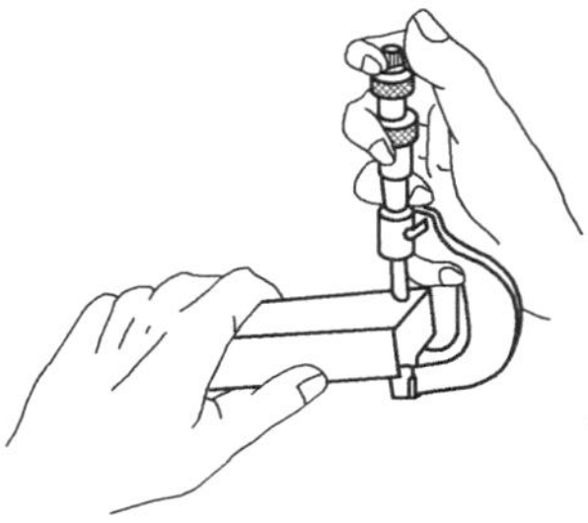

a) 单手使用

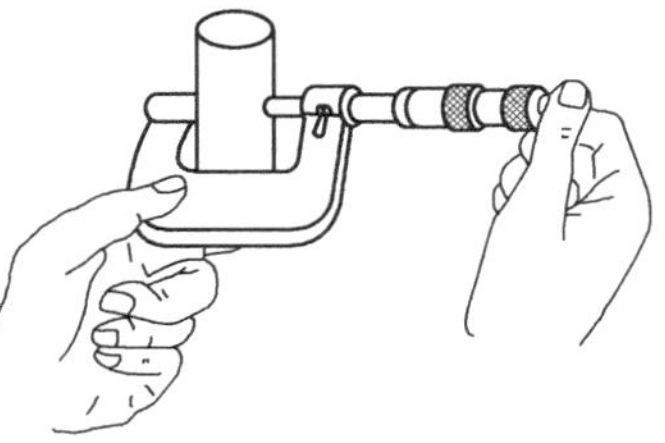

b) 双手使用

图 1-31 外径千分尺的使用

用千分尺测量零件，要使测微螺杆轴线与被测尺寸方向一致，不能倾斜。当测量面与零件表面距离较远时，可以转动微分筒，使测量面迅速接近零件表面。当测量面与零件表面即将接触时，应当改为手握测力装置的旋钮来转动测微螺杆，并使测砧表面保持标准的测量压力，即听到“咔咔”的声音，表示压力合适，可开始读数。要避免因测量压力不等而产生测量误差。读数时，最好在被测件上直接读数，如果必须取下千分尺读数，应用锁紧装置把测微螺杆锁住，再轻轻滑出千分尺。

使用千分尺，绝对不允许用力旋转微分筒来增加测量压力，那样会使精密螺纹因受力过大而发生变形，损坏千分尺的精度。有时用力旋转微分筒后，虽因微分筒与测微螺杆间的连接不牢固，对精密螺纹的损坏不严重，但是微分筒打滑后，千分尺的零位走动了，就会造成质量事故。

车床尾座螺母轴径 $\phi32h6\left(\begin{smallmatrix}0\\-0.016\end{smallmatrix}\right)$ 的测量步骤：

① 将车床尾座螺母立放在平台上（大端面接触平台）。

② 松开千分尺锁紧装置，转动旋钮，使测砧与测微螺杆之间的距离略大于螺母轴径。

③ 按前述要求双手使用千分尺进行测量。

④ 为了获得正确的测量结果，应在同一圆周的不同方向重复测量几次，再在全长的各个部位重复测量几次。并将读数值记入检测报告单。

6）测量完毕后，用纱布将千分尺擦干净，在测砧与测微螺杆之间留出一点空隙，放入盒中。如长期不用可抹上黄油或机油。

2. 测量报告

计算出测量结果的平均数值，给出尺寸是否合格的结论。

第三节　孔径及其测量

基本知识

一、孔的基本偏差

和轴一样，国家标准《极限与配合》也规定了孔的基本偏差。

1. 孔的基本偏差代号

为了和轴相区别，孔的基本偏差代号用大写字母表示，见表 1-12。

表 1-12　孔的基本偏差代号

孔	A	B	C	D	E	F	G	H	J	K	M	N	P	R	S	T	U	V	X	Y	Z			
			CD		EF	FG		JS														ZA	ZB	ZC

由表 1-12 可以看出：

1）在 26 个拉丁字母中，没有使用 I、L、O、Q、W 五个字母。这是因为它们容易和其他代号相混淆。

2）增加了 CD、EF、FG、JS、ZA、ZB、ZC 七个双写字母。

这样，孔共有 28 个基本偏差代号。

2. 孔的基本偏差系列图

图 1-32 所示为孔的基本偏差系列图，它表示的是公称尺寸相同的孔的 28 种基本偏差相对零线的位置关系。

由孔的基本偏差系列图可以看出：

1）孔和轴同字母的基本偏差相对零线基本呈对称分布。

2）在孔的基本偏差中，A～H 的基本偏差均为下极限偏差 EI，J～ZC 的基本偏差均为上极限偏差 ES，且 A～ZC 的基本偏差依次减小。

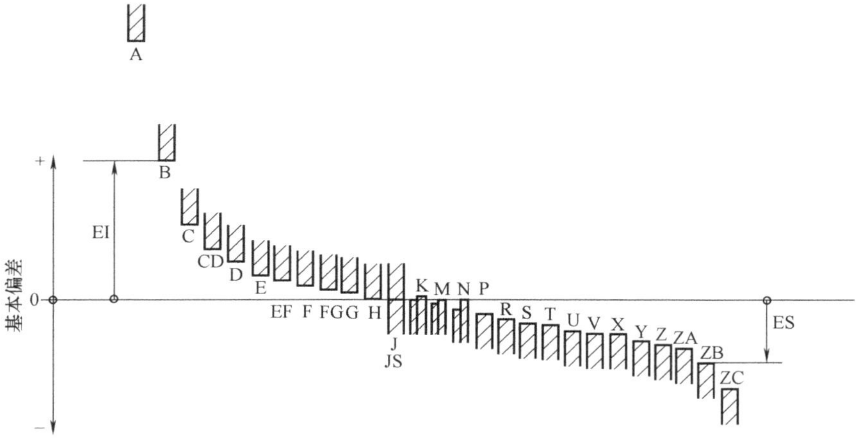

图 1-32 孔的基本偏差系列图

3）H 的基本偏差为下极限偏差，为零。

4）JS 与零线对称，上极限偏差 ES=+IT/2，下极限偏差 EI=−IT/2。其上、下极限偏差均可作为基本偏差，但为统一起见，在基本偏差数值表中将 JS 的基本偏差按下极限偏差处理。

还需说明的是，代号为 J~ZC 的基本偏差数值与公差等级有关，图中未示出。

3. 孔的基本偏差数值

国家标准中列出了孔的基本偏差数值表（附录 C），可查表确定其数值。在查表时要注意：分清基本偏差是上极限偏差还是下极限偏差；代号 J~ZC 的基本偏差与公差等级有关。

例 1-7 某零件上有一孔的直径为 110mm，公差等级为 IT9，问基本偏差代号分别为 E、U、JS 时的基本偏差数值。

解：

1）由附录 C 可知，当基本偏差代号为 E 时，其基本偏差为下极限偏差，且和公差等级无关。公称尺寸 110mm 属于“大于 100 至 120”尺寸段。该尺寸段所在的行、基本偏差代号 E 所在的列，其交叉处为“+72”，表示其基本偏差（下极限偏差）为+72μm，即其基本偏差为 EI=+0.072mm。

2）由附录 C 可知，当基本偏差代号为 U 时，其基本偏差为上极限偏差，但和公差等级有关。“大于 100 至 120”尺寸段所在的行、基本偏差代号 U 中公差等级大于 IT7 所在的列，其交叉处为“−144”，表示其基本偏差（上极限偏差）为−144μm，即其基本偏差为 ES=−0.144mm。

3）由附录 C 及其“注 2”可知，当基本偏差代号为 JS 时，其公差带关于零线对称，即可以认为其基本偏差为上极限偏差或下极限偏差，且有

$$偏差=\pm\frac{IT_n}{2}或偏差=\pm\frac{IT_n-1}{2}（公差等级为 IT7\sim IT11）$$

由表 1-8 可知，公称尺寸 110mm、公差等级为 IT9 时，公差值 IT=87μm。

所以，当基本偏差代号为 JS 时，其基本偏差为

$$上极限偏差\ ES=+\frac{IT_n-1}{2}=+\frac{87-1}{2}\mu m=+43\mu m=+0.043mm$$

$$或下极限偏差\ EI=-\frac{IT_n-1}{2}=-\frac{87-1}{2}\mu m=-43\mu m=-0.043mm$$

二、孔的公差带

1. 孔的公差带代号

和轴一样，孔的公差带代号也是由基本偏差代号与公差等级数字组成，如 H7、U6、JS9、N5 等都是孔的公差带代号。

2. 孔的公差带系列

基于和轴同样的道理，国家标准也规定了优先、常用和一般用途的孔公差带。图 1-33 所示为公称尺寸≤500mm 孔优先、常用和一般用途公差带。

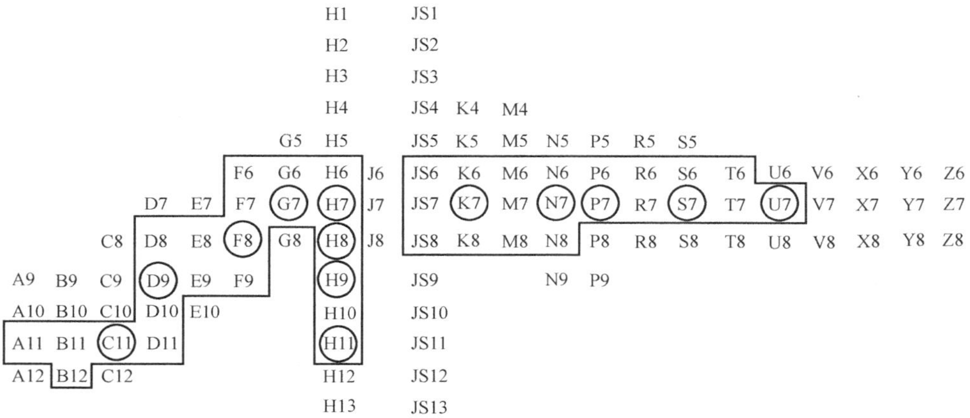

图 1-33 公称尺寸≤500mm 孔优先、常用和一般用途公差带

图 1-33 中，孔的优先公差带有 13 种（画圆圈的），常用公差带有 43 种（方框内的），一般用途公差带有 105 种。在实际应用中，选择公差带的顺序是：先优先公差带，再常用公差带，最后再选一般用途公差带。

3. 尺寸公差的标注

在图样上标注孔的尺寸公差的方法和标注轴的尺寸公差的方法相同。

三、孔的极限偏差数值的确定

由孔的基本偏差数值表可以查出孔的基本偏差数值，如何确定孔的另一极限偏差数值呢？即如何确定孔的两个极限偏差数值呢？

1. 根据基本偏差和标准公差确定极限偏差数值

基本偏差确定了公差带中的一个极限偏差，即靠近零线的那个上极限偏差或下极限偏差，从而确定了公差带的位置。而标准公差确定了公差带的大小，所以在基本偏差和标准公

差确定以后，另一极限偏差的数值也就确定了。

由孔的公差和极限偏差的关系式 $IT=|ES-EI|$ 不难得出

孔的上极限偏差　　$ES=EI+IT$

孔的下极限偏差　　$EI=ES-IT$

例 1-8　某孔直径为 50mm，公差等级为 IT8，当基本偏差代号为 D 时，求其极限偏差数值。

解：

1）查附录 C 可知，基本偏差为下极限偏差 EI=+0.080mm。

2）由表 1-8 可以查出，其标准公差为 IT=0.039mm。

3）该尺寸的另一个极限偏差即上极限偏差为

$ES=EI+IT=+0.080mm+0.039mm=+0.119mm$

2. 查极限偏差数值表确定极限偏差

上述计算方法在实际应用中比较麻烦，所以国家标准《极限与配合》中列出了孔的极限偏差数值表（附录 D），从中可以很快地确定孔的两个极限偏差数值。

例 1-9　查表确定孔 ϕ50F7 的极限偏差数值。

解：

查表时仍由公称尺寸查行，由基本偏差代号和公差等级查列，在行与列交叉处的框格中的上下两个数值就是两个极限偏差数值：上方的是上极限偏差、下方的是下极限偏差。

根据上述方法查附录 D，“大于 40 至 50”尺寸段所在的行、公差带代号 F7 所在的列，其交叉处框格中的数值为 $^{+50}_{+25}$，即其上极限偏差 $ES=+50\mu m=+0.050mm$，下极限偏差 $EI=+25\mu m=+0.025mm$。

思　考　题

1. 孔的基本偏差有几种？
2. 使用标准公差与基本偏差数值表，确定下列公差带的上、下极限偏差。

　　ϕ32D9　　ϕ80P6　　ϕ20V7　　ϕ170H9

3. 使用极限偏差数值表，查出下列公差带的上、下极限偏差。

　　ϕ28K7　　ϕ280M6　　ϕ40C11　　ϕ140N7

实训 1-5　用游标卡尺测量孔径

实训准备：游标卡尺、轴套零件。

一、实训任务

图 1-34 所示为轴套，其孔的尺寸为 $\phi16^{+0.2}_{0}$mm，请通过测量判断实际零件上该尺寸是否合格。

二、任务分析

尺寸 $\phi16^{+0.2}_{0}$mm 公差较大，但属于配合尺寸，应选择精度高一些的量具。这里，我们选择游标读数值为 0.02mm 的 0~125mm 的三用游标卡尺作为量具。

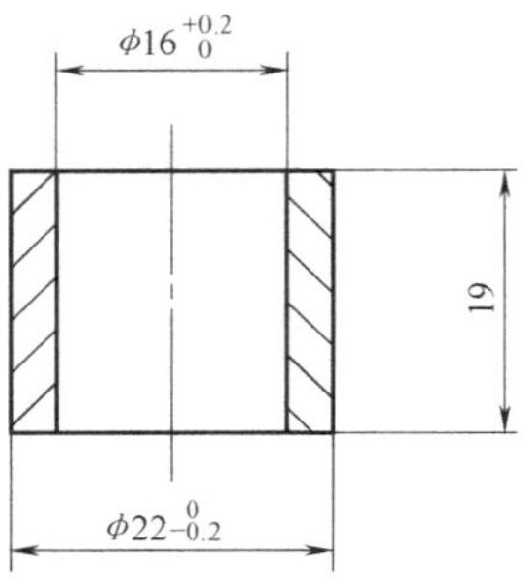

图 1-34 轴套

三、实训步骤

1. 测量

1）清洁轴套。

2）清洁游标卡尺。

3）检查游标卡尺。

4）校对零位。

5）测量。该零件较小，可以采用单手测量法。左手拿被测零件，右手持游标卡尺，使内测量爪张开，尺寸略小于被测尺寸。放正游标卡尺（使两测量爪所在平面垂直于零件端面，并使测量爪通过零件中心线），用右手拇指轻推游标，使测量爪逐渐与零件被测量表面平行接触。轻微摆动游标卡尺，同时用拇指施加测量力，然后锁紧游标，把游标卡尺轻轻滑出零件表面。目光正视读出尺寸数值并记录。

为提高测量精度，应在多处进行测量，取其平均数值来消除偶然误差，并将读数值记入测量报告单。

6）存放游标卡尺。

2. 测量报告

计算出测量结果的平均数值，给出尺寸是否合格的结论。

技能拓展：其他孔径测量方法

1. 用内测千分尺测量孔径

内测千分尺属于测微螺旋量具，通常用于测量零件上较浅的孔径、槽宽和两个内表面之间的距离等较小的内尺寸，其测量精度要高于游标卡尺。常用内测千分尺的规格有 5~30mm 和 25~50mm 两种。

（1）内测千分尺的结构和读数　图 1-35a 所示为内测千分尺实物，图 1-35b 所示为 5~30mm 内测千分尺的结构。可以看出，内测千分尺的结构和外径千分尺非常接近，其读数原理也和外径千分尺相同，但它的测量方向和读数方向都与外径千分尺相反。因此，在固定套管上读毫米整数和半毫米数、在微分筒上读小于半毫米数时，留心不要读错。

（2）内测千分尺的使用　内测千分尺的使用方法和外径千分尺基本相同，但也有不同之处，主要有：

1）内测千分尺校对零位的方法不同于外径千分尺。内测千分尺校对零位时，应该使用检定合格的标准环规（图 1-36），否则不能保证测量的准确度。

标准环规是以指定位置的内孔直径作为工作长度的高准确度尺寸量具，其主要用途是对测孔的量具及仪器进行检定和校准。按制造精度的不同，标准环规有 1、2、3 三个等级，其中，3 等标准环规用于内径表、内径千分尺校准之用。一般内测千分尺都附有校对零位相应

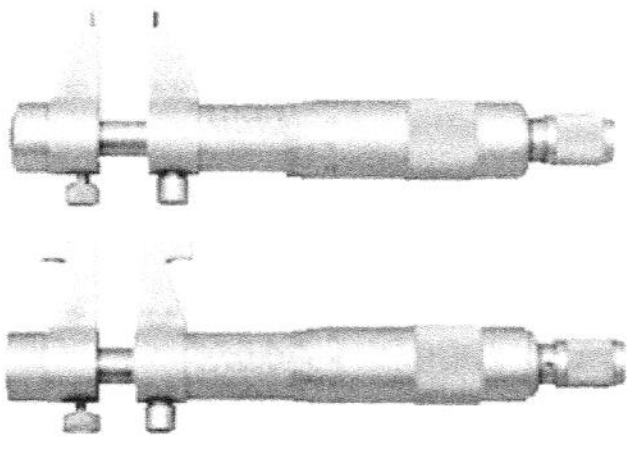

a)

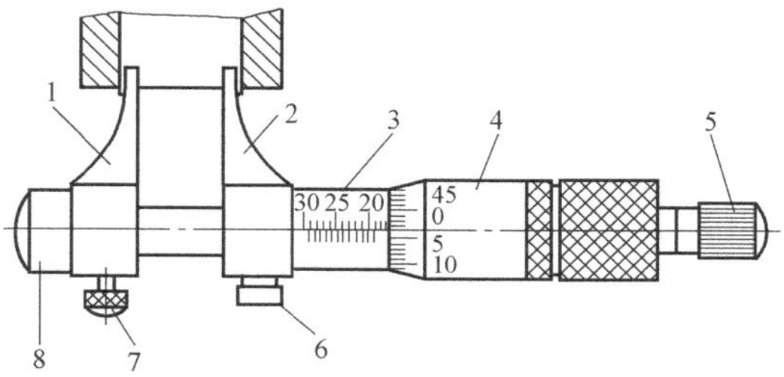

b)

图 1-35　内测千分尺

1—固定测量爪　2—活动测量爪　3—固定套管　4—活动套筒（微分筒）　5—测力装置
6—制动螺钉　7—锁紧螺钉　8—测微螺杆

的标准环规。

2）测量时，先将两个测量爪测量面之间的距离调整得比被测内尺寸稍小，然后用左手扶住左边固定测量爪，并抵在被测表面上不动；右手按顺时针方向慢慢转动测力装置，并轻微游动，使活动测量爪在正确的位置上和被测件接触，再进行读数。正确位置是指测量孔径时轴向找最小值，径向找最大值；测量两平行平面之间的距离时，找最小值。

图 1-36　标准环规

内测千分尺离开零件读数前，要用锁紧螺钉将测微螺杆锁紧，再进行读数。

2. 用内径千分尺测量孔径

（1）内径千分尺的种类和结构　内径千分尺也属于测微螺旋量具，有单杆式、接管式和三点式三种结构形式，如图 1-37 所示。

a) 单杆式内径千分尺

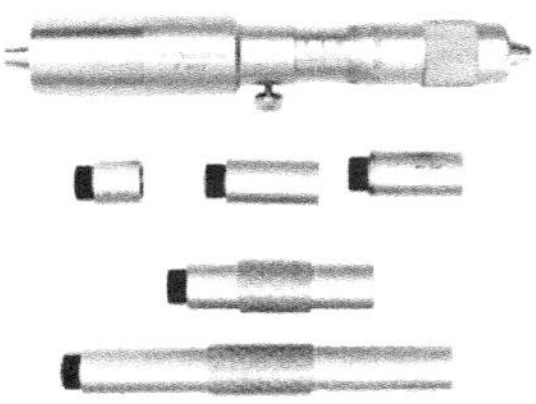

b) 接管式内径千分尺及接长管

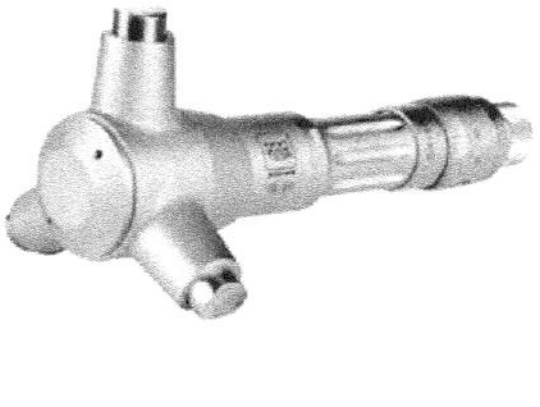

c) 三点式内径千分尺

图 1-37　内径千分尺

单杆式和接管式内径千分尺统称为杆式内径千分尺，主要用于较大内尺寸的测量。单杆式内径千分尺的示值范围为 25mm，按测量范围不同有 50 ~ 75mm、75 ~ 100mm、100 ~ 125mm、…、225 ~ 250mm 等规格；接管式内径千分尺按测量头和接长管的不同组合可以得到不同的测量范围，通常是 50~5000mm，最大可达 10m，其结构如图 1-38 所示。杆式内径千分尺的测量精度可达 IT10。

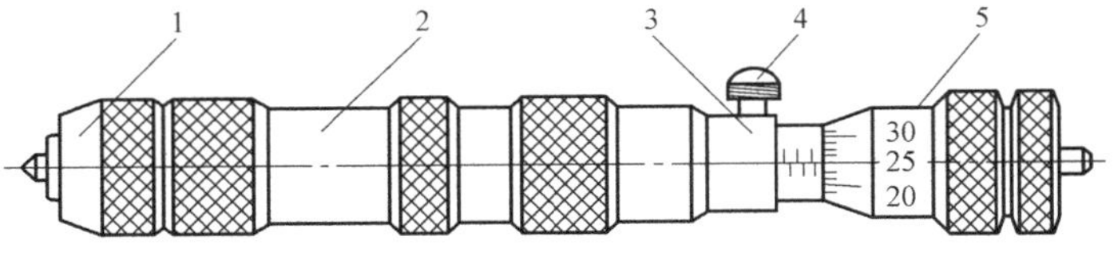

图 1-38 接管式内径千分尺

1—测量头 2—接长管（杆） 3—尺身 4—紧固螺钉 5—微分筒

三点式内径千分尺的测量头有三个可伸缩的测量爪，测量孔径时有三点与孔壁接触，测量精度较高，一般可达 IT7。三点式内径千分尺可以测量较大的内尺寸，也可以测量较小的内尺寸。

内径千分尺的刻线原理、读数方法和内测千分尺基本相同。

（2）内径千分尺的使用

1）首先，使用内径千分尺也要用标准环规校对零位。对于接管式内径千分尺，选取接长管时，要尽可能选取数量最少的接长管来组成所需的尺寸，以减少累积误差。在连接接长管时，应按尺寸大小排列，尺寸最大的接长管应与微量头连接。如把尺寸小的接长管排在组合体的中央时，则接长后千分尺的轴线会因管头端面平行度误差的“积累”而增加弯曲，使测量误差增大。

2）使用杆式内径千分尺测量孔径时，至少要在轴向三个截面及每个截面相互垂直的两个方向上进行测量，如图 1-39 所示。

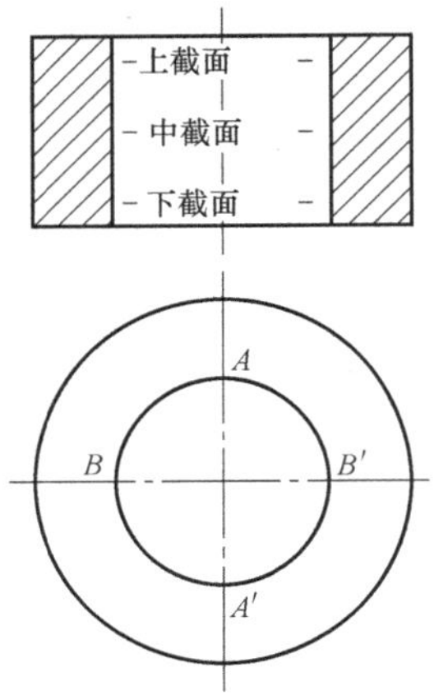

图 1-39 测量点位置

3）如图 1-40 所示，使用杆式内径千分尺测量孔径时，要使固定测量头支承在被测表面上，调整微分筒使活动测量头在孔的径向截面内摆动，找出最大尺寸；在孔的轴向截面内摆动，找出最小尺寸。此调整须重复进行几次，然后拧紧锁紧螺钉，取出千分尺读数。同样，在测量两平行平面之间的距离时，应使测量头在被测面上、下、左、右摆动，找出最小读数，即为被测平面间的距离。

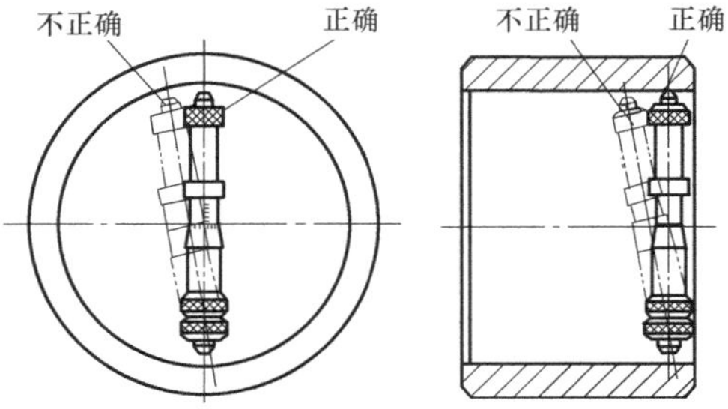

图 1-40 杆式内径千分尺测量孔径的正确位置

4）测量完毕后，大型内径千分尺应垫平放置或垂直吊挂，以免尺体变形。

实训 1-6 用内径百分表测量孔径

实训准备：量块、内径百分表、轴承套。

基准量具：量块。

量块是用微变形钢或陶瓷材料制成的长方体形状或圆柱形状的量具。长方体形状的量块如图 1-41 所示。量块是无刻度的端面量具，具有线膨胀系数小、不易变形、耐磨性好等特点。量块具有两个经过精密加工的很平的平行平面，称为测量面。在图 1-41 中，量块上所标的“3”“7”和“20”是该量块的标称尺寸，即两测量面之间的距离，该尺寸具有很高的精度。量块的标称尺寸通常标注在非工作面上（标称尺寸较小的例外），并且数字右侧为上测量面，左侧为下测量面。

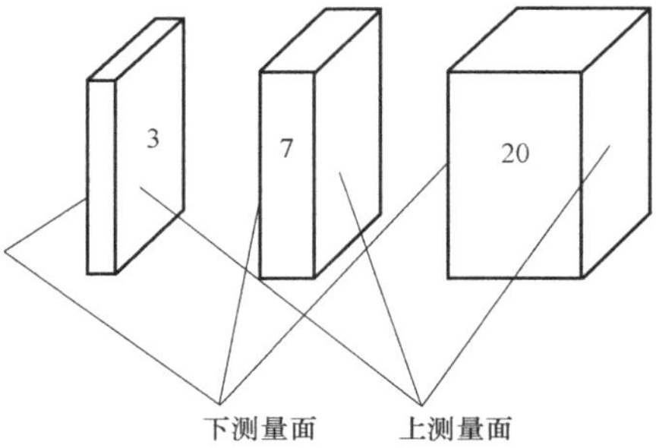

图 1-41 长方体形状的量块

1. 量块的用途

量块的应用较为广泛。量块可用来检定和校准其他量具、量仪。采用相对测量法测量时，常用量块组成一标准尺寸来调整量具、量仪的零位。量块还可以用于精密机床的调整、精密划线、直接测量精密零件等。

2. 量块的等级

我国的量块有级和等之分。

级是按量块的制造精度划分的，量块按制造精度分为 0、1、2、3 级和 K 级。0 级精度最高，一般仅用于省市计量单位作为检定或校准精密仪器用。3 级精度最低，一般作为工厂或车间计量站使用的量块。K 级为校准级，用于校准 0、1、2、3 级量块。按级使用量块时，直接按其标称长度作为工作尺寸。

等是按量块的检定精度划分的，量块按检定精度分为 1、2、3、4、5、6 共六等。它把量块的实际尺寸用规定的精密量仪测出后记录在检定表上，按此实际尺寸使用。

显然，同一套量块若按“等”使用可以得到更高的测量精度。但由于按“等”使用比较麻烦，且检定成本高，故在生产现场一般按“级”使用。

3. 量块的套别

量块是成套生产和供应的，且每套装成一盒。每盒中有块数不同、尺寸不同的若干量块组成一套量块。我国生产的量块，每套分别有 5 块、6 块、8 块、10 块、12 块、38 块、46 块、83 块和 91 块量块，加上不同的尺寸间隔共有 17 种套别。其中，91 块、83 块、46 块和 38 块的成套量块为常用的套别，其级别、尺寸系列、间隔和块数见表 1-13。

4. 量块的使用

量块的两个测量面做得十分准确而光滑，使量块具有可研合的特性，即将两块量块的测量面轻轻地推合后，这两块量块就能研合在一起，不会自己分开，好像一块量块一样。利用量块的可研合性，就可利用几个量块组成各种不同尺寸的量块组，方便应用。但为了减少误差，使用量块的原则是尽量选用最少数量的量块组成量块组，一般情况下，组成所需尺寸的量块总数不应超过四块。

表 1-13 成套量块尺寸表（摘自 GB/T 6093—2001）

套别	总块数	级别	尺寸系列/mm	间隔/mm	块数
1	91	0,1	0.5 1 1.001,1.002,…,1.009 1.01,1.02,…,1.49 1.5,1.6,…,1.9 2.0,2.5,…,9.5 10,20,…,100	— — 0.001 0.01 0.1 0.5 10	1 1 9 49 5 16 10
2	83	0,1,2	0.5 1 1.005 1.01,1.02,…,1.49 1.5,1.6,…,1.9 2.0,2.5,…,9.5 10,20,…,100	— — — 0.01 0.1 0.5 10	1 1 1 49 5 16 10
3	46	0,1,2	1 1.001,1.002,…,1.009 1.01,1.02,…,1.09 1.1,1.2,…,1.9 2,3,…,9 10,20,…,100	— 0.001 0.01 0.1 1 10	1 9 9 9 8 10
4	38	0,1,2	1 1.005 1.01,1.02,…,1.09 1.1,1.2,…,1.9 2,3,…,9 10,20,…,100	— — 0.01 0.1 1 10	1 1 9 9 8 10

例如：采用 83 块一套的量块组成组合尺寸为 89.765mm 的量块组，可选择 1.005mm、1.26mm、7.5mm、80mm 四块量块。其选择方法如下：

组合尺寸：89.765mm

第一块量块的尺寸：1.005mm

剩余尺寸：88.76mm

第二块量块的尺寸：1.26mm

剩余尺寸：87.5mm

第三块量块的尺寸：7.5mm

剩余尺寸（第四块量块的尺寸）：80mm

即：89.765mm＝1.005mm+1.26mm+7.5mm+80mm。这样，既组成了所需尺寸，采用的量块数目又最少。

量块在使用过程中应注意以下几点：

1）量块必须在有效期内使用，否则应及时送专业部门检定。

2）所选量块应先放入航空汽油中清洗，并用洁净绸布将其擦干，待量块温度与环境温度相同后方可使用。

3）防止各种腐蚀性物质对量块的损伤及工作面上的灰尘划伤工作面，影响其研合性。

4）轻拿、轻放量块，杜绝磕碰、跌落等情况的发生。

5）不得用手直接接触量块，以免造成汗液对量块的腐蚀及手温对测量精度的影响。

6）使用完毕后，应先用航空汽油清洗量块，然后擦干、涂上防锈脂放入专用盒内妥善保管。

5. 量块附件

为了方便量块和量块组的使用，扩大其使用范围，要采用量块附件。量块附件主要有夹持器和各种测量爪，如图 1-42 所示。它们也是由专门工厂按相关标准生产的高精度产品。量块或量块组与附件装配后，可以测量外径、内径、用于精密划线等，如图 1-43 所示。

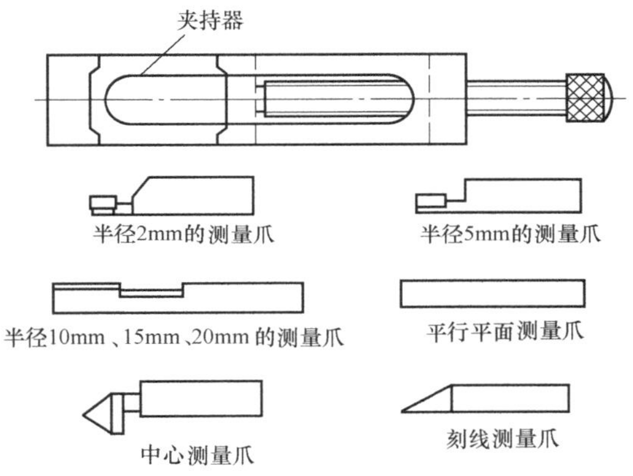

图 1-42 量块附件

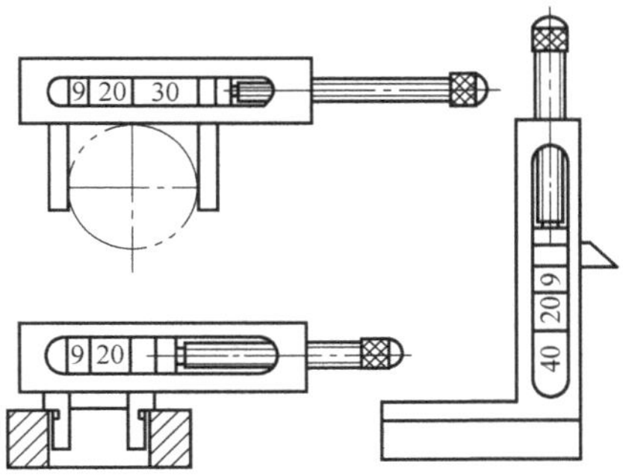

图 1-43 量块附件的应用

量仪：内径百分表。

1. 内径百分表的结构

如图 1-44 所示，成套的内径百分表由百分表、测量内径的杠杆系统和成套的可换测头组成，特别适合测量精度较高且较深的内孔。内径百分表的分度值为 0.01mm，测量范围有 6～10mm、10～18mm、18～35mm、35～50mm、50～160mm、160～250mm、250～450mm 等多种规格。用内径百分表测量孔径属于相对测量。

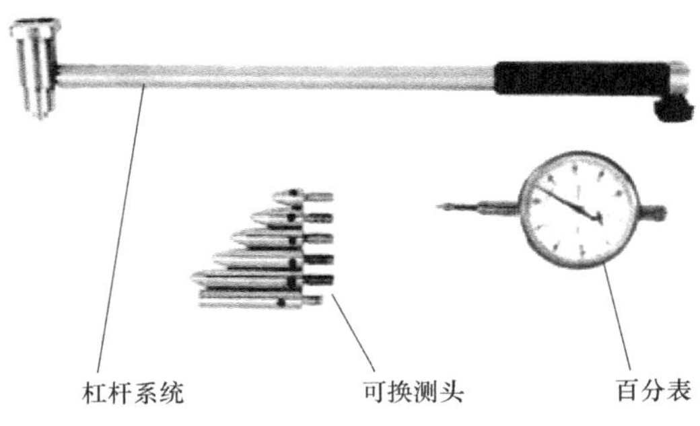

图 1-44 内径百分表的结构

内径百分表的典型结构如图 1-45 所示。

2. 内径百分表的工作原理

测量时，内径百分表的两测头 1、8 放入被测孔内，借助弹簧 10 的推力，定位装置 9 保

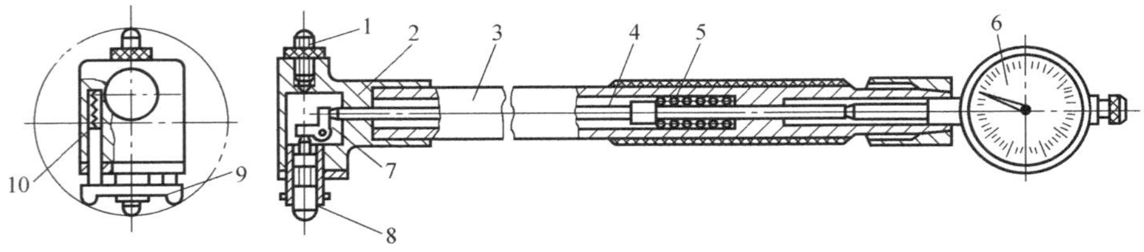

图 1-45　内径百分表的典型结构

1—可换测头（固定测头）　2—测量套　3—测量杆　4—传动杆　5、10—弹簧　6—百分表　7—杠杆　8—活动测头　9—定位装置

证两测头始终与被测孔接触，并保证其接触点的连线位于被测孔径的直径方向上，活动测头的移动通过杠杆系统传给百分表 6，其移动量由百分表指示出来。

3. 百分表的读数

百分表示意图如图 1-46 所示。图 1-46a 所示为实物图，图 1-46b 所示为结构示意图。

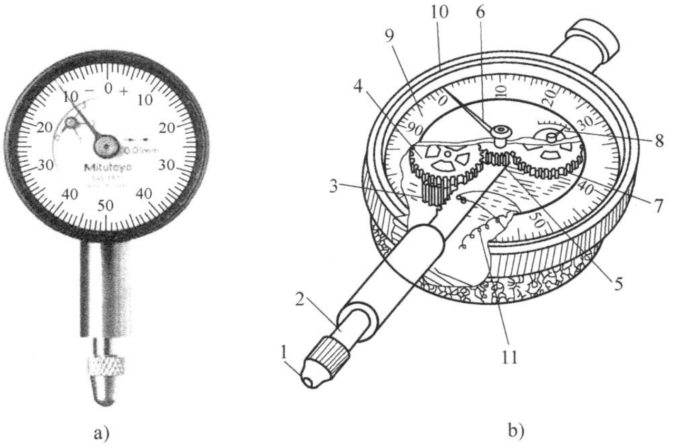

图 1-46　百分表示意图

1—测头　2—测量杆　3—小齿轮　4、7—大齿轮　5—小齿轮　6—长指针　8—短指针　9—表盘　10—表圈　11—拉簧

当测量杆向上或向下移动 1mm 时，通过齿轮传动系统带动长指针转一圈，短指针转一格。刻度盘在圆周上有 100 个等分格，各格的读数值为 0.01mm。短指针每格读数为 1mm。测量时指针读数的变动量即为尺寸变化量。刻度盘可以转动，以便测量时使长指针对准零刻度线。

百分表的读数方法为：先读短指针转过的刻度线（即毫米整数），再读长指针转过的刻度线（即小数部分），并乘以 0.01，然后两者相加，即得到所测量的数值。读百分表的读数，要在指针停止摆动后再开始读数，且视线要垂直于表盘，正对表针，防止由于偏视造成读数误差。

一、实训任务

图 1-47 所示为套筒，其中部内孔尺寸为 $\phi32^{+0.050}_{0}$mm，请测量实际零件该孔直径是否合格。

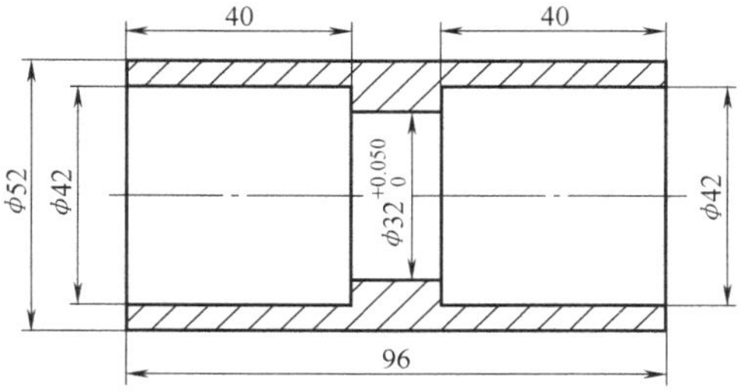

图 1-47　套筒

二、任务分析

尺寸 $\phi32^{+0.050}_{0}$mm 的精度较高，且该孔较深，不能用游标卡尺等测量。这里，我们选择测量范围为 18~35mm 的内径百分表作为量具。

三、实训步骤

1. 测量

1）清洁套筒。

2）选择并安装可换测头。根据被测零件的公称尺寸 32mm，选择相应的可换测头，安装到测量杆可换测头的螺纹孔内，并调整其位置，使固定测头和可换测头之间的尺寸固定在大于公称尺寸 0.5~0.8mm 之间（可用游标卡尺测量），并锁紧固定。

3）检查百分表及测量杆的灵敏度。例如：测量机构的移动应平稳、灵活、无卡住和阻滞现象；测头更换应方便，紧固后应平稳可靠。

4）安装百分表。将检查合格的百分表装进弹簧夹头内，并使表盘内的短指针压下 1mm 左右，用紧固螺钉压紧弹簧夹头，夹紧力不能过大，以免将百分表测量杆夹死。压缩百分表 1mm 的目的：其一，是为了使百分表有一定的起始力。其二，起到提示作用，此时的百分表与传动杆已经接触。

5）校对零位。用内径百分表测量孔径属于相对测量，即百分表的示值是被测孔径相对于标准值的偏差数值。此处的标准值就是经校对后的固定测头和活动测头之间的尺寸。由于用内径百分表测量孔径属于相对测量，所以在测量前应对内径百分表进行零位校对。

方法一：用外径千分尺校对零位。

① 根据被测尺寸大小，选择外径千分尺，将尺寸调整为相应的公称尺寸（ϕ32mm）并锁紧。

② 左手握住外径千分尺（隔热装置），右手四指握住内径百分表手柄的隔热部分，将内径百分表测量端放入外径千分尺两测量面间，左右摆动测量杆，找到最小值，找到最小值后停止摆动，用右手大拇指去转动百分表表圈使表盘上的零刻度线与长指针对齐，如图 1-48 所示。

③ 重复步骤②两次，百分表的零刻度线与长指针重合即可。

这时长指针与 mm 指针所处的位置就是外径千分尺的尺寸（ϕ32mm）反映到百分表上的具体位置。

因受外径千分尺精度的影响，用其校对零位的准确度和稳定性均不高，从而降低了内径百分表的测量精确度。但此方法易于操作和实现，在生产现场对精度要求不高的单件或小批量零件进行检测时，仍得到较广泛应用。

方法二：用量块校对零位。

① 按被测零件的公称尺寸组合量块（本实训中选用标称尺寸分别为 30mm 和 2mm 的两块量块），并装夹在量块附件中。

② 将内径百分表的两测头放在量块附件两量爪之间，摆动测量杆使百分表读数最小，然后转动百分表表圈，使表盘上的零刻度线与长指针对齐，如图 1-49 所示。

③ 重复步骤②两次，百分表的零刻度线与长指针重合即可。

这种零位校对方法能保证校对零位的准确度及内径百分表的测量精度，但其操作比较麻烦，且对量块的使用环境要求较高。

方法三：用标准环规校对零位。

按被测零件的公称尺寸选择名义尺寸相同的标准环规，按标准环规的实际尺寸校对内径百分表的零位。此方法操作简便，并能保证校对零位的准确度。因校对零位需制造专用的标准环规，故此方法只适合检测生产批量较大的零件。

6）测量。操作时手应握在内径百分表的隔热套处，测量器具与被测零件必须等温，以减少温度对测量精度的影响。将内径百分表的测量端倾斜放入被测孔内，一般应让定位装置这边先进，再按压定位装置将固定测头这边放入，测量端放入孔内后将内径百分表竖直，然后左右摆动测量杆，使内径百分表在轴向上找到最小值，即为孔的直径，如图 1-50 所示。对于两平行平面间的距离，应在上下、左右方向上都找到最小值。

被测尺寸的读数值应等于调整尺寸与百分表示值的代数和。测量时百分表的指针都回到校对零位时的位置，读数值正好是校对零位的那个尺寸。如果没有回到校对零位的位置上，就应读出百分表的示值：以零位这点为分界线，指针处在顺时针方向时记为“负”值，指针处在逆时针方向时记为“正”值。

7）保存量具。测量完毕，把百分表和可换测头取下擦净，放入盒内保管。长期不用时还应在测头上涂上防锈油。

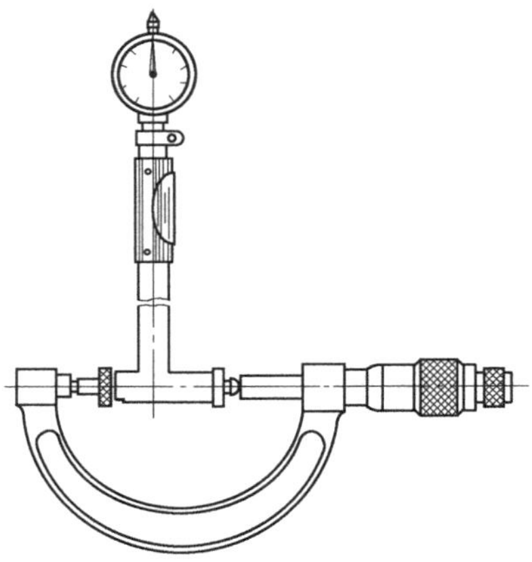

图 1-48 用外径千分尺校对零位

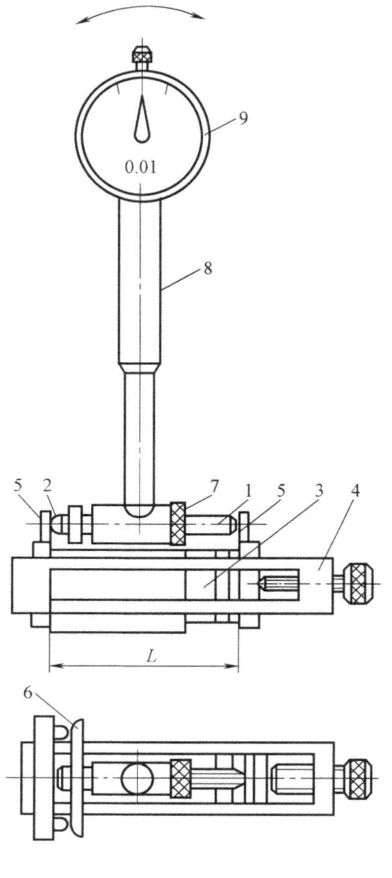

图 1-49 用量块校对零位

1—固定测头 2—活动测头 3—量块组 4—量块夹 5—量爪 6—定心板 7—固定测头锁紧螺母 8—隔热手柄 9—百分表

2. 测量报告

按测量报告单的填写要求填写并整理数据，给出尺寸是否合格的结论。

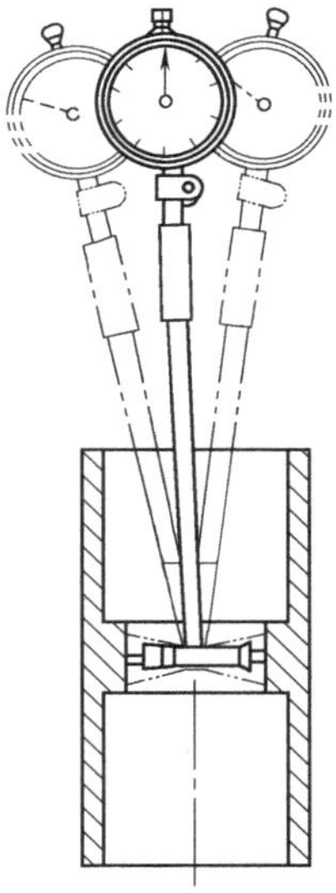

图 1-50 内径百分表的使用

第四节 孔、轴的配合

基本知识

在机械设备中，根据不同的工作要求和性能要求，对孔、轴接触部位的松紧程度的要求是不同的，为此，国家规定了配合的基本制度。

一、配合、配合的种类

1. 配合

公称尺寸相同的、相互结合的孔和轴公差带之间的关系称为配合。

相互配合的孔和轴的公称尺寸应该是相同的。孔、轴公差带之间的不同关系，决定了孔、轴结合的松紧程度，即决定了孔、轴的配合性质。

2. 间隙与过盈

孔的尺寸减去相配合的轴的尺寸之差为正时，是间隙，用 X 表示，其数值前应标“+”号。此时，孔的尺寸大于轴的尺寸，孔、轴结合较松。

孔的尺寸减去相配合的轴的尺寸之差为负时，是过盈，用 Y 表示，其数值前应标“-”号。此时，孔的尺寸小于轴的尺寸，孔、轴结合较紧。

3. 配合的种类

根据孔、轴之间形成间隙或过盈的情况，配合分为间隙配合、过盈配合和过渡配合三类。

（1）间隙配合　具有间隙（包括最小间隙等于零）的配合称为间隙配合。此时，孔的公差带在轴的公差带之上，如图 1-51 所示。

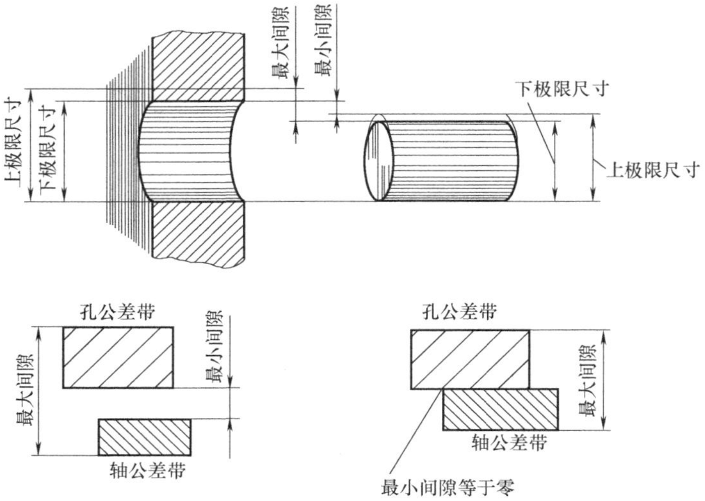

图 1-51　间隙配合的孔轴公差带

由于孔、轴的实际尺寸允许在各自的公差带内变动，所以孔、轴配合的间隙也是变动的。当孔为上极限尺寸而轴为下极限尺寸时，装配后的孔、轴处于最松的配合状态，称为最大间隙 X_{max}；当孔为下极限尺寸而轴为上极限尺寸时，装配后的孔、轴处于最紧的配合状态，称为最小间隙 X_{min}，如图 1-51 所示。最大间隙 X_{max} 和最小间隙 X_{min} 的计算公式如下：

$$X_{max}=D_{max}-d_{min}=ES-ei$$

$$X_{min}=D_{min}-d_{max}=EI-es$$

最大间隙与最小间隙统称为极限间隙，表示间隙配合中允许间隙变动的界限值。孔、轴装配后的实际间隙在最大间隙和最小间隙之间。

在间隙配合中，当孔的下极限尺寸等于轴的上极限尺寸时，最小间隙等于零，称为零间隙。

例 1-10　$\phi25^{+0.021}_{0}$mm 孔与 $\phi25^{-0.020}_{-0.033}$mm 轴相配合，试判断配合类型，若为间隙配合，试计算其极限间隙。

解：

1）判断配合类型。画出孔、轴的公差带图，如图 1-52 所示。由此图可知，该组孔、轴为间隙配合。

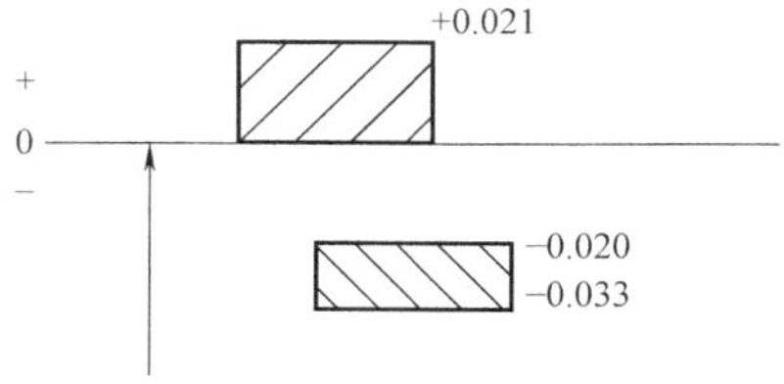

图 1-52　$\phi25^{+0.021}_{0}$mm 孔与 $\phi25^{-0.020}_{-0.033}$mm 轴的公差带图

2）计算极限间隙。

$$最大间隙\ X_{max}=ES-ei=+0.021mm-(-0.033mm)=+0.054mm$$

$$最小间隙\ X_{min}=EI-es=0-(-0.020mm)=+0.020mm$$

（2）过盈配合　具有过盈（包括最小过盈等于零）的配合称为过盈配合。此时，孔的公差带在轴的公差带之下，如图 1-53 所示。

在过盈配合中，孔的上极限尺寸减轴的下极限尺寸所得的差值为最小过盈 Y_{min}，是孔、轴配合的最松状态；孔的下极限尺寸减轴的上极限尺寸所得的差值为最大过盈 Y_{max}，是孔、轴配合的最紧状态，如图 1-53 所示。最小过盈 Y_{min} 和最大过盈 Y_{max} 的计算公式如下：

$$Y_{min}=D_{max}-d_{min}=ES-ei$$
$$Y_{max}=D_{min}-d_{max}=EI-es$$

最大过盈与最小过盈统称为极限过盈，表示过盈配合中允许过盈变动的界限值。孔、轴装配后的实际过盈在最小过盈和最大过盈之间。

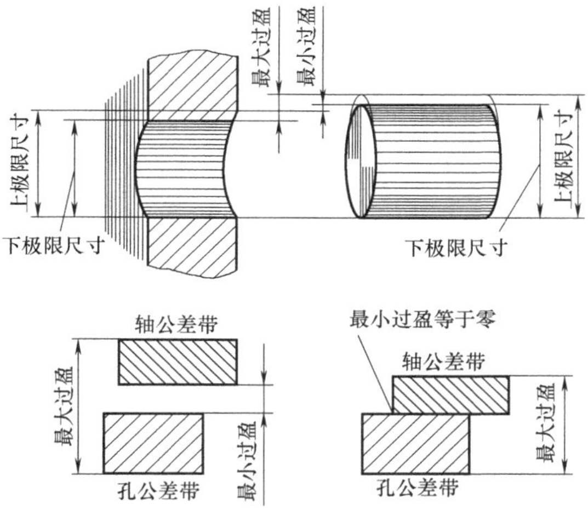

图 1-53 过盈配合的孔轴公差带

在过盈配合中，当孔的上极限尺寸等于轴的下极限尺寸时，最小过盈等于零，称为零过盈。

例 1-11 $\phi32^{+0.039}_{0}$mm 的孔与 $\phi32^{+0.068}_{+0.043}$mm 的轴相配合，试判断配合类型，并计算其极限间隙或极限过盈。

解：

1）画出孔、轴的公差带图，如图 1-54 所示。由此图可知，该组孔、轴为过盈配合。

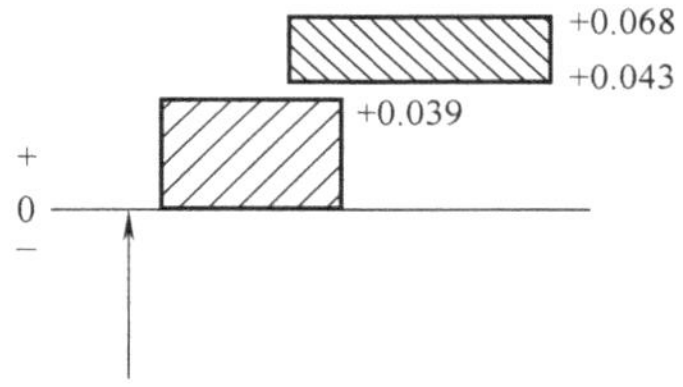

图 1-54 $\phi32^{+0.039}_{0}$mm 的孔与 $\phi32^{+0.068}_{+0.043}$mm 的轴的公差带图

2）计算极限过盈。

$$最大过盈\ Y_{max}=EI-es=0-(+0.068mm)=-0.068mm$$
$$最小过盈\ Y_{min}=ES-ei=+0.039mm-(+0.043mm)=-0.004mm$$

（3）过渡配合　可能具有间隙或过盈的配合称为过渡配合。此时，孔的公差带与轴的公差带交叠，如图 1-55 所示。

同样，孔、轴的实际尺寸是在其各自的公差带内变动的。当孔的尺寸大于轴的尺寸时，具有间隙。当孔为上极限尺寸而轴为下极限尺寸时，配合处于最松的状态，此时的间隙为最大间隙。当孔的尺寸小于轴的尺寸时，具有过盈。当孔为下极限尺寸而轴为上极限尺寸时，配合处于最紧的状态，此时的过盈为最大过盈。即有

$$X_{max}=D_{max}-d_{min}=ES-ei$$
$$Y_{max}=D_{min}-d_{max}=EI-es$$

在过渡配合中，代表配合松紧程度的特征值就是最大间隙和最大过盈。

例 1-12 $\phi25^{+0.021}_{0}$mm 的孔与 $\phi25^{+0.015}_{+0.002}$mm 的轴相配合，试判断配合类型，并计算其极限间隙或极限过盈。

解：

1）判断配合类型。画出孔、轴的公差带图，如图 1-56 所示。由此图可知，该组孔、轴为过渡配合。

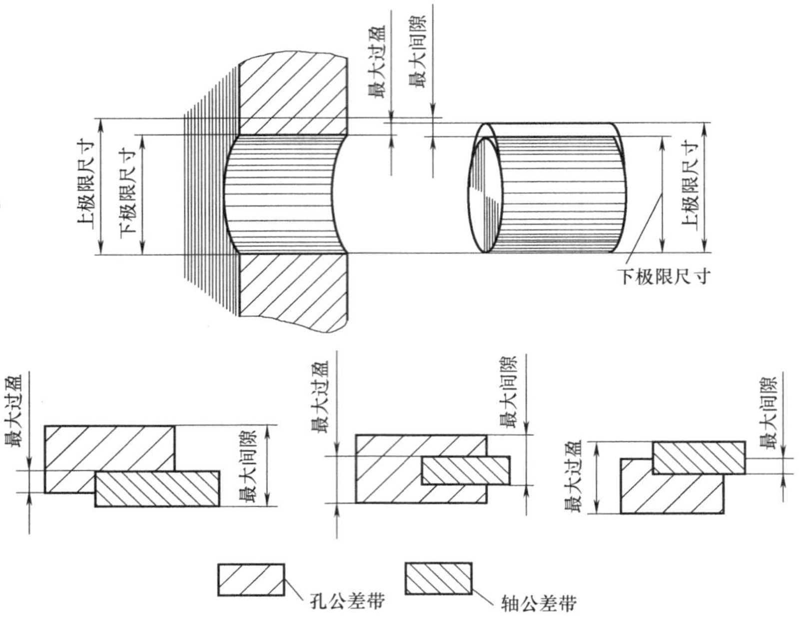

图 1-55　过渡配合的孔轴公差带

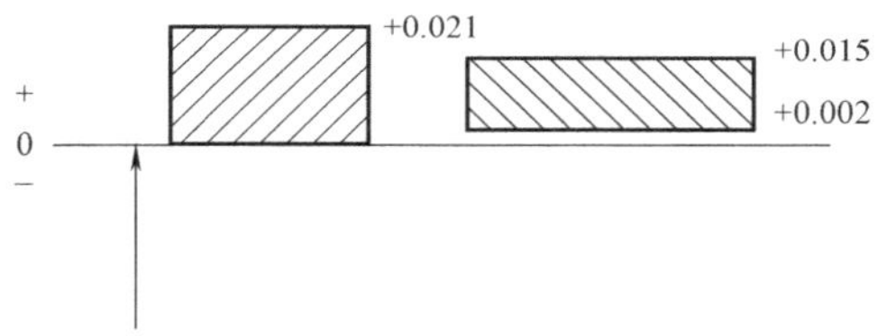

图 1-56　$\phi25^{+0.021}_{0}$mm 的孔与 $\phi25^{+0.015}_{+0.002}$mm 的轴的公差带图

2）计算最大间隙和最大过盈。

最大间隙 X_{max} = ES−ei = +0.021mm−(+0.002mm) = +0.019mm

最大过盈 Y_{max} = EI−es = 0−(+0.015mm) = −0.015mm

4. 配合公差

配合公差是指允许间隙或过盈的变动量，用符号 T_f 表示。配合公差反映配合松紧的变化范围，表示配合精度。在数值上，它是一个没有正、负号，也不能为零的绝对值。

配合公差越大，则配合后的松紧差别程度越大，即配合的一致性差，配合的精度低。反之，配合公差越小，则配合后的松紧差别程度越小，即配合的一致性好，配合的精度高。

不难得出配合公差的计算公式：

间隙配合　　$T_f = |X_{max} - X_{min}|$

过盈配合　　$T_f = |Y_{min} - Y_{max}|$

过渡配合　　$T_f = |X_{max} - Y_{max}|$

由上述公式还可以推导出：$T_f = T_h + T_s$，即配合公差等于组成配合的孔和轴的公差之和。也就是说，配合精度的高低是由相配合的孔和轴的精度决定的。配合精度要求越高，孔和轴的精度要求也越高，加工成本越高。反之配合精度要求越低，孔和轴的加工成本也就越低。

二、配合制

1. 基准制

配合的性质由相配合的孔、轴公差带的相对位置决定，因而改变孔或轴的公差带位置，就可以得到不同性质的配合。从理论上讲，任一孔的公差带和任一轴的公差带都可以形成一种配合。为了方便应用，国家标准对孔与轴公差带之间的相互关系规定了两种基准制：基孔制和基轴制。

（1）基孔制配合　基本偏差为一定的孔的公差带，与不同基本偏差的轴的公差带形成各种配合的一种制度称为基孔制。

在基孔制中，孔是配合的基准件，称为基准孔。基准孔的基本偏差代号为“H”，它的基本偏差是下极限偏差，其数值等于零，即 EI = 0，其公差带位于零线上方且紧邻零线，如图 1-57a 所示。图 1-57a 中，基准孔的上极限偏差用虚线画出，表示其公差带大小随公差等级而变化。

基孔制中的轴是非基准件，其公差带相对零线可以有各种不同的位置，因而可形成各种不同性质的配合。

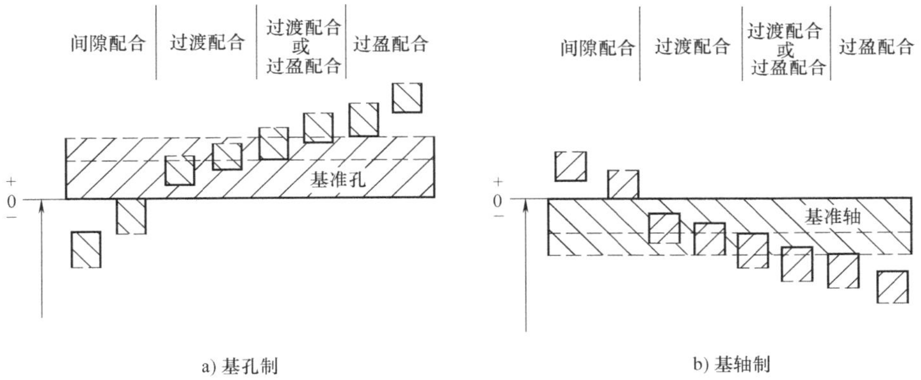

图 1-57　基孔制配合和基轴制配合

（2）基轴制配合　基本偏差为一定的轴的公差带，与不同基本偏差的孔的公差带形成各种配合的一种制度称为基轴制。

在基轴制中，轴是配合的基准件，称为基准轴。基准轴的基本偏差代号为“h”，它的基本偏差是上极限偏差，其数值等于零，即 es = 0，其公差带位于零线下方且紧邻零线，如图 1-57b 所示。图 1-57b 中，基准轴的下极限偏差用虚线画出，表示其公差带大小随公差等级而变化。

基轴制中的孔是非基准件，其公差带相对零线可以有各种不同的位置，因而可形成各种不同性质的配合。

2. 基准制的应用

（1）基孔制是应用最多的配合制　一般进行孔的精加工时需要采用铰刀、拉刀等定尺寸刀具，大批量生产时多采用塞规等定尺寸量具，采用基孔制可以减少定尺寸刀具和量具的规格数量，有利于刀具和量具的生产和储备，从而降低生产成本。所以，一般情况下，应优先采用基孔制配合。

（2）有些情况下选择基轴制

1）用冷拉钢制圆柱型材制作光轴作为基准轴。这一类圆柱型材的规格已标准化，尺寸公差等级一般为 IT7～IT9。它作为基准轴，轴径可以免去外圆的切削加工，只需要按照不同的配合性质要求来加工孔，可以实现技术与经济的最佳效果。

2）与标准件配合（如键、销、轴承等），应以标准件为基准件来确定基准制。例如：滚动轴承外圈与箱体孔的配合应采用基轴制，滚动轴承内圈与轴的配合应采用基孔制。

（3）特殊情况可以采用非基准制

三、配合代号及其标注

配合代号用孔、轴公差带代号的组合表示，并写成分数的形式，分子为孔的公差带代号，分母为轴的公差带代号，如 H7/f6 或 $\frac{H7}{f6}$。在装配图中，配合代号标注在公称尺寸的后面，如图 1-58 所示的 $\phi40\frac{H8}{f7}$。

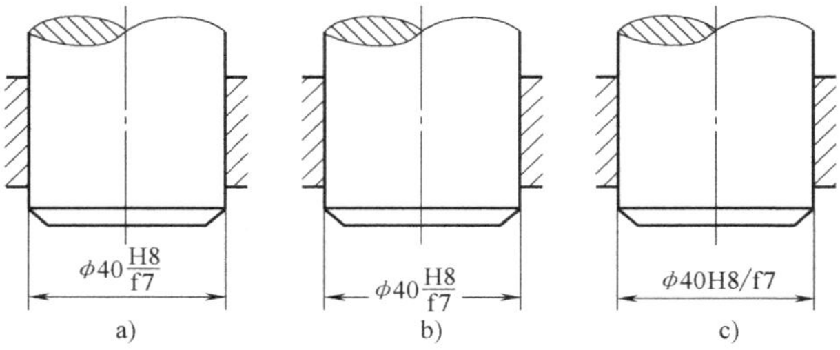

图 1-58 配合代号及其标注

四、配合的应用

1. 配合类型的应用

间隙配合、过盈配合和过渡配合具有不同的功能，要结合配合件的工作情况来选用，见表 1-14。

表 1-14 配合类型的应用

配合件的工作情况				配合类型
有相对运动	只有移动			间隙较小的间隙配合
	转动或与移动的复合运动			间隙较大的间隙配合
无相对运动	传递转矩	要求精确同轴	永久结合	过盈配合
			可拆结合	过渡配合或间隙最小的间隙配合加紧固件
		不需精确同轴		间隙较小的间隙配合加紧固件
	不传递转矩			过渡配合或过盈小的过盈配合

注：紧固件是指键、销和螺钉等。

2. 常用和优先配合

在理论上，任意一孔公差带和任意一轴公差带都能组成一种配合，所有的孔、轴公差带进行组合可得 30 万种配合，远远超过了实际生产的需要。根据我国实际生产的需要，国家标准对配合数目进行了限制。在公称尺寸≤500mm 范围内，国家标准规定了基孔制的 13 种优先配合和 59 种常用配合，见表 1-15；规定了基轴制的 13 种优先配合和 47 种常用配合，见表 1-16。

表 1-15 基孔制的优先和常用配合

基准孔	轴																				
	a	b	c	d	e	f	g	h	js	k	m	n	p	r	s	t	u	v	x	y	z
	间隙配合								过渡配合			过盈配合									
H6						$\frac{H6}{f5}$	$\frac{H6}{g5}$	$\frac{H6}{h5}$	$\frac{H6}{js5}$	$\frac{H6}{k5}$	$\frac{H6}{m5}$	$\frac{H6}{n5}$	$\frac{H6}{p5}$	$\frac{H6}{r5}$	$\frac{H6}{s5}$	$\frac{H6}{t5}$					
H7						$\frac{H7}{f6}$	◤$\frac{H7}{g6}$	◤$\frac{H7}{h6}$	$\frac{H7}{js6}$	◤$\frac{H7}{k6}$	$\frac{H7}{m6}$	◤$\frac{H7}{n6}$	◤$\frac{H7}{p6}$	$\frac{H7}{r6}$	◤$\frac{H7}{s6}$	$\frac{H7}{t6}$	◤$\frac{H7}{u6}$	$\frac{H7}{v6}$	$\frac{H7}{x6}$	$\frac{H7}{y6}$	$\frac{H7}{z6}$
H8					$\frac{H8}{e7}$	◤$\frac{H8}{f7}$	$\frac{H8}{g7}$	◤$\frac{H8}{h7}$	$\frac{H8}{js7}$	$\frac{H8}{k7}$	$\frac{H8}{m7}$	$\frac{H8}{n7}$	$\frac{H8}{p7}$	$\frac{H8}{r7}$	$\frac{H8}{s7}$	$\frac{H8}{t7}$	$\frac{H8}{u7}$				
				$\frac{H8}{d8}$	$\frac{H8}{e8}$	$\frac{H8}{f8}$		$\frac{H8}{h8}$													
H9			$\frac{H9}{c9}$	◤$\frac{H9}{d9}$	$\frac{H9}{e9}$	$\frac{H9}{f9}$		◤$\frac{H9}{h9}$													
H10			$\frac{H10}{c10}$	$\frac{H10}{d10}$				$\frac{H10}{h10}$													
H11	$\frac{H11}{a11}$	$\frac{H11}{b11}$	◤$\frac{H11}{c11}$	$\frac{H11}{d11}$				◤$\frac{H11}{h11}$													
H12		$\frac{H12}{b12}$						$\frac{H12}{h12}$													

注：1. $\frac{H6}{n5}$、$\frac{H7}{p6}$在公称尺寸小于或等于 3mm 和$\frac{H8}{r7}$在公称尺寸小于或等于 100mm 时，为过渡配合。

2. 带◤的配合为优先配合。

表 1-16 基轴制的优先和常用配合

基准轴	孔																				
	A	B	C	D	E	F	G	H	JS	K	M	N	P	R	S	T	U	V	X	Y	Z
	间隙配合								过渡配合			过盈配合									
h5						$\frac{F6}{h5}$	$\frac{G6}{h5}$	$\frac{H6}{h5}$	$\frac{JS6}{h5}$	$\frac{K6}{h5}$	$\frac{M6}{h5}$	$\frac{N6}{h5}$	$\frac{P6}{h5}$	$\frac{R6}{h5}$	$\frac{S6}{h5}$	$\frac{T6}{h5}$					
h6						$\frac{F7}{h6}$	◤$\frac{G7}{h6}$	◤$\frac{H7}{h6}$	$\frac{JS7}{h6}$	◤$\frac{K7}{h6}$	$\frac{M7}{h6}$	◤$\frac{N7}{h6}$	◤$\frac{P7}{h6}$	$\frac{R7}{h6}$	◤$\frac{S7}{h6}$	$\frac{T7}{h6}$	◤$\frac{U7}{h6}$				
h7					$\frac{E8}{h7}$	◤$\frac{F8}{h7}$		◤$\frac{H8}{h7}$	$\frac{JS8}{h7}$	$\frac{K8}{h7}$	$\frac{M8}{h7}$	$\frac{N8}{h7}$									
h8				$\frac{D8}{h8}$	$\frac{E8}{h8}$	$\frac{F8}{h8}$		$\frac{H8}{h8}$													
h9				◤$\frac{D9}{h9}$	$\frac{E9}{h9}$	$\frac{F9}{h9}$		◤$\frac{H9}{h9}$													
h10				$\frac{D10}{h10}$				$\frac{H10}{h10}$													
h11	$\frac{A11}{h11}$	$\frac{B11}{h11}$	◤$\frac{C11}{h11}$	$\frac{D11}{h11}$				◤$\frac{H11}{h11}$													
h12		$\frac{B12}{h12}$						$\frac{H12}{h12}$													

注：带◤的配合为优先配合。

3. 常用和优先配合的应用

常用和优先配合的应用场合见表 1-17。

表 1-17 常用和优先配合的应用场合

配合类别	配合代号	应用场合
间隙配合	H11/c11	间隙非常大，用于很松的、转动很慢的间隙配合；要求大公差与大间隙的外露组件；要求装配方便且很松的配合
	H9/d9	间隙很大的自由转动配合；用于精度非主要要求时，或有大的温度变化、高转速或大的轴颈压力时的配合
	H8/f7	间隙不大的转动配合，用于中等转速与中等轴颈压力的精确转动；也用于装配容易的中等定位配合
	H7/g6	间隙很小的滑动配合，用于不希望自由转动，但可自由移动和滑动并精密定位的配合；也可用于要求明确的定位配合
	H7/h6、H8/h7、H9/h9	均为间隙定位配合，零件可自由装拆，而工作时一般相对静止不动。在最大实体条件下的间隙为零，在最小实体条件下的间隙由公差等级决定
过渡配合	H7/k6	平均间隙接近于零。用于精密定位配合
	H7/n6	较紧的过渡配合。用于一般不拆卸的更精密定位配合
过盈配合	H7/p6	过盈定位配合，既小过盈配合，用于定位精度特别重要时，能以最好的定位精度达到部件的刚性及对中性要求，而对内孔承受压力无特殊要求，不依靠配合的紧固性传递摩擦负荷的配合
	H7/s6	中等压入配合，适用于一般钢件或用于薄壁件的冷缩配合，用于铸铁件可得到最紧的配合
	H7/u6	压入配合，适用于可以承受高压入力的零件或不宜承受高压入力的冷缩配合

思 考 题

1. 试述孔、轴公差带的关系与配合类型之间的联系。

2. 查表画出下列配合的孔、轴公差带图，计算其配合的极限间隙或过盈及配合公差，并说明各配合代号的含义及配合性质。

$$\phi 40\frac{H7}{m6}\quad \phi 40\frac{M7}{h6}\quad \phi 40\frac{T7}{h7}\quad \phi 40\frac{H7}{t7}\quad \phi 40\frac{H9}{f8}\quad \phi 40\frac{F9}{h8}$$

3. 已知孔、轴配合的公称尺寸为 ϕ50mm，配合公差为 $T_f=0.041$mm，$X_{max}=+0.066$mm，孔公差为 $T_h=0.025$mm，轴下极限偏差 ei = −0.041mm，试求孔、轴的极限偏差，画出公差带图，说明配合性质。

实训 1-7 用塞尺测量活塞环的侧隙

实训准备： 塞尺、活塞及配套的活塞环。

量具： 塞尺。

塞尺是由一组具有不同厚度的不锈钢薄钢片组成的量规，如图 1-59 所示。塞尺用于测量间隙尺寸，主要用来检验机床特别紧固面和紧固面、活塞与气缸、活塞环槽和活塞环、十字头滑板和导板、进排气阀顶端和摇臂、齿轮啮合间隙等两个结合面之间的间隙大小。

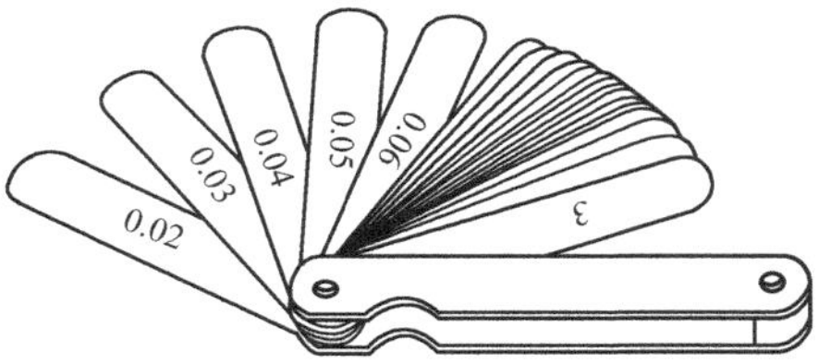

图 1-59 塞尺

每把塞尺中，每片都具有两个平行的测量平面，且都有厚度标记，以供组合使用。塞尺一般最薄的为 0.02mm；最厚的为 3mm。

在检验被测尺寸是否合格时，可以用通止法判断，也可由检验者根据塞尺与被测表面配合的松紧程度来判断。例如：用 0.03mm 的一片能插入间隙，而 0.04mm 的一片不能插入间隙，这说明该间隙在 0.03~0.04mm 之间。

使用塞尺时应注意下列几点：

1）测量时，根据结合面间隙的大小，用一片或数片重叠在一起塞进间隙内，但片数越少越好。

2）测量时不能用力太大，以免塞尺遭受弯曲和折断。

3）不能用塞尺测量温度较高的零件。

一、实训任务

测量 EQ6100-1 型发动机活塞环的侧隙是否合格。

二、任务分析

活塞环侧隙是指活塞环与环槽平面一侧的间隙。侧隙过大会影响活塞环的密封作用，侧隙过小活塞环会卡死在环槽内。EQ6100-1 型发动机活塞第一道压缩环的侧隙要求为 0.05~0.11mm，其余两道及油环的要求均为 0.03~0.09mm。

三、实训步骤

1. 测量

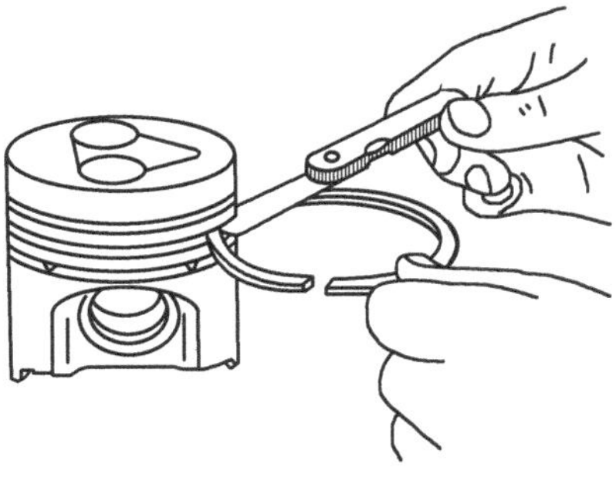
图 1-60 测量活塞环侧隙

1）清洁零件。清除活塞环及活塞环槽内的积炭。

2）将活塞环嵌入相应的活塞环槽内，把活塞环推靠到活塞环槽的一侧。

3）目测活塞环侧隙的大小，选用塞尺试测，直至测量出准确的间隙大小，如图 1-60 所示。

4）保存量具。测量完毕，塞尺擦净，放入盒内保管。

2. 测量报告

按测量报告单的填写要求填写并整理数据，给出各间隙是否合格的结论。

第二单元
几何误差及其测量

学习目标

（1）能正确识读几何公差带代号。
（2）理解典型几何公差带的含义。
（3）会选择测量几何误差的工具、量具，并能正确测量零件的几何误差。
（4）能正确处理零件几何误差的测量数据，并对零件几何误差测量结果做出正确评估。
（5）会正确使用与保养工具、量具。

第一节　几何公差概述

基本知识

一、几何公差的概念

机械零件是由构成其几何特征的若干点、线、面组成的，这些点、线、面统称为零件的几何要素。如图 2-1 所示，球面、圆锥面、圆柱面、球心、轴线等几何要素构成了顶尖。

图样上给出的零件都是没有误差的理想几何体。但在零件的制造过程中，由于“机床-夹具-刀具”组成的工艺系统本身存在误差，同时工艺系统也会出现受力变形、振动、磨损等，这些因素不仅使零件产生尺寸误差，还会使零件几何要素的实际形状与其理想形状产生差异，使零件几何要素之间的位置与其理想位置产生差异，这些差异构成了零件的几何误差。换句话来说，几何误差是关于零件各个几何要素的自身形状、方向、位置、跳动的误差。

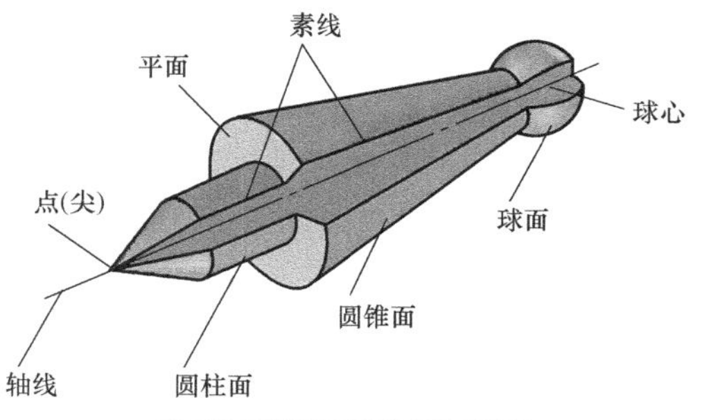

图 2-1　顶尖的几何要素

零件的几何误差直接影响零件的使用性能，主要表现在以下几个方面：

1. 影响零件的配合性质

例如：圆柱表面的形状误差，在有相对运动的间隙配合中，会使间隙大小沿结合面长度方向分布不均，造成局部磨损加剧，从而降低运动精度和零件的寿命；在过盈配合中，会使结合面各处的过盈量大小不一，影响零件的连接强度。

2. 影响零件的功能要求

例如：机床导轨的直线度误差会影响运动部件的运动精度；在变速箱中，两轴承孔的平行度误差会使相互啮合的两齿轮的齿面接触不良，降低承载能力。

3. 影响零件的可装配性

例如：在孔、轴结合中，轴的形状误差和位置误差都会使孔、轴的可装配性受到影响，甚至无法装配，如图 2-2 所示。

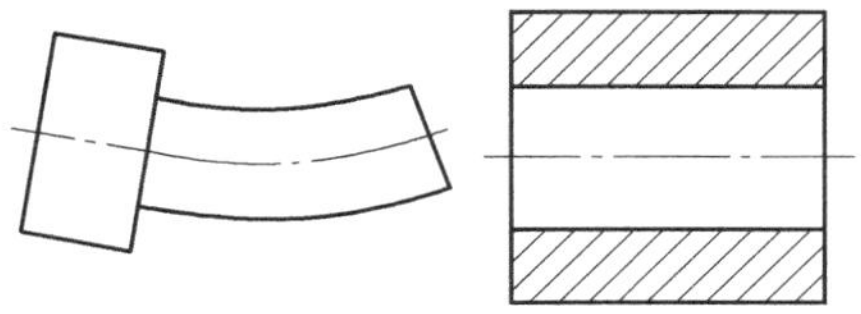

图 2-2 几何误差对零件装配性的影响

可见，几何误差影响着零件的使用性能，进而影响整个机械产品的质量和寿命，所以必须对零件的几何误差予以必要的、合理的限制，即对零件各几何要素的形状、方向、位置、跳动提出精度要求，也就是规定几何公差。

二、零件的几何要素

为了便于研究几何公差和几何误差，可以从不同的角度对零件的几何要素进行分类。

1. 按几何特征分类

几何要素按其几何特征的不同，可分为组成要素和导出要素。

（1）组成要素 构成零件外形的面或面上的线。组成要素直接构成零件的几何特征，如图 2-1 所示的圆柱面、圆锥面、球面、圆柱面素线、圆锥面素线等。

（2）导出要素 由一个或几个组成要素得到的中心点、中心线或中心面。导出要素是由组成要素按一定的规则确定的，属于抽象要素。例如：球心是由球面得到的导出要素，该球面是组成要素；圆柱的轴线是由圆柱面得到的导出要素，该圆柱面是组成要素。

2. 按存在状态分类

几何要素按其存在着的状态，可分为公称要素和实际要素。

（1）公称要素 指具有几何学意义、无误差的理想要素，是绝对正确的几何要素。公称要素是评定实际要素几何误差的依据。图样上表示的几何要素都是公称要素。由技术制图或其他方法确定的理论正确的组成要素称为公称组成要素；由一个或几个公称组成要素得到的中心点、中心线或中心面称为公称导出要素。

（2）实际要素 指零件上实际存在的要素，存在误差。

3. 按对零件替代方式分类

从检验和评定的角度来看，分析几何要素，按对零件替代方式，可分为提取要素和拟合要素。

（1）提取要素 为提高测量效率和保证评定误差的准确性，在对零件进行测量和评定误差时用来替代实际要素的要素。提取组成要素是按规定的方法，由实际要素提取有限数目的点所组成的实际要素的近似替代。提取导出要素是由一个或几个提取组成要素得到的中心点、中心线或中心面。

（2）拟合要素 包括拟合组成要素和拟合导出要素。拟合组成要素是按规定方法由提取组成要素形成的并具有理想形状的组成要素。拟合导出要素是由一个或几个拟合组成要素导出的中心点、中心线或中心面。

4. 按所处地位分类

几何要素按其在几何公差中所处的地位，可分为被测要素和基准要素。

(1) 被测要素　指在图样上给出了形状或（和）位置要求的要素，是检测的对象。

(2) 基准要素　指用来确定被测要素的方向或（和）位置的要素。

被测要素按其功能关系，又可分为单一要素和关联要素。

1) 单一要素。指仅对其本身给出形状公差要求的要素。

2) 关联要素。指与其他要素有功能关系要求、给出位置公差要求的要素。

公称要素、实际要素、提取要素和拟合要素见表 2-1。

表 2-1　公称要素、实际要素、提取要素和拟合要素

公称要素	实际要素	零件的替代	
制图(设计)	实际(加工)	提取要素(测量)	拟合要素(评定)

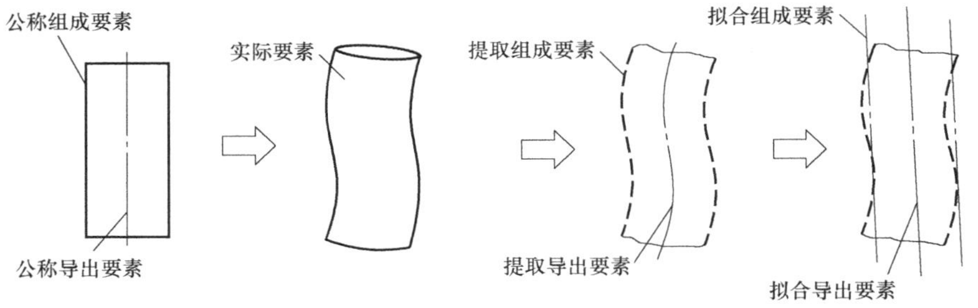

三、几何公差的标准、特征项目和符号

1. 几何公差的标准

我国目前应用的几何公差国家标准主要有：

GB/T 1182—2008《产品几何技术规范（GPS）　几何公差　形状、方向、位置和跳动公差标注》

GB/T 1184—1996《形状和位置公差　未注公差值》

GB/T 4249—2018《产品几何技术规范（GPS）　基础概念、原则和规则》

GB/T 1958—2017《产品几何技术规范（GPS）　几何公差　检测与验证》

GB/T 13319—2003《产品几何技术规范（GPS）　几何公差　位置度公差注法》

GB/T 16671—2009《产品几何技术规范（GPS）　几何公差　最大实体要求（MMR）、最小实体要求（LMR）和逆转要求（RPR）》

GB/T 17851—2010《产品几何技术规范（GPS）　几何公差　基准和基准体系》

2. 几何公差的特征项目和符号

几何公差分为形状公差、方向公差、位置公差和跳动公差四类，共十九个特征项目，见表 2-2。其中，线轮廓度和面轮廓度无基准要求时属于形状公差，有基准要求时属于方向公差或位置公差。

具体来说，形状公差限制实际被测要素对其理想形状的变动；方向公差限制实际被测要素相对于基准要素在方向上的变动；位置公差限制实际被测要素相对于基准要素在位置上的变动；跳动公差限制实际表面对基准轴线的变动。

表 2-2 几何公差特征项目和符号

公差类型	几何特征	符号	有无基准要求	公差类型	几何特征	符号	有无基准要求
形状公差	直线度	—	无	方向公差	面轮廓度	⌓	有
	平面度	⏥	无	位置公差	位置度	⌖	有
	圆度	○	无				
	圆柱度	⌭	无		同心度	◎	有
	线轮廓度	⌒	无		同轴度	◎	有
	面轮廓度	⌓	无		对称度	⌯	有
方向公差	平行度	//	有		线轮廓度	⌒	有
	垂直度	⊥	有		面轮廓度	⌓	有
	倾斜度	∠	有	跳动公差	圆跳动	↗	有
	线轮廓度	⌒	有		全跳动	⌰	有

四、几何公差的标注

在机械图样中，几何公差用几何公差代号标注。几何公差代号包括几何公差框格和指引线、几何特征（公差项目）符号、几何公差数值和其他有关符号、基准字母和其他有关符号等。

1. 公差框格

公差框格是水平或垂直绘制的矩形框格，由两格或多格组成，框格内自左向右分别填写几何特征（公差项目）符号、公差数值和有关符号、基准字母和有关符号，如图 2-3 所示。

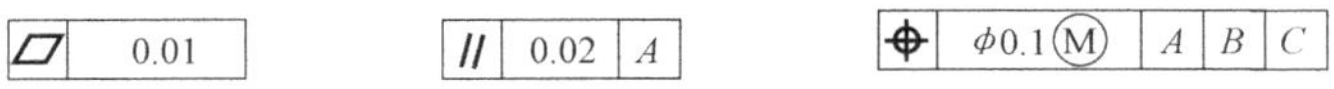

图 2-3 公差框格

2. 被测要素的标注

被测要素用带箭头的指引线指明。指引线一般从公差框格一端的中间位置引出，箭头指向被测要素公差带的宽度或直径方向。被测要素的标注见表 2-3。

表 2-3 被测要素的标注

标注情况	图 例	说 明
被测要素为轮廓要素	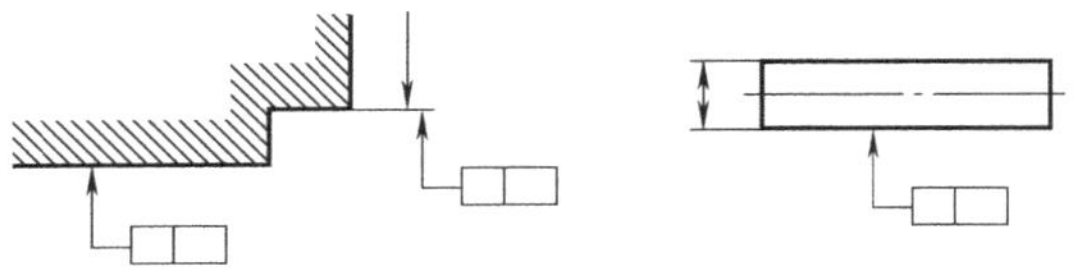	指引线的箭头指在该要素轮廓线或其延长线上，与尺寸线错开

（续）

标注情况	图　例	说　明
被测要素为轮廓要素	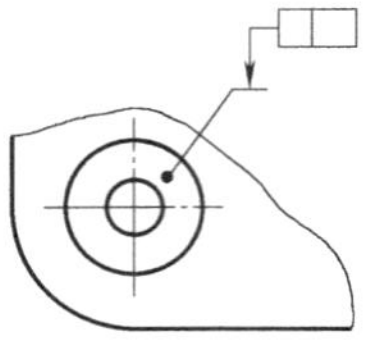	自被测面画引出线，指引线的箭头指向引出线的水平线
被测要素为中心要素	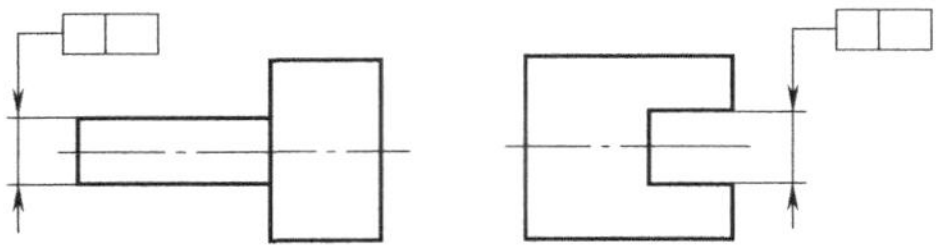	指引线的箭头与该要素轮廓尺寸线对齐
同一被测要素有多项要求	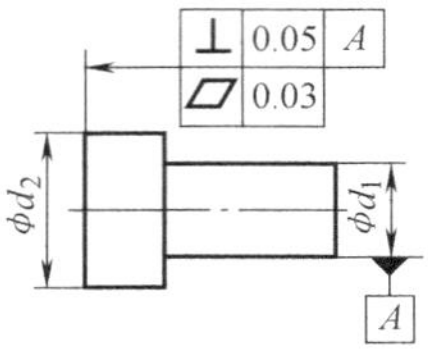	同一测量方向时可由一条指引线画出多个公差框格
多个被测要素有相同要求	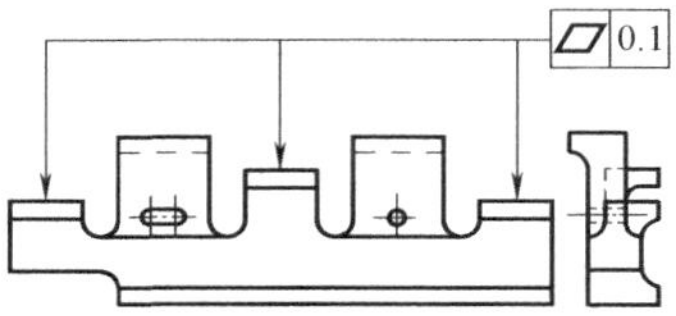	公差框格的同一端引出多条指引线

3. 基准要素的标注

基准要素采用基准符号标注。基准符号由涂黑的（或空白的）三角形、方格、连线和字母组成，如图 2-4 所示。基准符号中的连线应与基准要素垂直。基准符号中的字母使用 I、O、Q 和 X 以外的大写字母，当字母不够用时可以使用重复的字母，如 BB、CCC 等。无论基准要素的方向如何，基准方格中的字母都应水平书写。基准要素的标注见表 2-4。

a)　b)　c)　d)

图 2-4　基准符号

表 2-4　基准要素的标注

标注情况	图　例	说　明
基准要素为轮廓要素	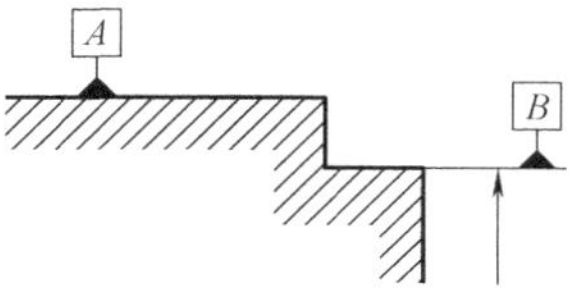	基准三角形放置在轮廓线或其延长线上（与尺寸线明显错开）

（续）

标注情况	图　例	说　明
基准要素为轮廓要素	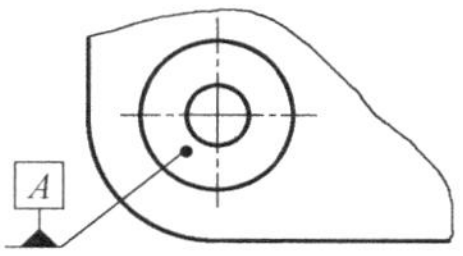	基准三角形也可放置在该轮廓面引出线的水平线上
基准要素为中心要素	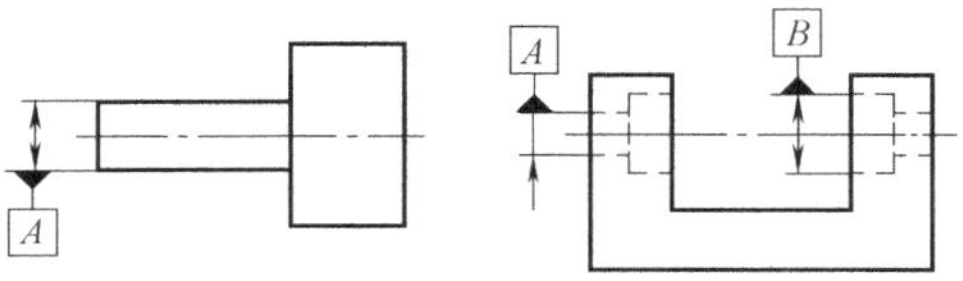	基准三角形放置在尺寸线的延长线上。如果没有足够的位置标注基准要素尺寸的两个尺寸箭头，则其中一个箭头可用基准三角形代替
基准要素为要素的某一局部	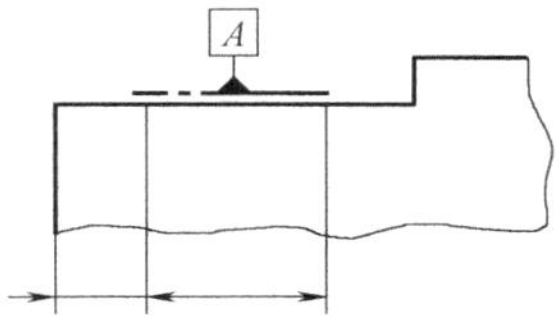	用粗点画线标出该局部要素，并加注尺寸

在公差框格中要填写基准字母和有关符号，以单个要素作为基准时，用一个大写字母表示（图 2-5a）。以两个要素建立公共基准时，用中间加连字符的两个大写字母表示（图 2-5b）。以两个或三个基准建立基准体系（即采用多基准）时，表示基准的大写字母按基准的优先顺序自左向右填写在各公差框格内（图 2-5c）。

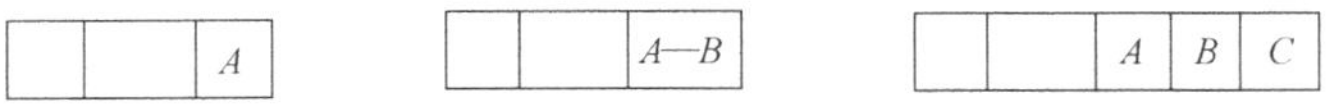

a)　　b)　　c)

图 2-5　基准字母的填写

4. 公差数值的标注

公差数值写在公差框格的第二格。公差带形状为圆或圆柱时，公差数值前加注“ϕ”；公差带形状为球时，公差数值前加注“$S\phi$”。

5. 几何公差的其他标注规定

（1）被测要素的范围　公差框格中所标注的公差数值如无附加说明，则被测范围为箭头所指的整个组成要素或导出要素。若被测范围有附加要求，应采用表 2-5 中的方法标注。

表 2-5　被测要素的范围要求

被测要素	图　例	说　明
被测要素为局部要素	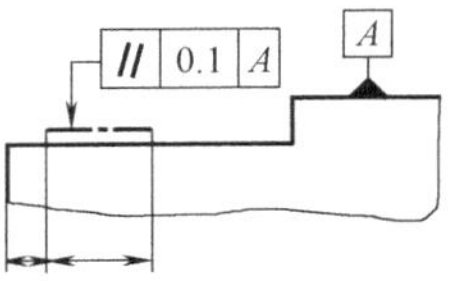	用粗点画线画出该范围，并标出该范围的尺寸

（续）

被测要素	图　例	说　明
被测要素为任意部分要素	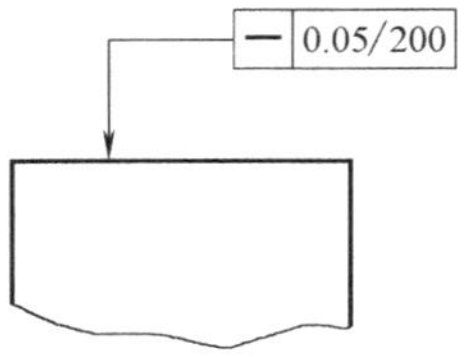	表示在任意 200mm 长度上的直线度公差数值为 0. 05mm
	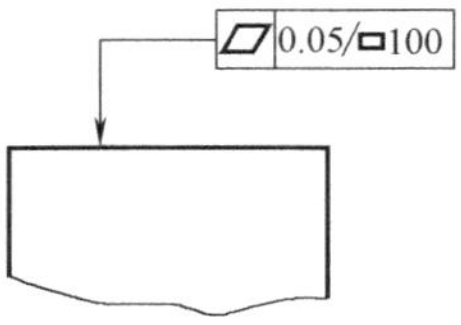	表示在任意 100mm×100mm 的正方形面积内，平面度公差数值为 0. 05mm
	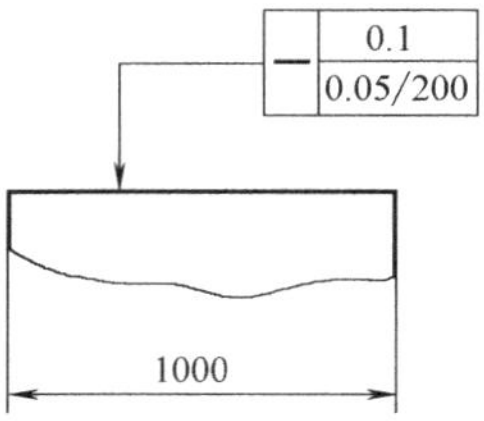	表示在 1000mm 全长上的直线度公差数值为 0. 1mm，在任意 200mm 长度上的直线度公差数值为 0. 05mm

（2）几何公差的附加符号　当几何公差有其他附加要求时，应采用附加符号加以标注。几何公差的附加符号见表 2-6，其含义可参考相关标准。

表 2-6　几何公差的附加符号

附加要求	符　号	标注示例
基准目标	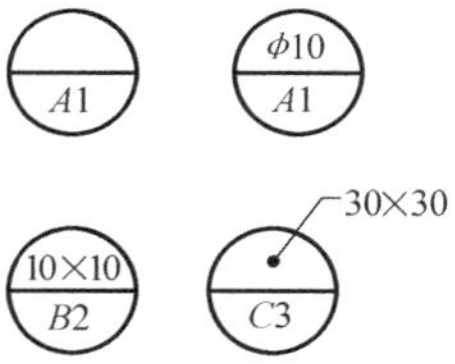	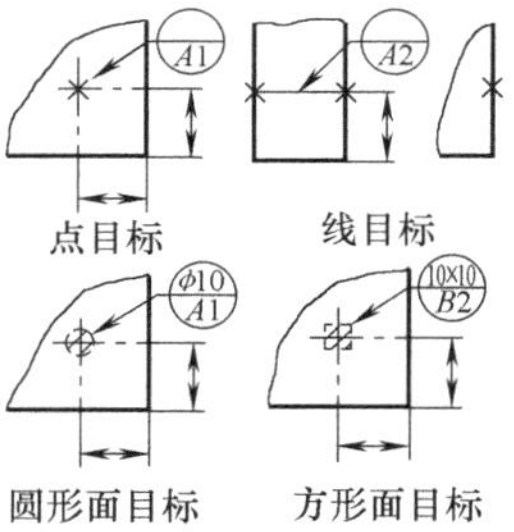
理论正确尺寸	50	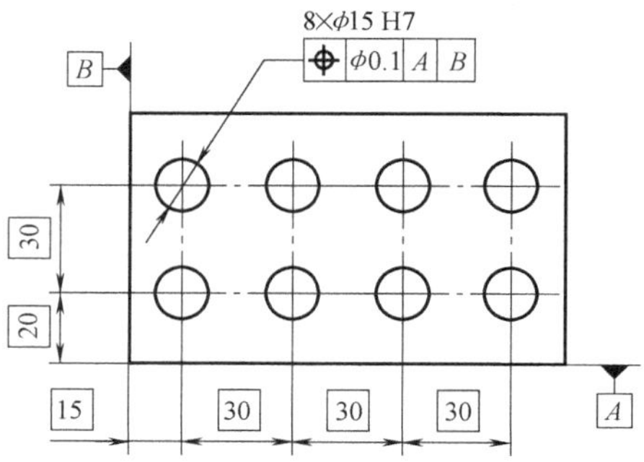

（续）

附加要求	符　　号	标注示例
延伸公差带	Ⓟ	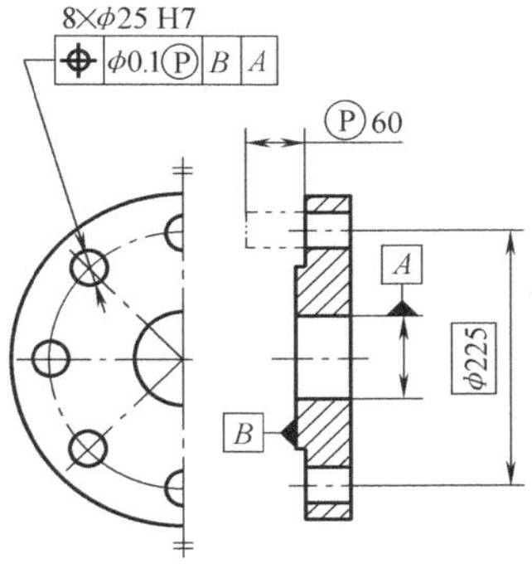
最大实体要求	Ⓜ	⌖ φ0.04Ⓜ A　　⌖ φ0.04 AⓂ ⌖ φ0.04Ⓜ AⓂ
最小实体要求	Ⓛ	⌖ φ0.5Ⓛ A　　⌖ φ0.5 AⓁ ⌖ φ0.5Ⓛ AⓁ
自由状态条件 （非刚性零件）	Ⓕ	○ 2.8Ⓕ　　○ 0.025 / 0.3Ⓕ
全周（轮廓）	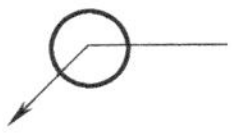	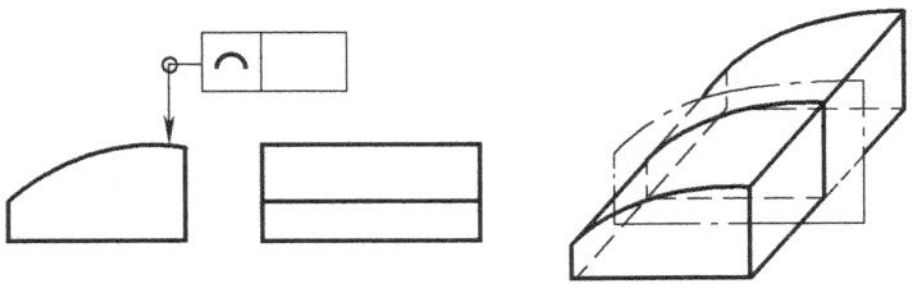
包容要求	Ⓔ	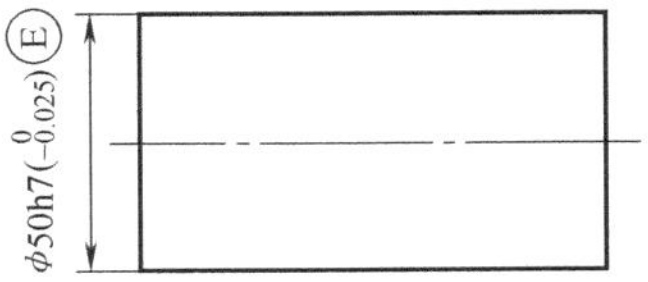
公共公差带	CZ	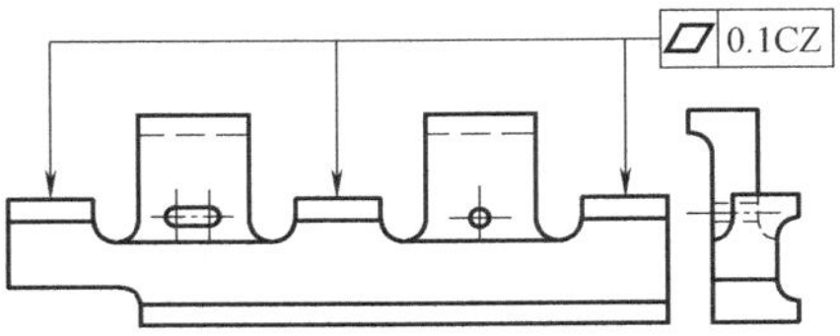

五、几何公差的识读

识读几何公差就是读出该公差的被测要素、公差项目、公差数值和基准要素，一般按下述步骤进行识读。

1）识读公差项目。如图 2-6 所示的“◎ | ϕ0.1 | A”，公差项目为“同轴度”。

2）识读被测要素。本例中，公差符号的指引线和“M8×1”的尺寸线重合，且公差项目为“同轴度”，表明被测要素是 M8×1 螺纹的轴线。

3）识读公差数值。本公差的公差数值为“ϕ0.1”

4）有基准要求时，识读基准要素。本例中，基准符号的字母为 A，基准符号和尺寸“ϕ16f7”对齐，表明基准要素是 ϕ16f7 圆柱的轴线。

这样，本公差读作：以 ϕ16f7 圆柱轴线为基准，M8×1 螺纹轴线对 ϕ16f7 圆柱轴线的同轴度公差为 ϕ0.1mm。

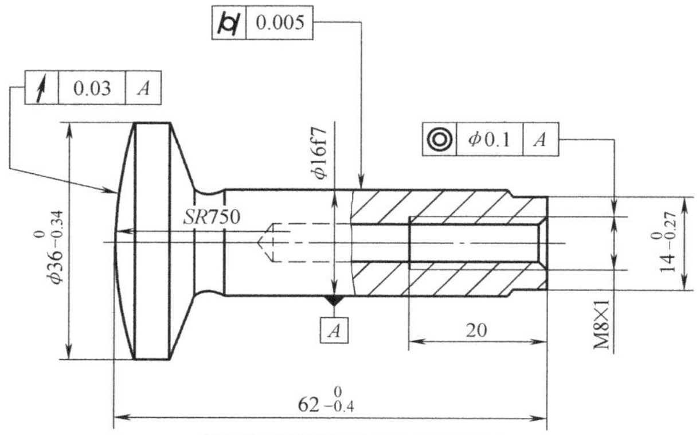

图 2-6 几何公差的识读

思 考 题

1. 什么是几何误差？什么是几何公差？

2. 什么是零件的几何要素？它是如何分类的？

3. 什么是被测要素？什么是基准要素？

4. 几何公差分哪几类？都有哪些项目？它们的符号是什么？

5. 试将下列各项几何公差要求标注在图 2-7 上。

1）圆锥面 A 的圆度公差为 0.006mm、圆锥素线的直线度公差为 0.005mm，圆锥面 A 轴线对 ϕd 圆柱轴线的同轴度公差为 ϕ0.01mm。

2）ϕd 圆柱面的圆柱度公差为 0.009mm，ϕd 圆柱轴线的直线度公差为 ϕ0.012mm。

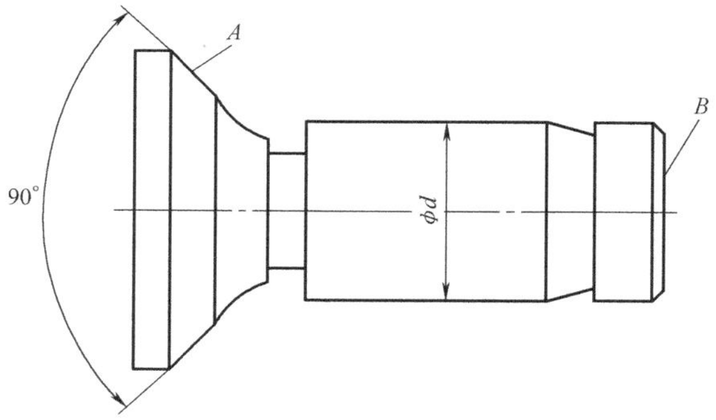

图 2-7 思考题 5 图

3）右端面 B 对 ϕd 圆柱轴线的圆跳动公差为 0.01mm。

第二节　直线度及其测量

基本知识

一、几何公差的公差带

研究几何公差的一个重要问题是如何限制实际要素的变动范围。实际要素在空间占据一定形状、位置和大小，必须用具有一定形状、大小、方向和位置的各种空间或平面区域来限制它。用于限制实际要素形状和位置变动的区域，称为几何公差带。它与尺寸公差带的概念一致，但几何公差带可以是空间区域，也可以是平面区域。只要实际要素能全部落在给定的公差带内，就表明实际要素合格，即几何公差的公差带是限制实际要素变动的区域，用来限制零件实际要素的实际形状和位置变动。若实际要素在公差带内，则几何精度合格，否则，不合格。

二、直线度公差及其公差带

直线度公差是限制被测实际直线相对于理想直线变动量的指标。根据被测实际直线的空间特性和零件的使用要求，直线度公差及其公差带有以下几种情况：

1. 给定平面内的直线度

给定平面内的直线度公差，其公差带为：在给定平面内，间距为公差数值 t 的两平行直线之间的区域。

图 2-8a 所示标注的直线度公差表示被测表面上各条素线的直线度公差值为 0.05mm，其公差带为：箭头所指方向上间距为 0.05mm 的两平行线间的区域，如图 2-8b 所示。实际平面内的各素线必须位于此区域内。

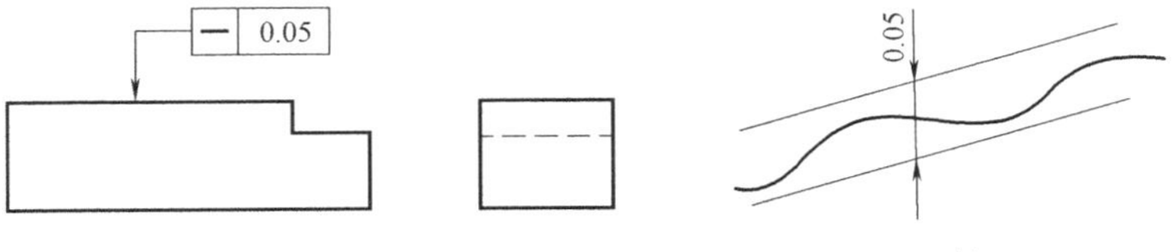

图 2-8　给定平面内的直线度

2. 给定方向上的直线度

（1）给定一个方向上的直线度　给定一个方向上的直线度公差，其公差带为：在给定方向上，间距为公差数值 t 的两平行平面之间的区域。

图 2-9a 所示标注的直线度公差表示箭头所指棱线的直线度公差值为 0.02mm，其公差带为：箭头所指方向上间距为 0.02mm 的两平行平面间的区域，如图 2-9b 所示。实际素线必须位于此区域内。

（2）给定任意方向上的直线度　给定任意方向上的直线度公差，其公差带为：直径为

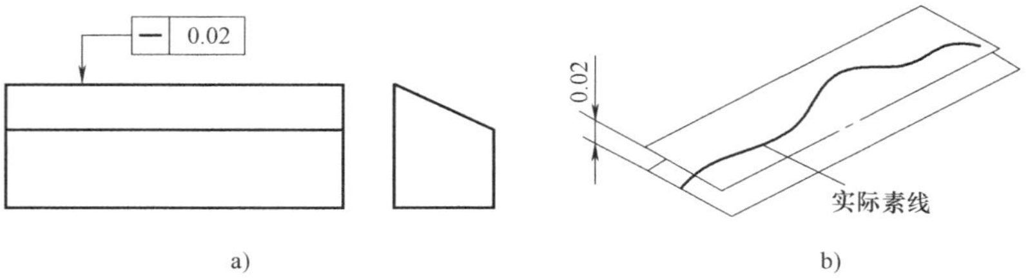

图 2-9 给定一个方向上的直线度

公差数值 ϕt 的圆柱面内的区域。

图 2-10a 所示标注的直线度公差表示 ϕd 圆柱轴线的直线度公差值为 ϕ0.04mm，其公差带为：直径为 ϕ0.04mm 的圆柱面内的区域，如图 2-10b 所示。ϕd 圆柱轴线必须位于此圆柱面内。

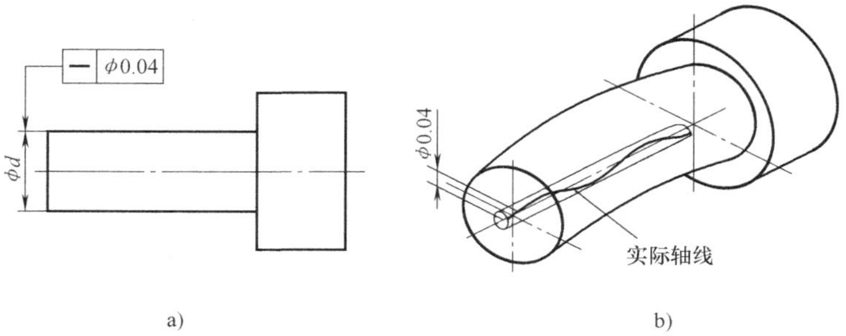

图 2-10 给定任意方向上的直线度

三、形状误差的评定原则——最小条件

几何误差是实际要素偏离其理想状态的程度，而实际要素上各点对其理想状态的偏离量又是不相等的。用公差带虽然可以将整个要素的偏离控制在一定区域内，但怎样知道实际要素被公差带控制住了呢？这时就要测量被测要素的实际状态，并从中找出其对理想状态的偏离量，再与公差数值比较。

评定形状误差须在实际要素上找出理想要素的位置。这要求遵循一条原则，即使理想要素的位置符合最小条件。如图 2-11a 所示，实际轮廓不直，评定它的误差可用 A_1B_1、A_2B_2、A_3B_3 及与其平行的理想直线包容实际要素，它们的距离分别为 h_1、h_2、h_3。理想直线的位置还可以作无限个，但其中必有一对平行直线之间的距离最小。如图 2-11a 所示的 h_1，这时就说 A_1B_1 的位置符合最小条件。由 A_1B_1 及与其平行的另一条直线紧紧包容了实际要素。相比其他情况，这个包容区域也是最小的，故称为最小区域。因此，把 h_1 定为直线度误差。

又如图 2-11b 所示，实际轴线不直，评定它的误差也可用多个的理想圆柱。图 2-11b 中画出了 ϕd_1 和 ϕd_2 两个，其中 $\phi d_1<\phi d_2$。这时，认为 ϕd_1 的位置符合最小条件，其区域是最小区域，其直径就是轴线的直线度误差。

由上述可知，最小条件是指实际要素对其公称要素的最大变动量为最小。此时包容实际要素的区域为最小区域，此区域的宽度（对中心要素来说是直径）就是形状误差的最大变动量，就定为形状误差值。

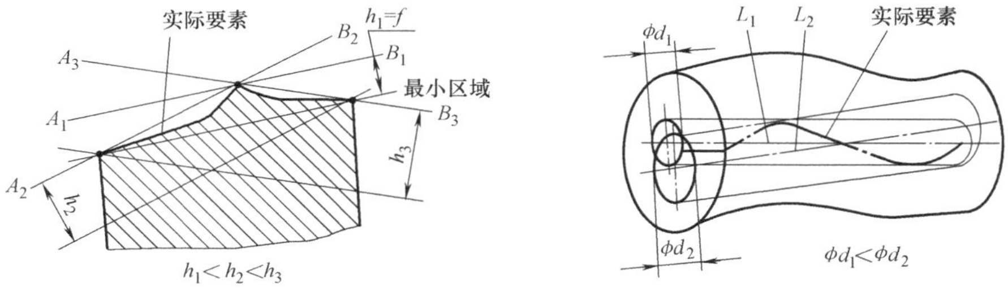

a) b)

图 2-11 最小条件和最小区域

最小条件是评定形状误差的基本原则，相对其他评定方法来说，评定的数据是最小的，结果也是唯一的。但在实际检测时，在满足功能要求的前提下，允许采用其他近似的方法。

思 考 题

1. 直线度公差有哪几种情况？公差带各是什么形状？
2. 识读图 2-12 所示直线度公差，并说出其公差带。

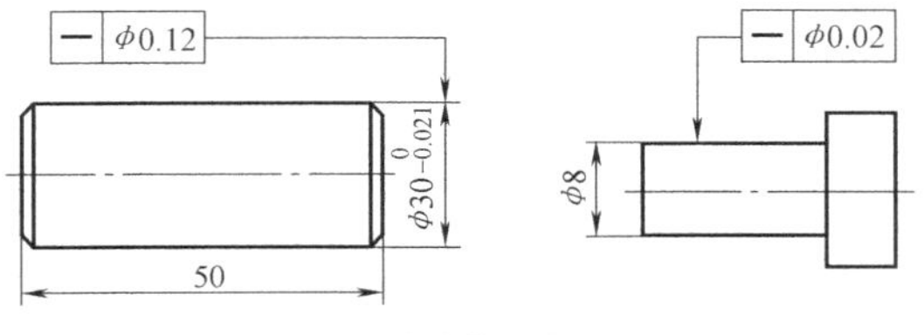

图 2-12 思考题 2 图

实训 2-1 用打表法测量直线度误差

实训准备：百分表、偏摆仪、圆柱销。

量仪：偏摆仪。

偏摆仪又称为偏摆检查仪，和百分表配合使用，主要用于轴类、盘类零件的测量，如检测其径向圆跳动、圆度、端面精度误差等。

1. 偏摆仪的结构

偏摆仪的结构如图 2-13 所示。

2. 偏摆仪的使用

1）拧紧偏心轴手柄，首先将固定顶尖座固定在底座上。

2）按被测零件长度将活动顶尖座固定在合适位置。

3）压下球头手柄，装入零件，用两顶尖顶住零件中心孔。

4）拧紧顶尖紧定手柄将顶尖固定。

5）将活动表架放在所需位置后锁紧把柄，配合百分表即可进行检测工作（图 2-14）。

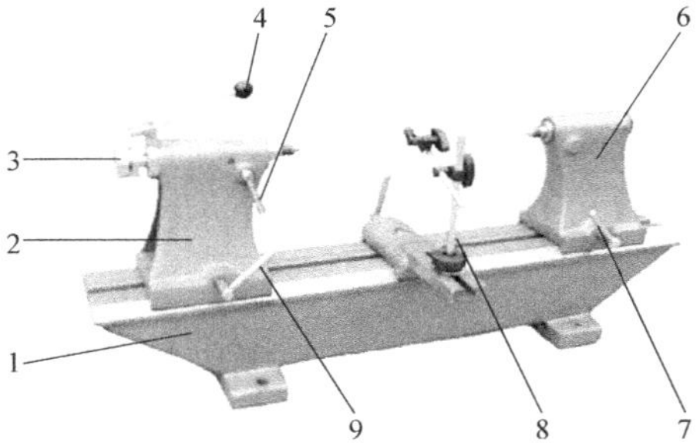

图 2-13 偏摆仪的结构

1—底座 2—固定顶尖座 3—偏心轴手柄
4—球头手柄 5—顶尖紧定手柄 6—活动顶尖座
7、9—顶尖座固定手柄 8—活动表架

图 2-14 偏摆仪的使用

3. 偏摆仪的维护保养

偏摆仪是精密测试装置，为保证测量精确度和延长仪器使用寿命，保证测试工作的顺利进行，使用偏摆仪要注意以下几点：

1）防止仪器受振动。

2）操作时要戴手套，防止手温影响测量精度。

3）操作时应细心，轻拿轻放，以防撞伤工作台和测头。

一、实训任务

测量图 2-15 所示圆柱销表面的直线度误差。

二、任务分析

要求测量 ϕ8mm 圆柱销外表面的直线度误差。此公差类型属于在给定方向上的直线度，它明确限制了方向。其公差带为：间距为公差数值 0.03mm 的两平行平面之间的区域，如图 2-16 所示。因此，此直线度公差标注的意义是：ϕ8mm 圆柱表面上的任一素线必须位于间距为公差数值 0.03mm 的两平行平面之内。

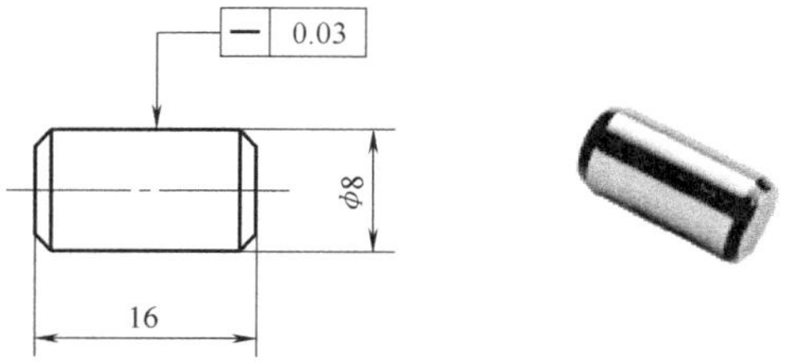

图 2-15 圆柱销

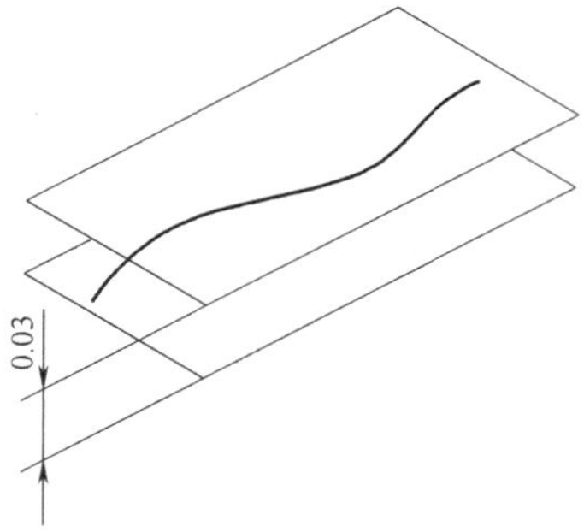

图 2-16 公差带

这里我们用打表法测量其直线度误差，选用分度值为 0.01mm、测量范围是 0~3mm 的百分表。

三、实训步骤

1. 测量

1）清洁圆柱销。

2）清洁百分表、平板等。

3）检查百分表是否完好，校对百分表零位。

4）将圆柱销和百分表按图 2-17a 所示安装在偏摆仪上。

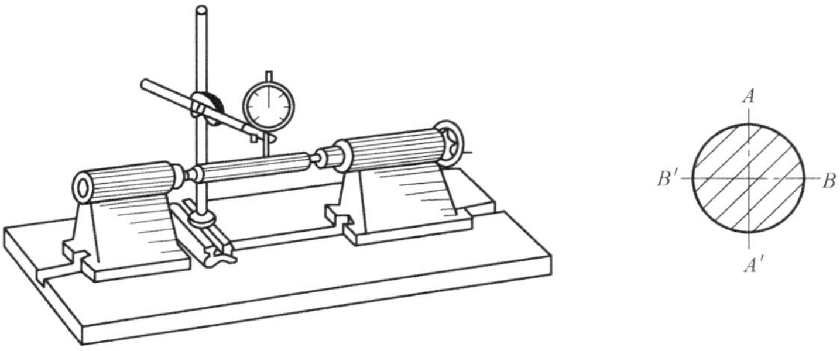

a)　　b)

图 2-17　圆柱销和百分表的安装

5）调整百分表，使其测头垂直压在被测表面，并有 1~2 圈压缩量。

6）如图 2-17b 所示，沿被测件上 A 点所在的素线方向移动表架，记录百分表最大与最小读数。

7）然后把被测件转过 90°，重复上述步骤进行打表测量，共测量四次（A、B、A'、B'所在素线），同样记录每次测量百分表最大与最小读数。

8）测量完毕，取下百分表，擦净放回盒内，测量杆处于自由状态。

2. 测量报告

1）数据处理。以百分表最大与最小读数之差作为该素线的直线度误差，并以各素线直线度误差中的最大值作为该圆柱面素线的直线度误差，见表 2-7。

表 2-7　直线度误差测量报告单（打表法）示例　（单位：mm）

百分表读数	A	B	A'	B'
M_{max}	0.04	0.05	0.04	0.05
M_{min}	0.02	0.02	0.01	0.01
$\Delta=M_{max}-M_{min}$	0.02	0.03	0.03	0.04
直线度误差 $\Delta=\Delta_{max}$	$\Delta=\Delta_{max}=0.04$			
合格性判断	不合格			

2）结合以前所用测查报告单和表 2-7 设计一测查报告单，记录自己的测量结果并处理数据做出结论。

实训 2-2 用水平仪测量直线度误差

实训准备： 水平仪、桥板、数控车床导轨。

量仪： 水平仪。

水平仪主要用于检测机床等各种设备导轨的直线度、平面度和设备安装的水平性、垂直性。常用的水平仪有框式水平仪（图 2-18）、条式水平仪、合像水平仪和电子水平仪。这类器具的共同特点是测定微小角度的变化。由于被测表面存在直线度误差，当计量器具置于不同的被测部位时，其倾斜角度就要发生相应的变化。如果节距（相邻两测点的距离）一经确定，这个变化的微小角度与被测相邻两点的高低差就有确切的对应关系。通过对逐个节距的测量，得出变化的角度，用作图或计算的方法，即可求出被测要素的直线度误差值。

1. 框式水平仪的结构

框式水平仪主要由主体、水准器系统及调整机构等部分组成，如图 2-18 所示。主体用作测量基面（测量基面上有 V 形槽），水准器系统用作读数，调整机构用作调整水平仪零位。水准器是主要工作部分，它是管状密封的玻璃管，内表面是一定曲率半径的圆弧面，内部装有乙醚或乙醇，但不装满，留有一个气泡。玻璃管外部有刻度线间距 2mm 的刻度。框式水平仪的规格有 100mm、150mm、200mm、250mm、300mm，常用的是 200mm。

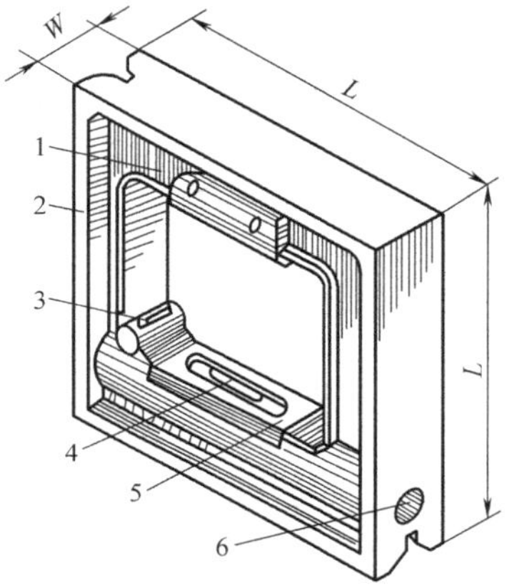

图 2-18 框式水平仪

1—隔热护板 2—主体（基座） 3—横向水准器（副水准器） 4—纵向水准器（主水准器） 5—盖板 6—零位调整窗口

2. 测量工作原理

以自然水平面为测量基准（模拟理想要素），用节距法对被测直线进行逐段测量，得到各段的读数，然后经过数据处理，就可以用作图法或计算法求出误差值。

3. 读数原理

水平仪的玻璃管内壁是一个含有一定曲率半径的曲面，当水平仪底面在水平位置时，水准器内的气泡正好在中间位置，当水平仪底面与水平位置存在微量倾斜时，气泡就向水平仪升高的一端移动，由水准器上的刻度读出数值。

水平仪的测量精度可用气泡移动一格被测要素在 1m 距离上的高度差表示，也可以用气泡移动一格被测表面倾斜的角度表示。例如：图 2-19 所示是分度值为 0.02mm/1000mm（4″）的水平仪，当气泡移动一格时，1m 距离上两端高度差是 0.02mm，倾斜角是 4″。根据此原理得到数据计算方法如下：

（1）用高度差表示 高度差 h = 测量长度×格数×水平仪分度值

（2）用倾斜角表示 倾斜角 θ = 每格的倾角×格数

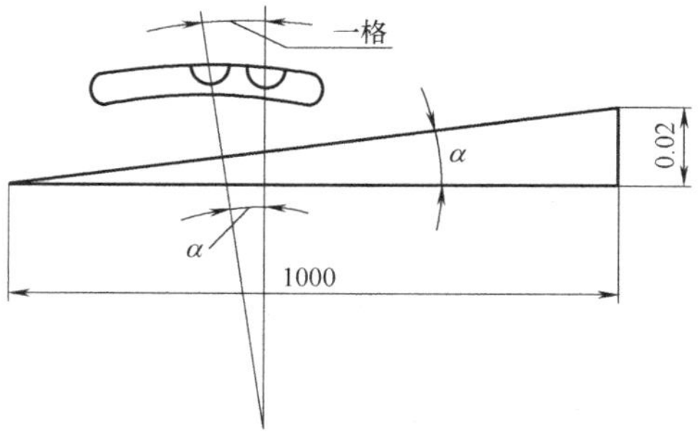

图 2-19 框式水平仪的读数原理

例如：用分度值0.02mm/1000mm(4″)的水平仪测量长度为800mm的机床导轨工作面的倾斜程度，气泡移动了2格，那么导轨工作面的倾斜角度 $\alpha=4''\times2=8''$，两端高度差 $h=800\text{mm}\times2\times0.02\text{mm}/1000\text{mm}=0.032\text{mm}$。

4. 读数方法

框式水平仪有两种读数方法：直接读数法、平均读数法。

（1）直接读数法　以气泡两端的长刻度线作为零线，气泡相对零线移动格数作为读数，这种读数方法最为常用，如图2-20所示。

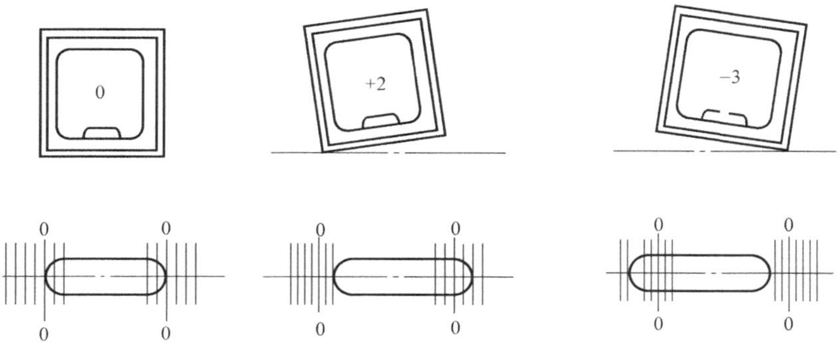

a)　b)　c)

图2-20　直接读数法

图2-20a所示水平仪处于水平位置，气泡两端位于长刻度线上，读数为“0”；图2-20b所示水平仪逆时针方向倾斜，气泡向右移动，图示位置读数为“+2”；图2-20c所示水平仪顺时针方向倾斜，气泡向左移动，图示位置读数为“-3”。

（2）平均读数法　当环境温度变化较大时，使气泡变长或缩短，直接读数法会有读数误差而影响测量的准确性，这时可采用平均读数法，以消除读数误差。

平均读数法读数是分别从两条长刻度线起，向气泡移动方向读至气泡端点止，然后取这两个读数的平均值作为这次测量的读数值。

如图2-21a所示，由于环境温度较高，气泡变长，测量位置使气泡左移。读数时，从左边长刻度线起，向左读数“-3”；从右边长刻度线起，向左读数“-2”。取这两个读数的平均值，作为这次测量的读数值：$N=\frac{-3+(-2)}{2}$格$=-2.5$格。

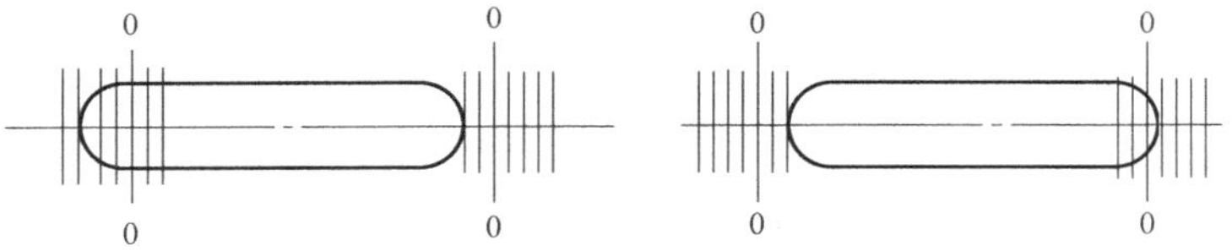

a)　b)

图2-21　平均读数法

如图2-21b所示，由于环境温度较低，气泡缩短，测量位置使气泡右移。按上述读数方法，读数分别为“+2”和“+1”，则测量的读数值是：$N=\frac{+2+(+1)}{2}$格$=+1.5$格。

5. 使用水平仪应注意的问题

1）使用前，用无腐蚀性汽油清洁水平仪工作面，并用脱脂棉纱擦拭干净。

2）为避免水平零位和工作面平行性不准而引起误差，在使用前必须进行检查和调整。

3）测量时必须待气泡完全静止后方可读数。

4）使用完毕，将水平仪工作面擦拭干净，并涂以防锈油，覆盖防潮纸装入盒中置于清洁干燥处保管。

一、实训任务

测量数控车床导轨的直线度误差。

二、任务分析

数控车床导轨是车床上各部件安装、移动、测量的基准，直接影响到车床的加工精度。其主要特点之一是导向精度高，主要是指导轨运动的直线度。

根据要求，我们选用200mm的框式水平仪测量导轨直线度误差。

三、实训步骤

1. 测量

1）将被测导轨、框式水平仪、桥板用汽油清洗干净。

2）检查水平仪。首先检查水平仪是否在检定周期内。其次检查其外观质量。要求水平仪工作面上不应有砂眼、气孔、裂纹、划伤、碰痕、锈蚀等缺陷；水准气泡清洁、透明，刻度线清晰、均匀、无脱色现象；气泡移动平稳，无目力可见的跳动和停滞现象。经过这些检查均合格才能使用。

3）水平仪零位校对、调整。水平仪零位校对：将水平仪放在稳固水平的平板上，待气泡稳定后，在一端读数并定为零，再将水平仪调转180°，仍放在平板原来的位置上，待气泡稳定后，仍在原来一端读数 a 格，则水平仪零位误差为 $a/2$ 格。一般情况下，如果零位误差超过0.5格，则需调整。

调整的方法是：转动调节器，使气泡移动 $a/2$ 格，这样反复进行，直到调整到所要求的范围之内。

4）建立测量点。按导轨长度和桥板跨距在导轨上建立测量点，如图2-22所示。具体方法是量出导轨总长，按水平仪规格（这里是200mm）将导轨分成若干等分段（图2-22中为7段），然后列出每次测量桥板的位置。

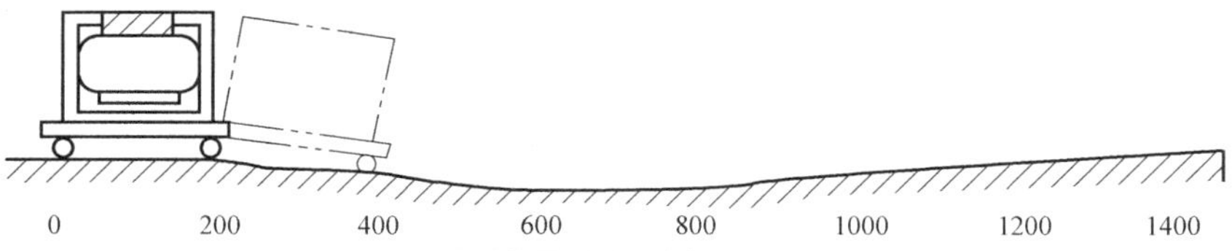

图2-22　建立测量点

5）将水平仪放在桥板上，然后从首点开始依次放在各等分点位置上进行测量、读数。具体方法为：从左向右逐段进行测量，第一段的起点称为原点，第一段的末点记为第一点，测得的读数表示该段末点相对起点的升降，然后将桥板连同水平仪滑移至第二段，使第一段末点（第一点）与第二段的起点相衔接，就可测得第二点的读数，依此类推，直至测量完毕，到终点后，从终点开始进行一次回测。同一测点两次读数的平均值记为该点的测量值，将此测量值记入测量报告单。

注意：测量过程中水平仪和桥板不能有相对移动；回测时桥板不能调头。

6）测量完毕后，按规定保存水平仪和桥板。

2. 测量报告

1）数据处理。对测得值进行数据处理，一般用作图法求出直线度误差。例如：水平仪的分度值为 $i=0.02\text{mm}/1000\text{mm}$，桥板 $L=200\text{mm}$，测量值为：第 1 段，+2 格；第 2 段，−1 格；第 3 段，+3 格；第 4 段，+2 格；第 5 段，0 格；第 6 段，−1 格；第 7 段，+2 格，求该被测直线的直线度误差的步骤如下：

① 将相对读数换算成累积读数，也就是把原来后点相对前点的读数换算成各点相对于原点的读数，见表 2-8。

表 2-8 测量值的数据处理

测点序号	0	1	2	3	4	5	6	7
读数值（格）	0	+2	−1	+3	+2	0	−1	+2
累积值（格）	0	+2	+1	+4	+6	+6	+5	+7

② 在坐标纸上建立坐标系，以横坐标 x 轴代表各测量点，纵坐标 y 轴代表各测量点的累积值。选择合适的放大比例，使图上被测线起点和终点的连线与 x 轴夹角不大于 35°，以保证作图的评定精度。

③ 在坐标纸上描点，各点的 x 坐标按照比例和节距值确定，y 坐标按照累积值确定，如图 2-23a 所示。

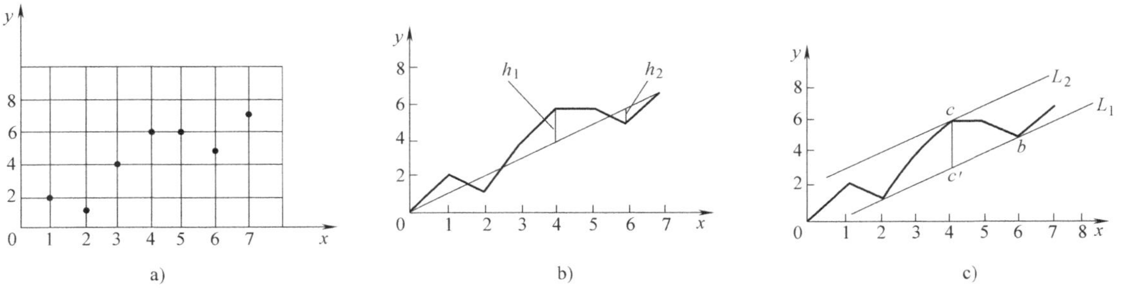

图 2-23 直线度误差曲线图

④ 依次连接各坐标点得到误差折线图，如图 2-23b 所示。

⑤ 评定直线度误差值。评定直线度误差值有最小区域法和两端点连线法两种方法。

最小区域法：最小区域法是用两平行直线包容提取要素，成高低相间三点接触，表示被测提取要素被最小区域所包容。这里，过图 2-23c 所示误差曲线的两最低点作直线 L_1，过最高点作其平行线 L_2，两平行线间的区域就是最小区域，平行线之间并垂直于 x 轴的距离（cc'）即为直线度误差 n（格数）。这里，$n=+3$ 格。

两端点连线法：连接误差曲线的首尾两点，确定曲线到首尾连线的最大正值 h_1 和最大

负值 h_2，h_1 和 h_2 的测量方向均垂直于 x 轴，两者之和即为直线度误差 n（格数）。

⑥ 最后将格数转换成线值，得到直线度误差值。转换公式为

$$\Delta = iLn$$

式中 Δ——直线度误差值（mm）；

i——水平仪分度值（如 $i=0.02\text{mm}/1000\text{mm}$）；

L——测量节距（mm）；

n——直线度误差格数。

本例中，$\Delta = iLn = \dfrac{0.02\text{mm}}{1000\text{mm}} \times 200\text{mm} \times 3 = 0.012\text{mm}$

2）结合以前所用检测报告单和直线度误差测量的数据处理方法设计一检测报告单，记录自己的测量结果并处理数据做出结论。

第三节　圆度、圆柱度及其测量

基本知识

一、圆度公差及其公差带

圆度公差是限制实际圆对其理想圆变动量的一项指标。具有圆柱面（或圆锥面、球面）的零件，圆度公差对在其正截面内的圆形轮廓提出形状精度的要求。

圆度公差的公差带为：在同一正截面上，半径差为公差数值 t 的两同心圆之间的区域。

图 2-24a 所示标注的圆度公差表示：被测圆柱面（ϕd 圆柱面）上截面圆的圆度公差为 0.01mm，零件右端圆锥面上截面圆的圆度公差为 0.01mm，其公差带为：同一正截面上，半径差为公差数值 0.01mm 的两同心圆之间的区域，如图 2-24b 所示。被测圆柱面（圆锥面）上的任意一截面圆必须位于此区域内。

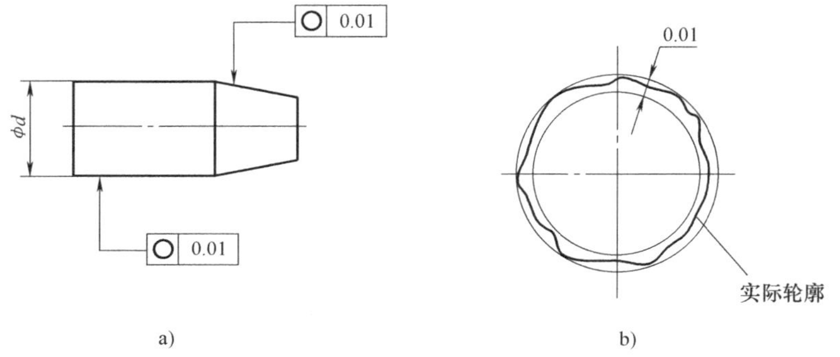

图 2-24　圆度

二、圆柱度公差及其公差带

圆柱度公差是限制实际圆柱面对其理想圆柱面变动量的一项指标。它控制了圆柱体横截面和轴截面内的各项形状误差，如圆度、素线直线度、轴线直线度等，即圆柱度误差是圆柱

体各项形状误差的综合指标。

圆柱度公差的公差带为：半径差为公差数值 t 的两同轴圆柱面之间的区域。

图 2-25a 所示标注的圆柱度公差表示被测圆柱面的圆柱度公差为 0.05mm，其公差带为：半径差为公差数值 0.05mm 的两同轴圆柱面之间的区域，如图 2-25b 所示。被测圆柱面必须位于此区域内。

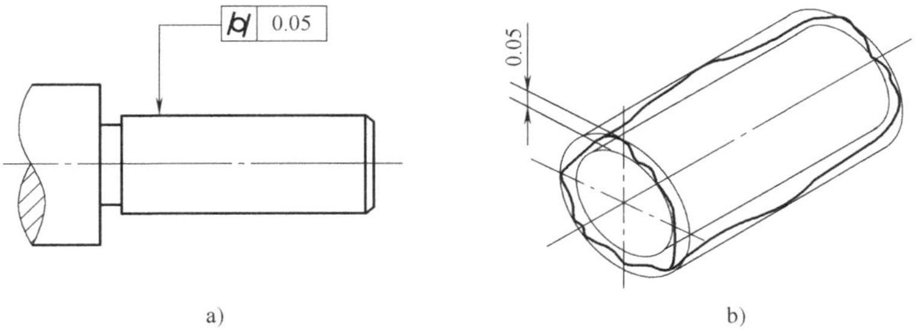

图 2-25 圆柱度

思 考 题

1. 圆度的公差带是什么？
2. 圆柱度的公差带是什么？
3. 识读图 2-26 和图 2-27 中的圆度和圆柱度公差，并说出其公差带。

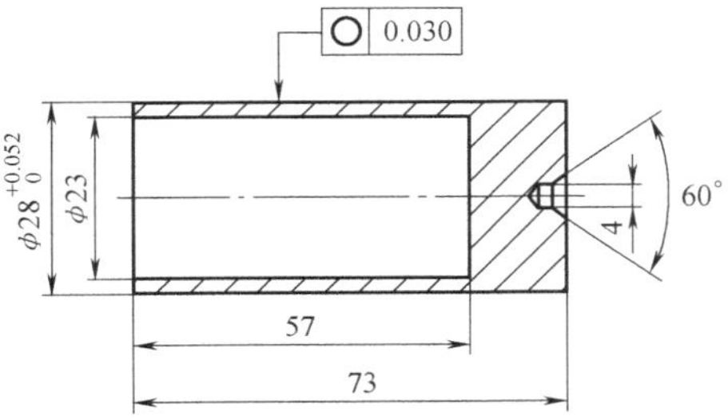

图 2-26 识读圆度公差

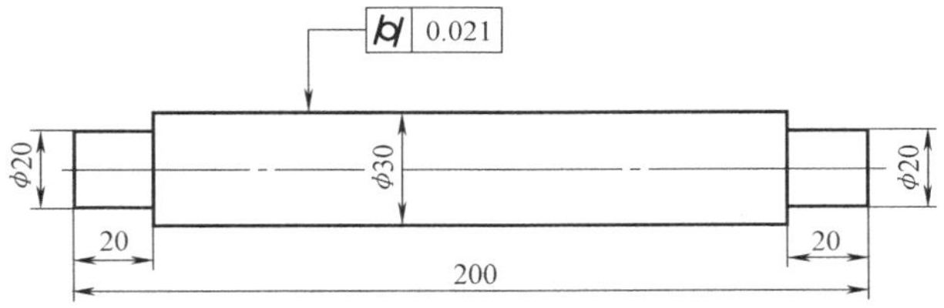

图 2-27 识读圆柱度公差

实训 2-3 两点法测量圆度误差

实训准备：百分表、阶梯轴、偏摆仪。

一、实训任务

现有若干阶梯轴（图 2-28），对直径为 ϕ30mm 的圆柱面有圆度公差要求，通过测量判断是否满足要求。

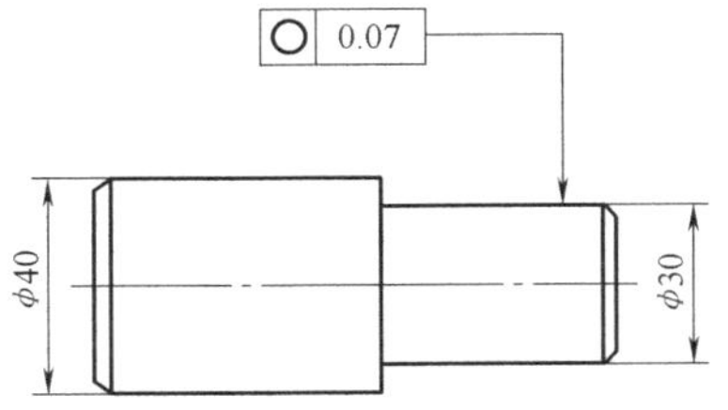

图 2-28 阶梯轴

二、任务分析

ϕ30mm 的圆柱面的圆度公差数值为 0.07mm，其公差带为：半径差为公差数值 0.07mm 两同心圆之间的区域。这里，我们选用分度值是 0.01mm、测量范围是 0~3mm 百分表，用两点法测量圆度误差。

三、实训步骤

1. 测量

1）清洁阶梯轴。

2）清洁百分表、偏摆仪。

3）检查百分表是否完好，测头是否灵活。对偏摆仪进行精度校验。

4）用偏摆仪将被测件装夹固定，并使被测件处于水平状态。

5）安装百分表。将百分表安装在表架上，调整百分表，使其测头垂直压在被测表面，并有 1~2 圈压缩量。

6）缓慢地将阶梯轴转动一周，用百分表测量阶梯轴同截面内圆周轮廓上的八个位置，如图 2-29 所示，记录百分表的最大读数 $M_{i\max}$ 和最小读数 $M_{i\min}$。

7）平稳移动活动表架，用同样方法在多个截面（截面 *A*、*B*、*C*、*D* 等）测量，如图 2-29 所示，并记录数据。

8）测量完毕后，整理测量器具。

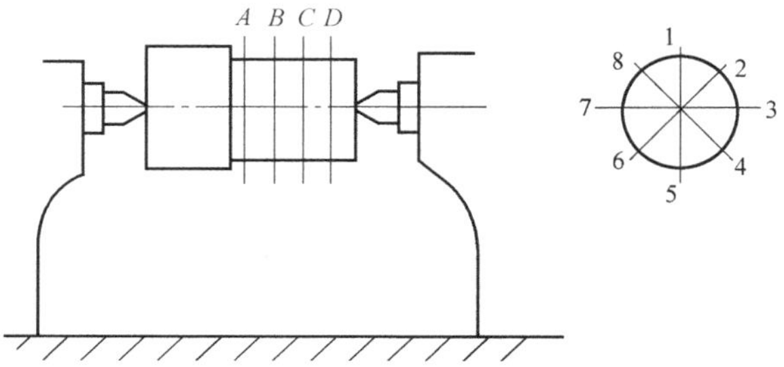

图 2-29 两点法测量圆度误差示意图

2. 测量报告

1）数据处理。首先计算出所有测量截面上的圆度误差，其计算公式为

$$f_i=\frac{M_{i\max}-M_{i\min}}{2}$$

全部测量截面中的最大误差为该阶梯轴的圆度误差。

2）设计一测量报告单，记录自己的测量结果并处理数据做出结论。

实训 2-4 三点法测量圆度误差

实训准备：千分表、磁力表座、90° V 形块、检验平板、阶梯轴。

量仪：千分表。

千分表的结构、工作原理、读数方法和百分表是相同的，其不同之处在于千分表中齿轮放大机构的放大比更大，使圆表盘上的分度值达到了 0.001mm 或 0.002mm（即圆表盘上有 200 个或 100 个等分刻度），即千分表的测量精度更高。千分表的示值范围一般为 0~1mm。

千分表常用于形状和位置误差以及小位移的长度测量。

量具：V 形块。

V 形块是应用最广泛的定位元件，如图 2-30 所示。它结构简单，定位精度较高。V 形块主要用来安放轴、套筒、圆盘等圆形零件，一般都是一副两块，其夹角一般采用 60°、90°、120°，其中 90°的应用最广泛。常用 V 形块的规格有 100mm×100mm×80mm、150mm×150mm×80mm、200mm×200mm×90mm、300mm×300mm×120mm 等。

一、实训任务

今有如图 2-31 所示阶梯轴若干，检测其圆度误差是否满足要求。

图 2-30 V 形块

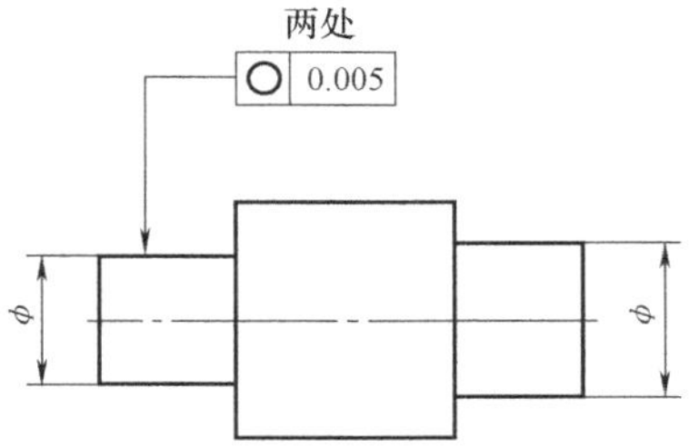

图 2-31 阶梯轴

二、任务分析

阶梯轴两端圆柱面的圆度公差数值为 0.005mm，其公差带为：半径差为公差数值 0.005mm 两同心圆之间的区域。这里，我们选用分度值是 0.001mm、测量范围是 0~1mm 的千分表，用三点法测量阶梯轴的圆度误差。

三、实训步骤

1. 测量

1）清洁千分表、V 形块、检验平板和被测零件。

2）检查千分表是否完好，测头是否灵活，校对千分表零位。

3）将被测零件放在 90° V 形块上，如图 2-32 所示。

4）安装好磁力表座与千分表，使千分表测头垂直于测量面，并将指针调零。

5）转动被测零件，记录被测零件在回转一周过程中测量截面上千分表读数的最大值与最小值。

6）移动千分表的测量位置，用同样方法测量多个截面，记录数据。

7）将被测零件掉头，同样的方法测量另一端的圆柱面。

8）测量完毕，整理测量器具。

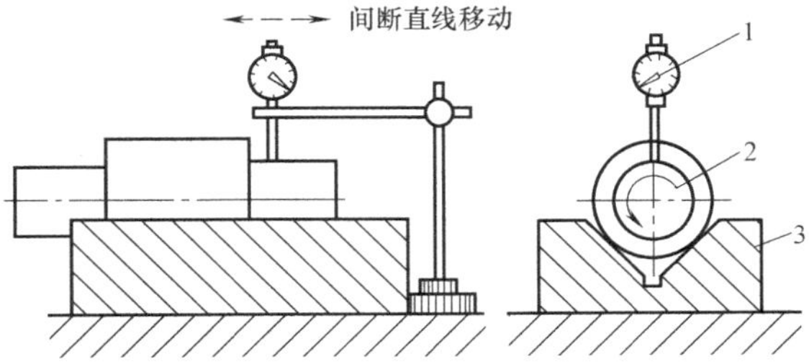

图 2-32 三点法测量圆度

1—千分表 2—被测零件 3—V 形块

2. 测量报告

1）数据处理。三点法测量圆度误差时，数据处理方法和两点法测量圆度误差时相同。

2）设计一测量报告单，记录自己的测量结果并处理数据做出结论。

技能拓展：用圆度仪测量圆度误差

圆度仪是测量圆度误差的专用高精度仪器，主要有转轴式和转台式两种。图 2-33 所示为转台式圆度仪，由传感器、测头、回转工作台、放大器、记录笔组成，也可以带有计算机。测量时，把被测零件放在回转工作台上随工作台一起转动，传感器和测头在支架上固定不动。被测零件轮廓的变化情况由传感器测出，经放大器放大并进行相应信号处理，再由记录笔画出被测零件实际轮廓或由计算机算出测量结果。测头间断移动，测量若干截面，取各截面圆度误差中最大误差值作为该零件的圆度误差。

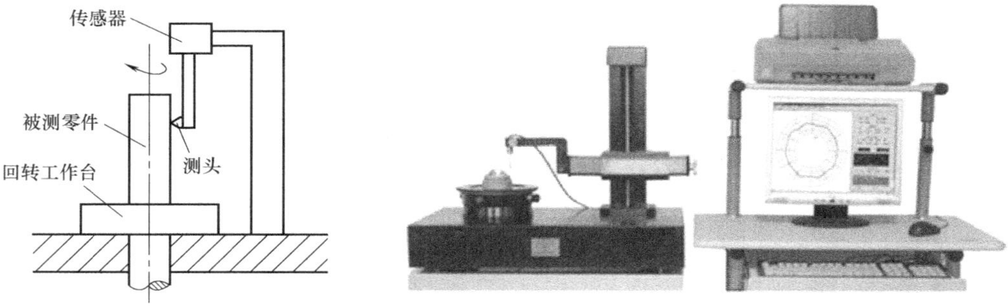

a) b)

图 2-33 转台式圆度仪

实训 2-5 用千分表与方箱测量细长轴的圆柱度误差

实训准备： 千分表、表架、方箱、检验平板、细长轴。

量具： 方箱。

方箱是用铸铁或岩石制造的空心立方体或长方体，如图 2-34 所示。方箱分为用来划线的划线方箱和用作测量工具的检验方箱。检验方箱主要用于零部件平行度、垂直度的检验等。方箱的公差等级有 1、2、3 三个等级，常用规格有 100mm、150mm、200mm、250mm、300mm、350mm、400mm、500mm、600mm 等。

一、实训任务

现有一批如图 2-35 所示的细长轴，检验其外圆的圆柱度是否合格。

图 2-34 方箱

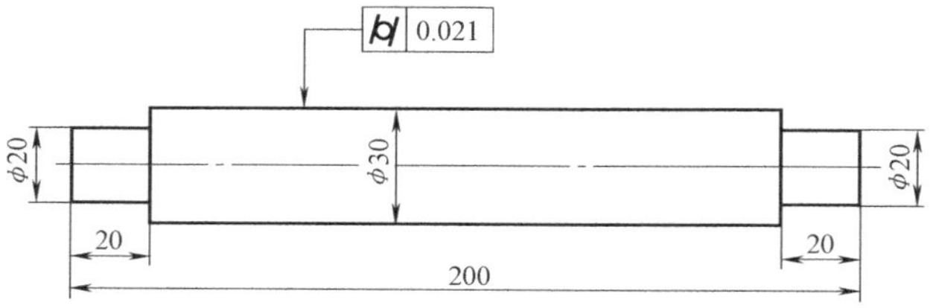

图 2-35 细长轴

二、任务分析

要求测量零件 ϕ30mm 圆柱外表面的圆柱度误差。零件图上所注圆柱度公差的公差带为：半径差为公差数值 0.021mm 的两同轴圆柱面之间的区域。其意义是：被测实际圆柱面必须位于半径差为 0.021mm 的两同轴圆柱面之间。

三、实训步骤

1. 测量

1）清理细长轴、千分表、方箱、检验平板。

2）检查千分表是否完好，测头是否灵活，并进行零位校对。

3）将细长轴紧紧靠住放在检验平板上的方箱，调整千分表使千分表的测头与圆柱在最高素线处接触，如图 2-36 所示。

4）将细长轴紧贴方箱回转一周，记录千分表的最大读数 $M_{i\max}$ 和最小读数 $M_{i\min}$。

5）缓缓移动表架和千分表，在不同的截面上用同样的方法进行测量，记录每个测量面上千分表的最大读数 $M_{i\max}$ 和最小读数 $M_{i\min}$。

6）测量完毕后，整理测量器具。

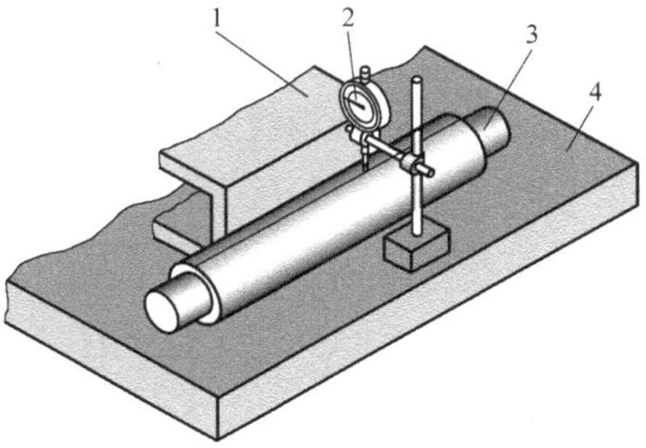

图 2-36 圆柱度误差测量示意图

1—方箱 2—千分表 3—细长轴 4—检验平板

2. 测量报告

1）数据处理。找出所有截面中千分表读数的最大值 $M_{\max}$ 和最小值 $M_{\min}$，圆柱度误差为

$$f=\frac{M_{\max}-M_{\min}}{2}$$

2）设计一测量报告单，记录自己的测量结果并处理数据做出结论。

第四节 平面度、平行度及其测量

基本知识

一、平面度公差及其公差带

平面度公差是限制实际平面对理想平面变动量的指标。平面度公差的公差带为：间距为公差数值 t 的两平行平面之间的区域。

图 2-37a 所示标注的平面度公差表示被测表面的平面度公差为 0.08mm，公差带是箭头所指方向上、间距为 0.08mm 的两平行平面间的区域，如图 2-37b 所示。实际平面必须位于此区域内。

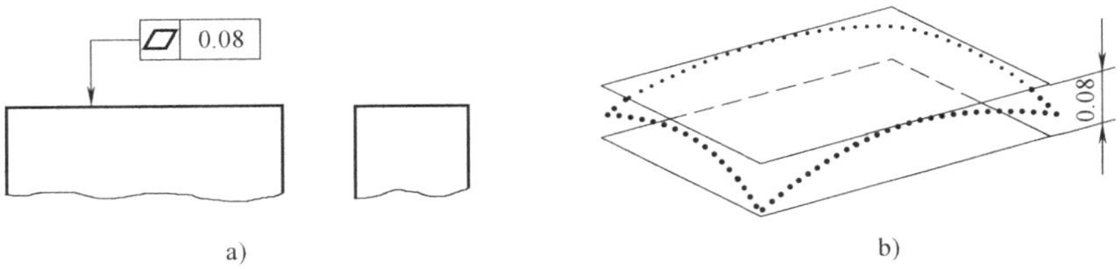

图 2-37 平面度公差

二、平行度公差及其公差带

平行度公差是限制实际要素对基准在平行方向上变动量的指标，属于方向公差。根据被测要素和基准要素的空间特性及零件的使用要求，平行度公差及其公差带有以下几种情况：

1. 线对基准线的平行度

线对基准线的平行度公差带为：直径为公差数值 ϕt 且轴线平行于基准线的圆柱面内的区域。

图 2-38a 所示标注的公差要求是：孔 ϕD_1 轴线相对于基准（孔 ϕD_2 轴线）的平行度公差为 $\phi 0.03$mm，属于线对基准线的平行度公差，是任意方向上线对线的平行度公差。其公差带为：直径为 $\phi 0.03$mm 且平行于基准 A（孔 ϕD_2 轴线）的圆柱面内的区域，如图 2-38b 所示。孔 ϕD_1 的实际轴线必须位于此区域内。

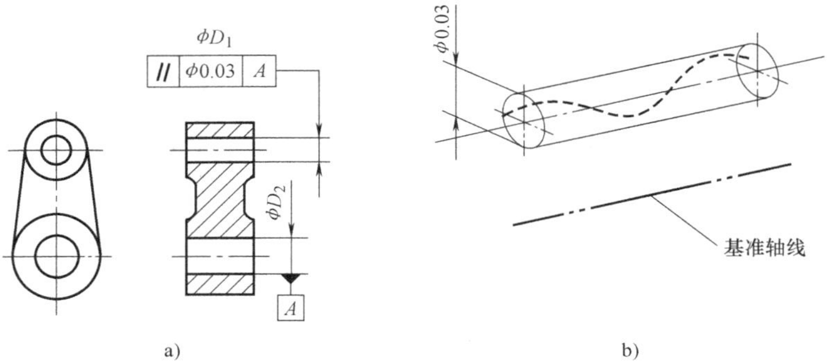

图 2-38 线对基准线的平行度

2. 线对基准面的平行度

线对基准面的平行度公差带为：间距为公差数值 t 且平行于基准平面的两平行平面之间的区域。

图 2-39a 所示标注的公差要求是：上孔轴线相对于基准（下底面）的平行度公差为 0.01mm，是线对基准面的平行度公差。其公差带为：间距为 0.01mm 且平行于基准（下底面）B 的两平行平面之间的区域，如图 2-39b 表示。上孔的实际轴线必须位于此区域内。

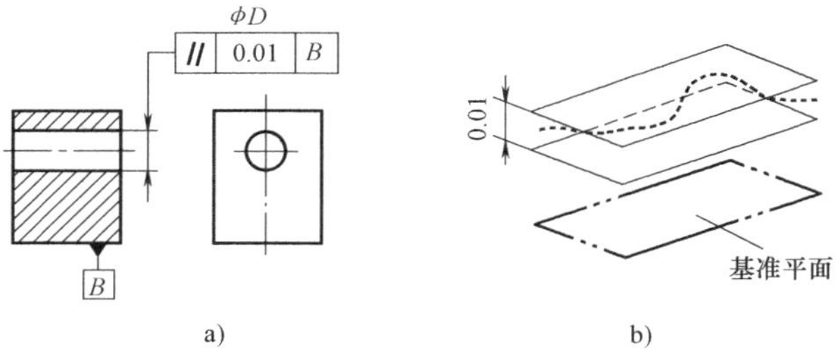

图 2-39 线对基准面的平行度

3. 线对基准体系的平行度

在线对基准体系的平行度公差中，常见的基准体系主要是由基准轴线和基准平面组成的基准体系。这类公差一般是要求被测直线平行于基准轴线、平行或垂直于基准平面的精度，其公差带见表 2-9。

表 2-9 线对基准体系的平行度公差

类型		公差带的一般情况		标注示例	
		公差带图示	公差带定义	图示	解释
给定一个方向的平行度	平行于基准轴线和基准平面	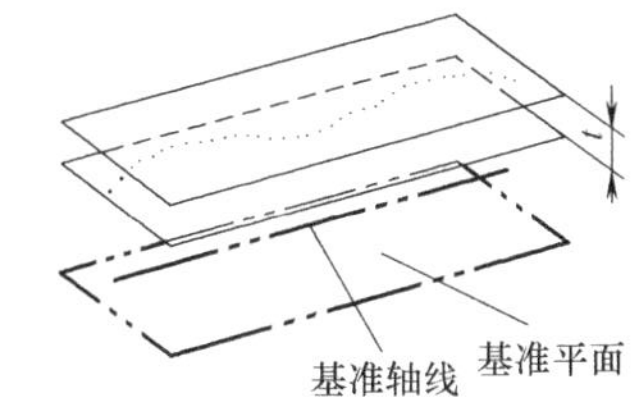	间距等于公差数值 t、平行于两基准的两平行平面之间的区域	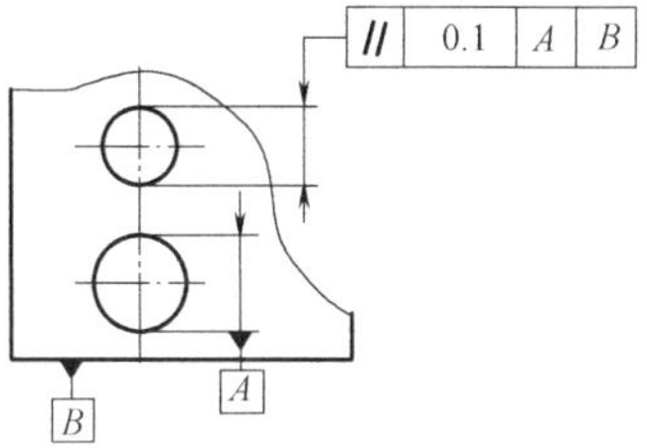	上孔轴线应位于间距等于0.1mm、平行于基准轴线 A 和基准平面 B 的两平行平面之间
	平行于基准轴线、垂直于基准平面	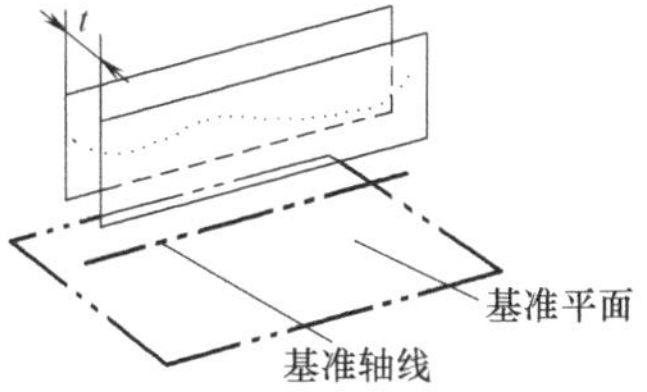	间距等于公差数值 t、平行于基准轴线、垂直于基准平面的两平行平面之间的区域	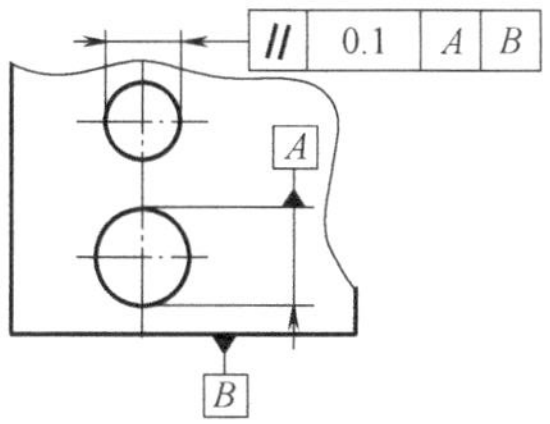	上孔轴线应位于间距等于0.1mm、平行于基准轴线 A 且垂直于基准平面 B 的两平行平面之间
给定两个方向的平行度	平行于基准轴线、平行或垂直于基准平面	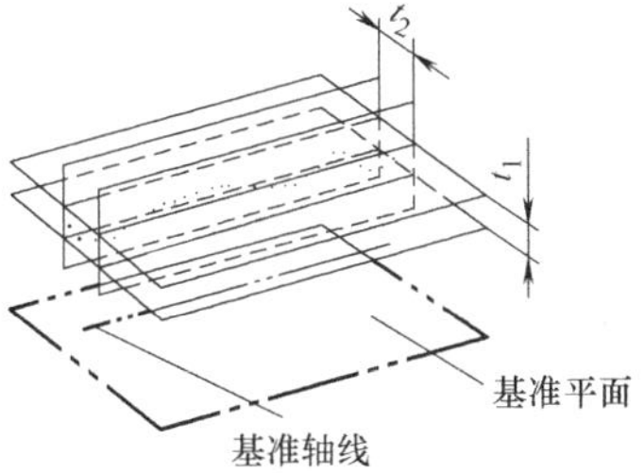	间距分别等于公差数值 t_1 和 t_2、平行于基准轴线和平行（或垂直）于基准平面的两组平行平面之间的区域	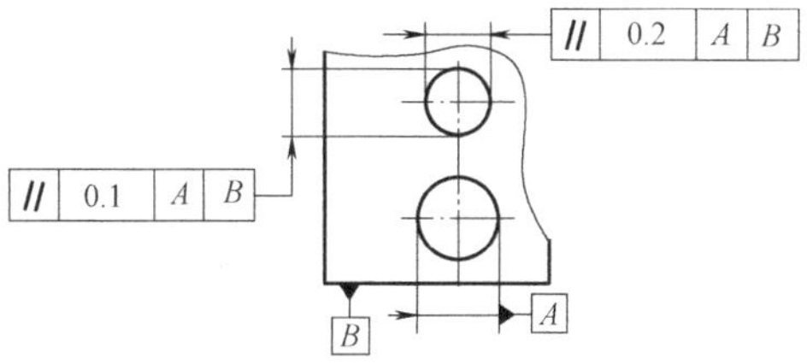	上孔轴线应位于平行于基准轴线 A 和平行（或垂直）于基准平面 B、间距分别等于公差数值 0.1mm、0.2mm 的两组平行平面之间

4. 面对基准线的平行度

面对基准线的平行度公差带为：间距为公差数值 t 且平行于基准线的两平行平面之间的区域。

图 2-40a 所示标注的公差要求是：零件上表面相对于基准（孔 ϕD 轴线）C 的平行度公差为 0.1mm，是面对基准线的平行度公差。其公差带为：间距为 0.1mm 且平行于基准（孔 ϕD 轴线）C 的两平行平面之间的区域，如图 2-40b 所示。零件上表面必须位于此区域内。

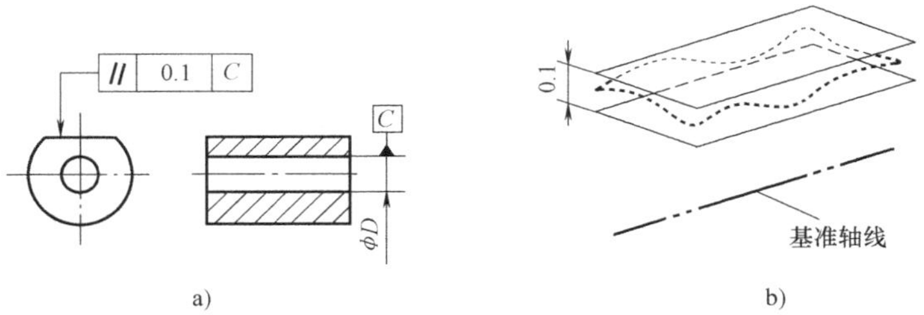

图 2-40　面对基准线的平行度

5. 面对基准面的平行度

面对基准面的平行度公差带为：间距为公差数值 t 且平行于基准平面的两平行平面之间的区域。

图 2-41a 所示标注的公差要求是：上表面对下表面的平行度公差为 0.01mm，是面对基准面的平行度公差。其公差带为：间距为 0.01mm 且平行于基准（下表面）D 的两平行平面之间的区域，如图 2-41b 表示。零件的上表面必须位于此区域内。

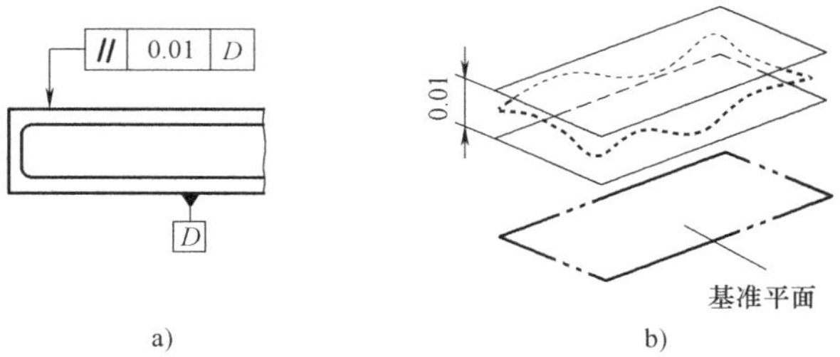

图 2-41　面对基准面的平行度

思　考　题

1. 平面度的公差带是什么？
2. 平行度有哪几种情况？
3. 面对基准面的平行度公差带与平面度的公差带有什么区别？
4. 说明图 2-42 中几何公差标注的含义（按几何公差读法及公差带含义分别说明）。
5. 看传动座零件工作图（图 2-43），说明图中几何公差标注的含义（按几何公差读法及公差带含义分别说明）。

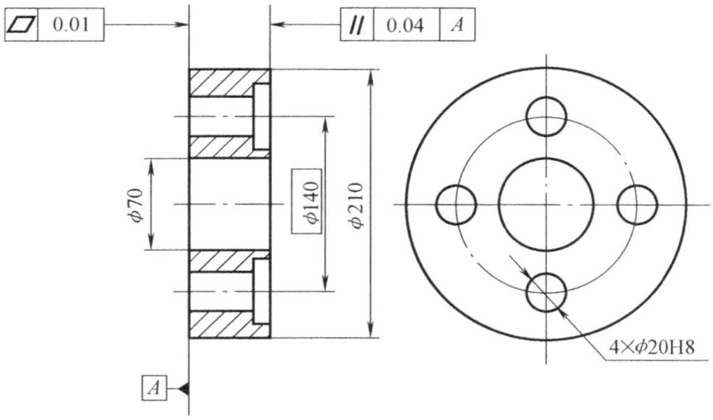

图 2-42 说明几何公差标注的含义（一）

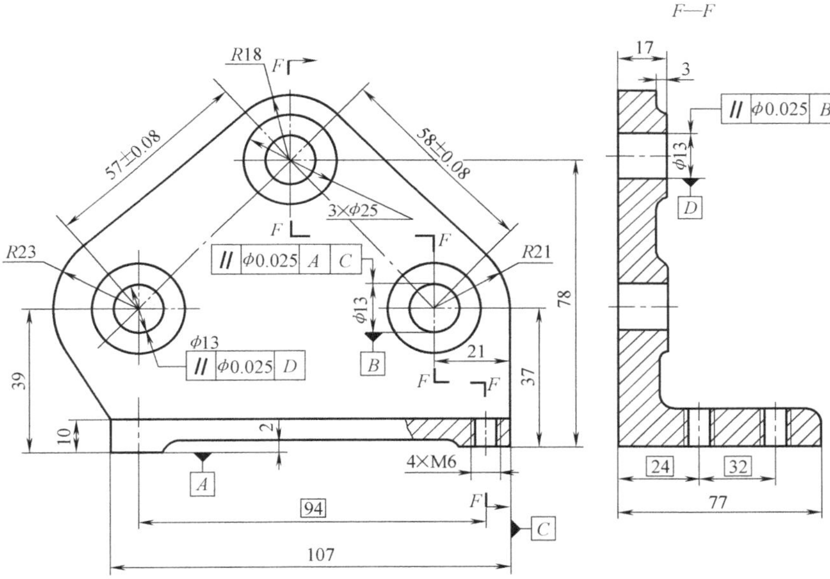

图 2-43 说明几何公差标注的含义（二）

实训 2-6 测量平面度误差

实训准备：千分表及表架、基础平板、钳工划线平板、支承。

一、实训任务

检测图 2-44 所示的钳工划线平板的平面度，其规格为 200mm×200mm，平面度公差为 0.06mm。

图 2-44 钳工划线平板

二、任务分析

平板不但是检验机械零件的直线度、平面

度、平行度等几何公差的测量基准，而且也用于一般零件及精密零件的划线，对其平面度有较高要求。测量平面度误差可以采用简洁测量法，即通过打表法测量实际表面上若干点的相对高度，经数据处理后得到其平面度误差。这里，我们选用分度值是 0.001mm、量程 0~1mm 的千分表作为量具。

三、实训步骤

1. 测量

1）清洁被测钳工划线平板、基础平板。

2）检查千分表是否完好，测头是否灵活，并进行零位校对。

3）确定测量点的数量和位置。打表法测量平面度误差时，先要测量实际表面上若干点的相对高度，所以需要在被测表面上确定测量点的数量和位置。测量点的布点方式一般采用对角线布点方式（又称为米字线布点），如图 2-45 所示。外侧的测量点离被测表面边缘 10~20mm，布点数量（即测量点的数量）根据被测表面面积的大小确定，见表 2-10。

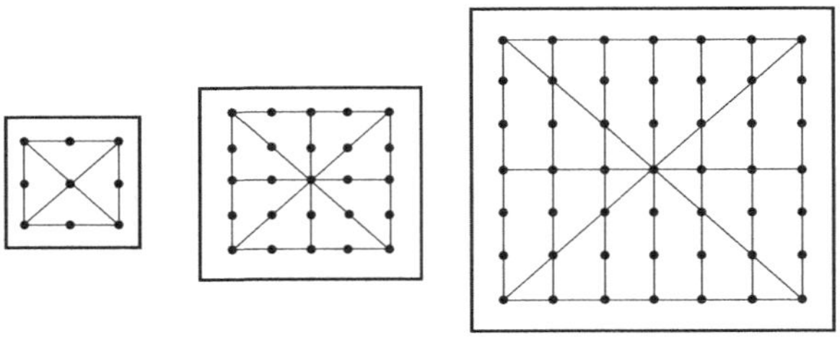

图 2-45　对角线布点方式

表 2-10　布点数量的确定

被测表面尺寸/mm	测量截面数量	测量点数量
≤400×400	6	9
450×600~1000×1500	8	25
1500×2000~3000×5000	12	49

此处被测平板的规格为 200mm×200mm，所以选择测量 6 个截面 9 个点。按图 2-45 所示的对角线布点方式在被测划线平板的表面上画好网格，标定测量点并编号。

4）安装支承　将被测划线平台放在基础平板的三个可调支承上，如图 2-46 所示。注意：三个可调支承应位于被测平面上相距最远的三个测量点。

5）建立测量基面。调整可调支承，将被测平面两条对角线的角点 a 和 b、c 和 d 分别调成等高，如图 2-46 所示。这么做的目的，就是把三个支承建立的平面作为测量基面。

6）按照布点方式，移动千分表对各布点逐点测量，记录读数。

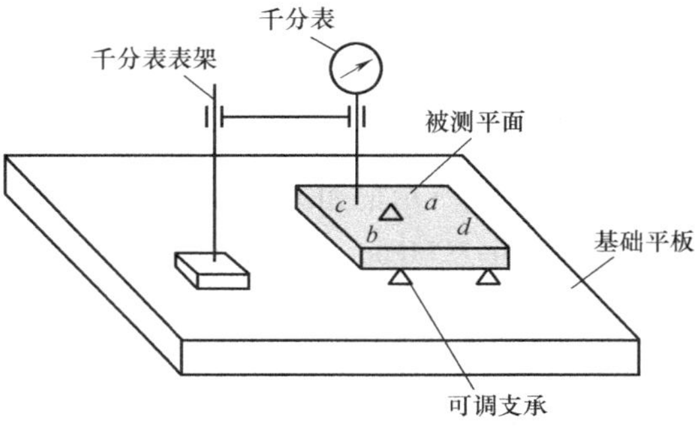

图 2-46　打表法测量平面度误差

7）测量完毕，清洁整理实训仪器。

2. 测量报告

1）数据处理。在记录数据中确定读数的最大值 M_{max}、最小值 M_{min}，平面度误差为

$$f=M_{max}-M_{min}$$

平面度误差测量举例见表 2-11。

表 2-11 平面度误差测量举例 （单位：mm）

测量点	1	2	3	4	5	6	7	8	9
千分表读数	0.000	0.008	-0.007	-0.007	0.018	-0.005	0.015	-0.007	-0.002
读数的最大值 M_{max}	0.018				读数的最小值 M_{min}	-0.007			
平面度误差 $f=M_{max}-M_{min}$					$f=0.018-(-0.007)=0.025$				
合格性评定					∵ 0.025<0.06 ∴ 合格				

2）记录自己的测量结果并处理数据做出结论，填入测量报告单。

实训 2-7 用打表法测量线对线的平行度误差

实训准备：千分表及表架、可胀式心轴、平板、可调支承、连杆。

一、实训任务

测量图 2-47 所示连杆的平行度误差。

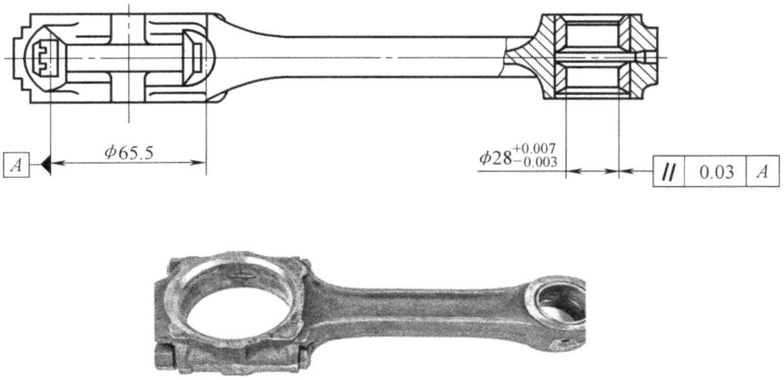

图 2-47 连杆

二、任务分析

连杆中的几何公差要求是：φ28mm 孔的轴线相对于 φ65.5mm 孔的轴线的平行度公差为 0.03mm。此公差属于线对线的平行度，φ28mm 孔的轴线为被测要素，φ65.5mm 孔的轴线为基准要素，其公差带是间距为 0.03mm 且平行于 φ65.5mm 孔轴线的两平行平面之间的区域。该公差的意义是 φ28mm 孔的实际轴线必须位于间距为 0.03mm 且平行于 φ65.5mm 孔轴

线的两平行平面之间。

这里采用千分表测量，选用分度值为 0.001mm、测量范围为 0~1mm 的千分表。

三、实训步骤

1. 测量

1）清洁连杆、千分表、平板、可胀式心轴。

2）检查千分表是否完好，测头是否灵活，并进行零位校对。

3）安装连杆和心轴。按如图 2-48 所示进行安装：把心轴装入 ϕ65.5mm 孔，一起放在平板上的可调支承上；把另一心轴装入 ϕ28mm 孔。在测量中，实际是用这两个心轴来模拟基准轴线和被测轴线，下心轴模拟基准轴线，上心轴模拟被测轴线。

4）放稳表架，安装千分表。

5）调平基准心轴。

① 调节千分表架，将千分表测头放在基准心轴一端的最高点，且使指针压上半圈以上，然后将千分表指针调零。

② 将表架移到基准心轴的另一端最高点，根据此时千分表的读数判断两端的高低，调整可调支承，使两端读数相同（即使基准心轴处于水平状态）。

③ 调整连杆，使两孔轴线位于垂直于平板工作面的同一平面内。

④ 固定连杆。

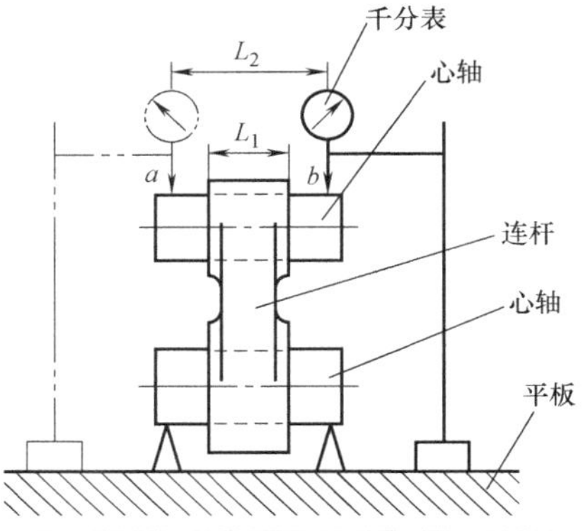

图 2-48 线对线的平行度误差测量

6）测量被测心轴。移动表架，在上心轴距离为 L_2 的左、右两端分别进行测量，记录千分表读数 M_1、M_2，记录 L_2 的数值。

7）测量完毕，清洁整理实训仪器。

2. 测量报告

1）数据处理。连杆 L_1 长度上被测轴线相对基准轴线的平行度误差为

$$f=|M_2-M_1|\times\frac{L_1}{L_2}$$

2）记录自己的测量结果并处理数据做出结论，填入测量报告单。

实训 2-8 用水平仪测量平行度误差

实训准备：桥板、框式水平仪、平行阶梯导轨。

一、实训任务

用水平仪测量图 2-49 所示平行阶梯导轨之间的平行度误差，导轨长度为 1200mm。

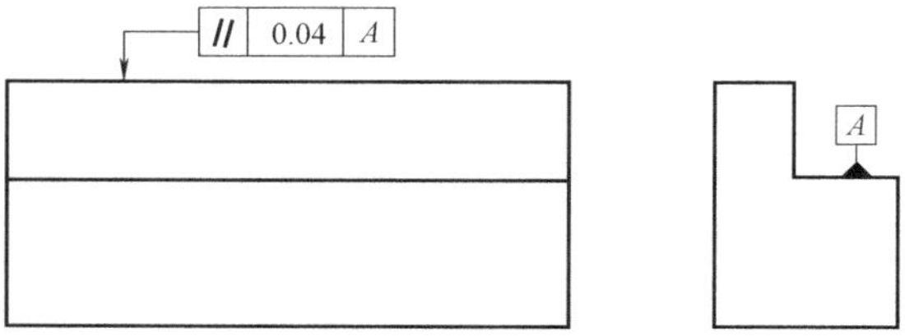

图 2-49 平行阶梯导轨

二、任务分析

平行阶梯导轨要求上导轨平面对基准平面（下导轨平面）在垂直方向的平行度公差为0.04mm。其公差带为：和下导轨平面平行的、间距为0.04mm的两平行平面之间的区域，上导轨平面必须位于此区域内。

由于被测导轨的被测平面和基准平面都是狭长的平面，因此可忽略宽度方向的形状公差，将面对面平行度误差测量简化为沿长度方向的线对线平行度误差来测量。用水平仪可以测量面对面、面对线和线对线的平行度误差。这里，我们选用分度值为0.02mm/1000mm、工作边长200mm的框式水平仪测量。

三、实训步骤

1. 测量

1）清洁平行阶梯导轨、框式水平仪、桥板。

2）检查水平仪并校对零位。

3）建立测量点。按导轨长度和桥板跨距在导轨上建立测量点，如图2-50所示。这里，导轨长度为1200mm，水平仪规格为200mm，所以将导轨6等分，然后列出每次测量桥板的位置。

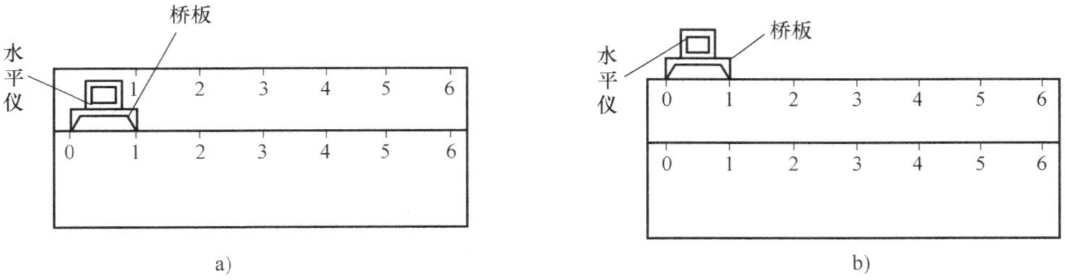

图2-50　测量示意图

4）测量基准平面（下导轨平面）　如图2-50a所示，将桥板放在基准平面（下导轨平面）上，并将水平仪放在桥板上，然后从首点开始依次放在各等分点位置上进行测量、读数。具体方法为：从左向右逐段进行测量，第一段的起点称为原点，第一段的末点记为第一点，测得的读数表示该段末点相对起点的升降，然后将桥板连同水平仪滑移至第二段，使第一段末点（第一点）与第二段的起点相衔接，就可测得第二点的读数，依此类推，直至测量完毕，到终点后，从终点开始进行一次回测。同一测点两次读数的平均值记为该点的测量值，将此测量值记入测量报告单。

5）测量被测平面（上导轨平面）。用同样的方法测量被测平面（上导轨平面），如图2-50b所示。

2. 测量报告

1）数据处理。测量结束后，首先，根据基准平面各测量点的测量值，按最小条件确定基准直线。然后，根据被测平面各测量点的测量值，求出高极点和低极点至基准直线的距离，两者之差即为平行度误差值。具体方法有图解法和计算法。

例：测量结果见表2-12，表中已列出了累加值，求平行度误差。

表 2-12 基准平面和被测平面各测量点的数据

测量点序号		0	1	2	3	4	5	6
基准平面	示值	0	−2	+4	+2	−2	+1	0
	累加值	0	−2	+2	+4	+2	+3	+3
被测平面	示值	0	+5	+2	0	+3	−2	+2
	累加值	0	+5	+7	+7	+10	+8	+10

① 图解法求解。如图 2-51 所示，取直角坐标系中 x 坐标轴表示基准平面和被测平面的长度，同时作为测量基准，y 坐标轴表示各测量点相对于测量基准的坐标值。作图时按表 2-12 中的累加值描点。图 2-51 中虚线表示基准平面，实线表示被测平面。按最小条件确定基准直线 L。再作平行于 L 的两条直线（定向最小区域）去包容被测平面。这两条平行直线沿 y 坐标方向的距离即为符合定义的平行度误差值 f。由图 2-51 可知：沿 y 坐标方向的定向最小区域的宽度 $y=6$ 格。

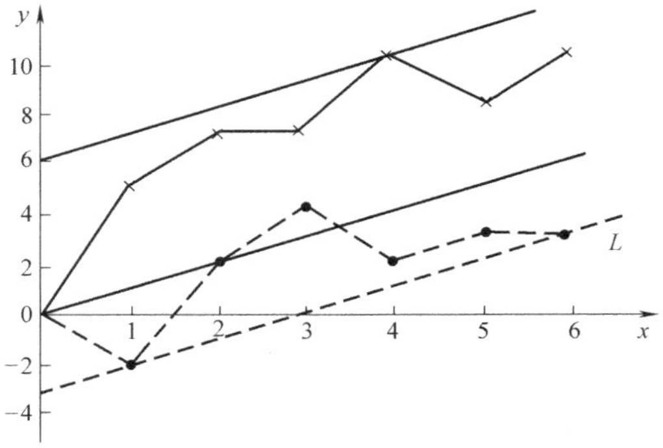

图 2-51 图解法求解

该零件的平行度误差值为

$$f=\frac{0.02\text{mm}}{1000\text{mm}}\times 200\text{mm}\times 6=0.024\text{mm}<0.04\text{mm}$$

所以该零件合格。

② 计算法求解。首先求出符合最小条件的基准直线 L 的方程 $Ax+By+C=0$。

本例中基准直线过两个低点（1，−2）和（6，3），可以列出

$$\frac{x-1}{6-1}=\frac{y-(-2)}{3-(-2)}$$

整理得基准直线 L 的方程为

$$x-y-3=0$$

过被测直线上高极点（4，10）和低极点（0，0）分别求出它们沿 y 坐标轴方向到基准直线 L 的坐标距离为

$$h_6=10-y=10-(x-3)=10-(4-3)=9$$

$$h_0=0-y=0-(x-3)=0-(0-3)=3$$

因此，平行度误差值 f 为

$$f=(h_6-h_0)\times 0.004\text{mm}=(9-3)\times 0.004\text{mm}=6\times 0.004\text{mm}=0.024\text{mm}$$

结果与图解法相同。一般情况下，计算法和图解法求得的平行度误差值略有差别，主要因为图解法包括了作图误差在内。

2）记录自己的测量结果并处理数据做出结论，填入测量报告单。

技能拓展：其他平行度误差测量方法

1. 测量面对线的平行度误差

图 2-52 所示为测量面对线的平行度误差。测量时用心轴模拟基准轴线，将被测零件通

过心轴支承在等高支承上，调整（转动）被测零件，使 $L_3=L_4$；然后用百分表在被测平面上按布点进行测量，记录百分表的最大读数 M_{max} 和最小读数 M_{min}，平面相对于轴线的平行度误差为 $f=M_{max}-M_{min}$。

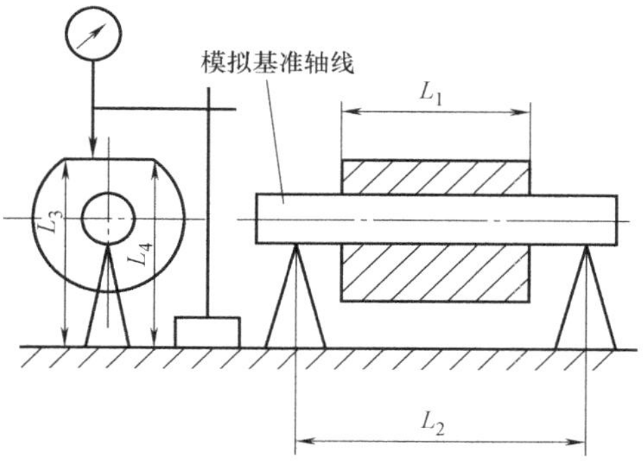

图 2-52 测量面对线的平行度误差

2. 用百分表测量面对面的平行度误差

图 2-53a 所示为被测零件，图 2-53b 所示为其测量示意图。测量时用检验平板的表面模拟基准平面 A，将零件放在平板上，将百分表装在表架上；在平板上移动表架，在整个被测面上按布点进行测量，记录百分表的最大读数 M_{max} 和最小读数 M_{min}，测量平面对基准平面的平行度误差为 $f=M_{max}-M_{min}$。

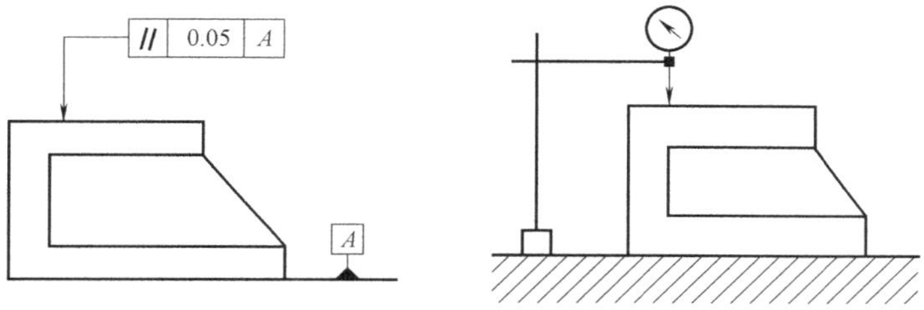

a) b)

图 2-53 用百分表测量面对面的平行度误差

第五节 垂直度、位置度及其测量

基本知识

一、垂直度公差

垂直度公差是限制实际被测要素对基准要素在垂直方向上变动量的指标。根据被测要素的空间特性和零件的使用要求，垂直度公差有线对基准线的垂直度公差、线对基准面的垂直度公差、线对基准体系的垂直度公差、面对基准线的垂直度公差和面对基准平面的垂直度公差等类型，其公差带及标注示例见表 2-13。

二、位置度公差

位置度公差用于限制被测要素的实际位置对理想位置的变动量，理想位置由理论正确尺寸和基准共同确定。位置度公差带是以被测要素的理想位置为中心来限制实际被测要素变动的区域，该区域相对于理想位置对称配置，区域的宽度或直径等于公差数值。

1. 三基面体系

确定被测要素在空间的理想位置所采用的基准是由三个互相垂直的基准平面组成，这三

表 2-13　垂直度公差的公差带和标注示例

类型	公差带的一般情况		标注示例	
	公差带图示	公差带定义	图示	解释
线对基准线的垂直度	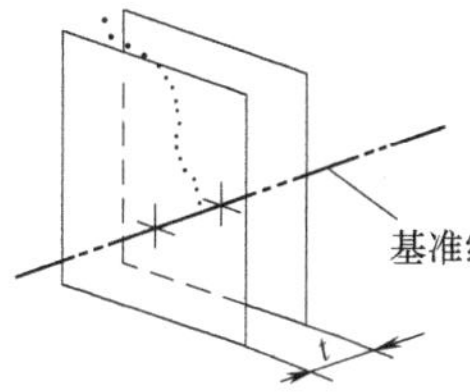	间距为公差数值 t、垂直于基准线的两平行平面之间的区域	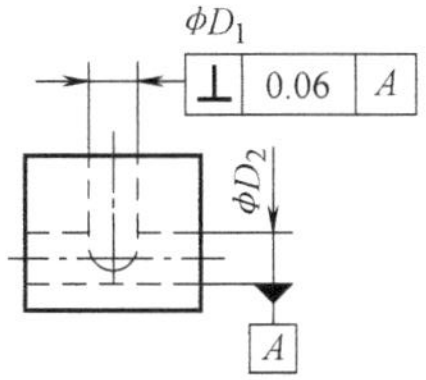	被测实际中心线应限定在间距为 0.06mm 且垂直于基准轴线 A 的两平行平面之间
线对基准面的垂直度	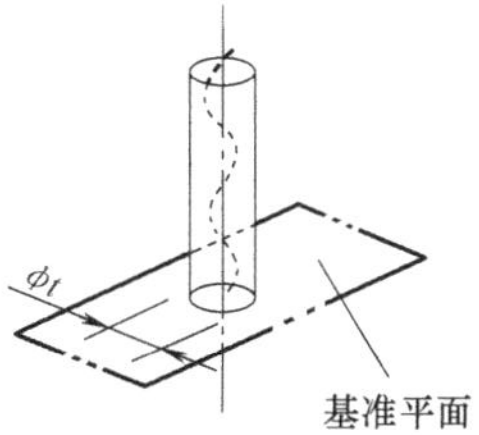	直径为公差数值 ϕt 且垂直于基准平面的圆柱面内的区域	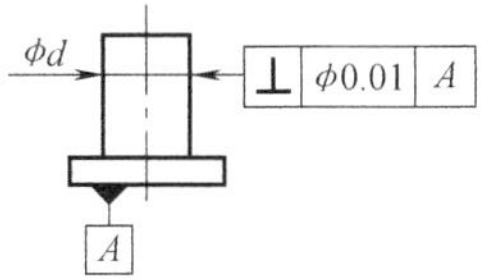	实际被测轴线应限定在直径为 ϕ0.01mm 且垂直于基准平面 A 的圆柱面内
线对基准体系的垂直度	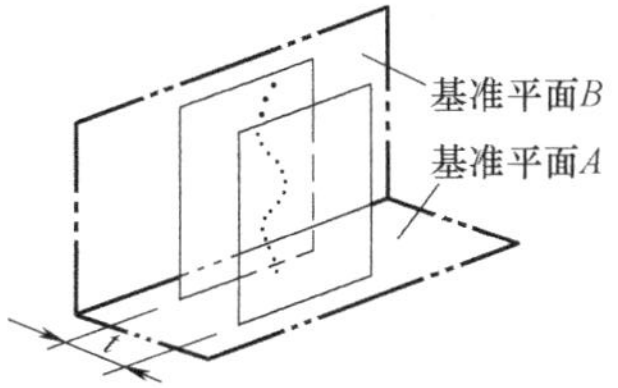	间距等于公差数值 t、垂直于基准平面 A 且平行于基准平面 B 的两平行平面所限定的区域	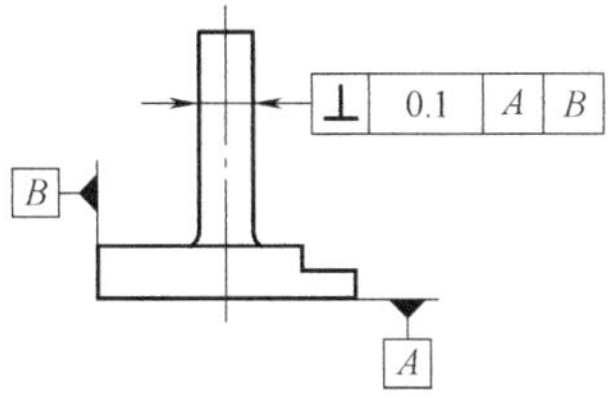	实际被测轴线应限定在间距为 0.1mm、垂直于基准平面 A 且平行于基准平面 B 的两平行平面之间

线对基准体系的垂直度	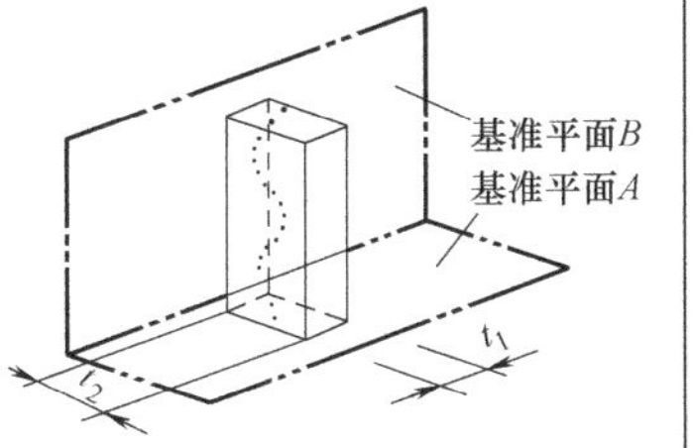	间距等于公差数值 t_1 且垂直于基准平面 A 和 B 的两平行平面，和间距等于公差数值 t_2 且垂直于基准平面 A、平行于基准平面 B 的两平行平面组成的两组平行平面所限定的区域	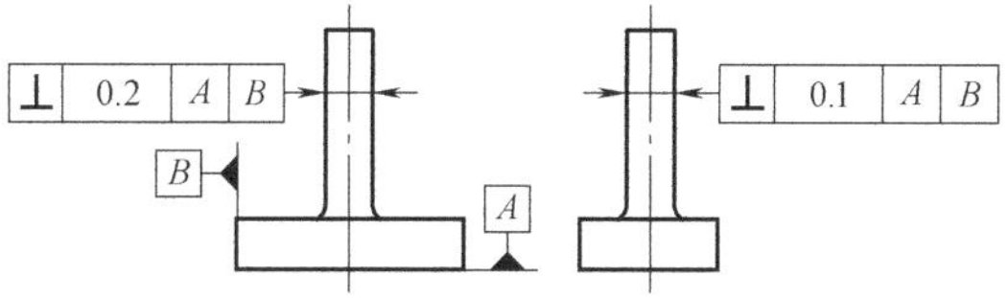	实际被测轴线应限定在间距等于 0.1mm 且垂直于基准平面 A 和 B 的两平行平面，和间距等于 0.2mm 且垂直于基准平面 A、平行于基准平面 B 的两平行平面组成的两组平行平面之间
面对基准线的垂直度	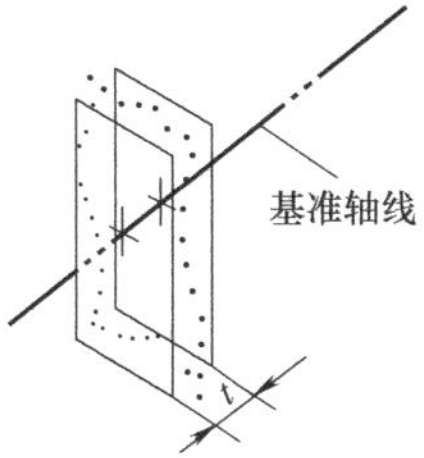	间距为公差数值 t 且垂直于基准线的两平行平面之间的区域	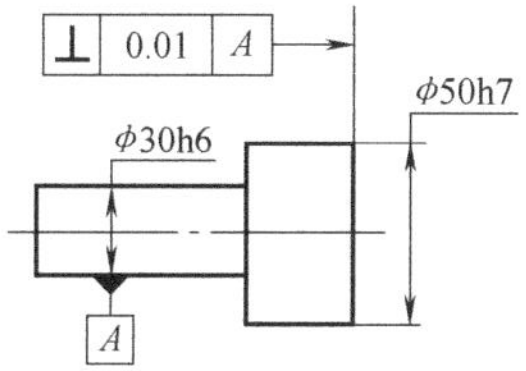	被测平面应限定在间距等于 0.01mm 且垂直于基准轴线 A 的两平行平面之间
面对基准平面的垂直度	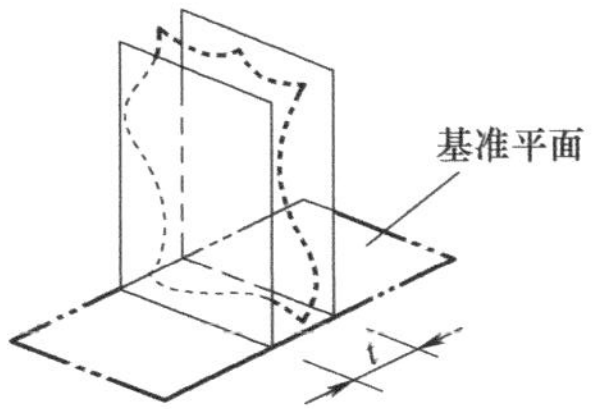	间距等于公差数值 t 且垂直于基准平面的两平行平面所限定的区域	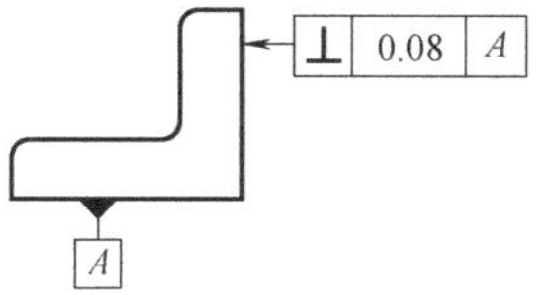	被测平面应限定在间距等于 0.08mm 且垂直于基准平面 A 的两平行平面之间

个互相垂直的基准平面组成的基准体系称为三基面体系，如图 2-54 所示。它是零件设计、加工和检测的共同依据。

三基面体系的三个基准平面分别称为第一、第二、第三基准平面，并分别与零件上三个实际基准平面相对应。设计时，应根据零件的功能要求来确定零件的基准数量和顺序。一般，以零件上面积大、定位稳的平面作为第一基准平面，以面积较小的平面作为第二基准平面，以面积最小的平面为作为第三基准平面。为保证设计时突出的功能要求，在加工和检测时，不能随意更换设计时所确定的基准平面和顺序。标注位置度公差时，也要从公差框格第一格开始依次填写，不能随意变动。

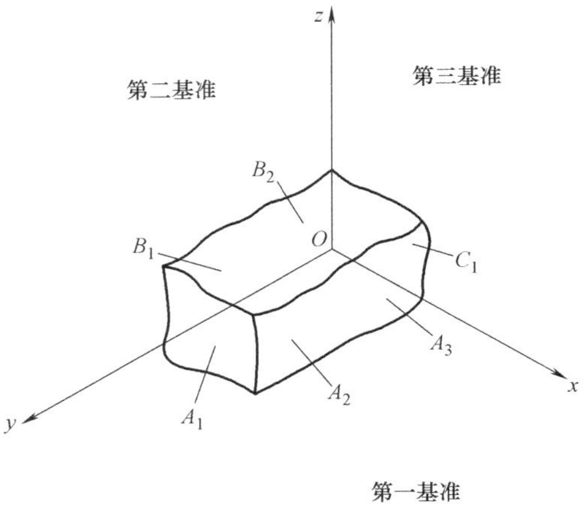

图 2-54 三基面体系

2. 点的位置度

空间点的位置度公差带为：直径为公差数值 $S\phi t$ 的球内的区域，球心位置由基准的理论尺寸确定。

图 2-55a 所示标注的位置度公差，表示被测点（球心）对圆柱轴线 A、右台阶面 B 的位置度公差为 $S\phi0.1$mm。其公差带为：直径为 $S\phi0.1$mm 的球内的区域，该球的球心位于基准 A、B 的理论正确尺寸确定的点上，如图 2-55b 所示。被测球心必须位于此区域内。

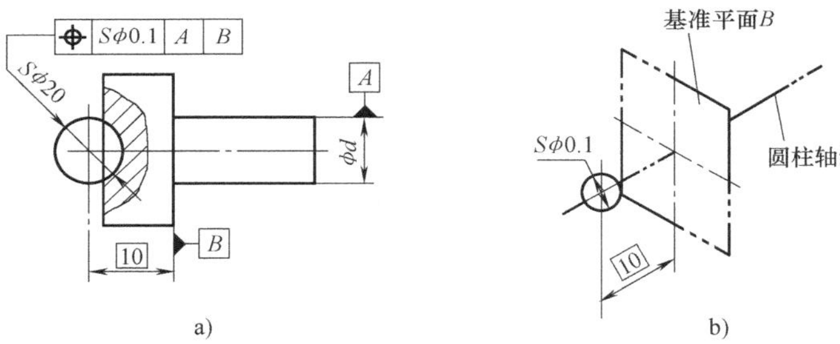

图 2-55 空间点的位置度公差（一）

又如，图 2-56a 所示标注的位置度公差表示被测球心对基准平面 A、基准平面 B、基准中心平面 C 的位置度公差为 $S\phi0.3$mm。其公差带为：直径为 $S\phi0.3$mm 的球内的区域，该球的球心位置由基准平面 A、基准平面 B、基准中心平面 C 和理论正确尺寸 30、25 确定，如图 2-56b 所示。被测球心必须位于此区域内。

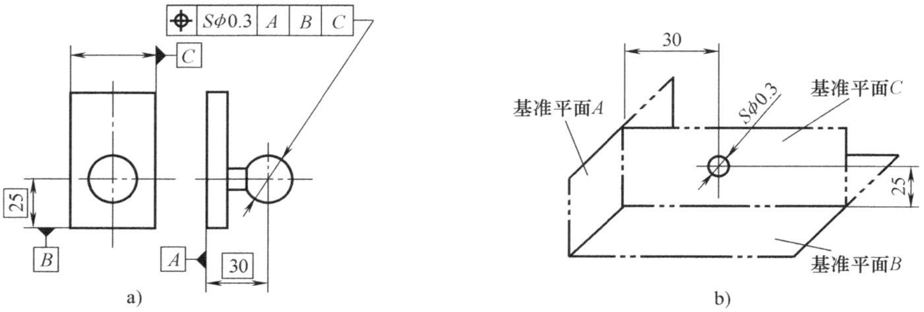

图 2-56 空间点的位置度公差（二）

3. 线的位置度

线的位置度分为给定一个方向的位置度、给定两个方向的位置度和任意方向的位置度三种情况，其公差带和标注示例见表 2-14。

表 2-14 线的位置度

类型		给定一个方向的位置度	给定两个方向的位置度	任意方向的位置度
公差带的一般情况	公差带图示	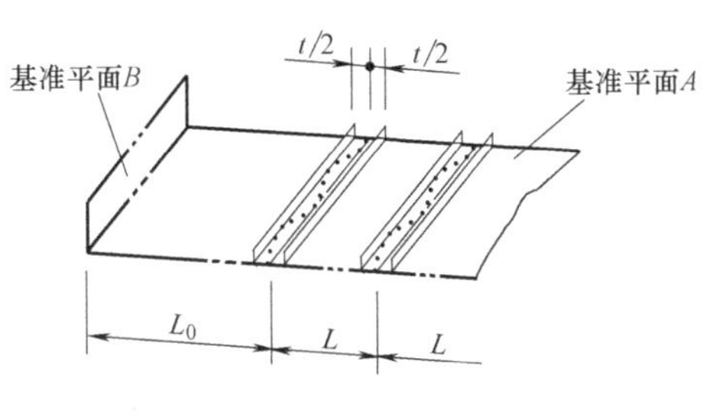	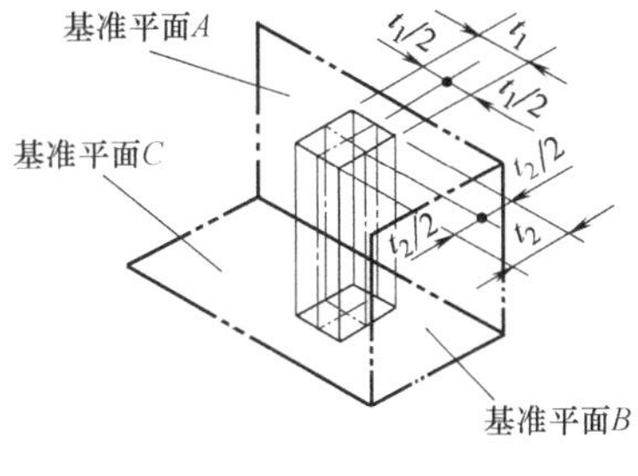	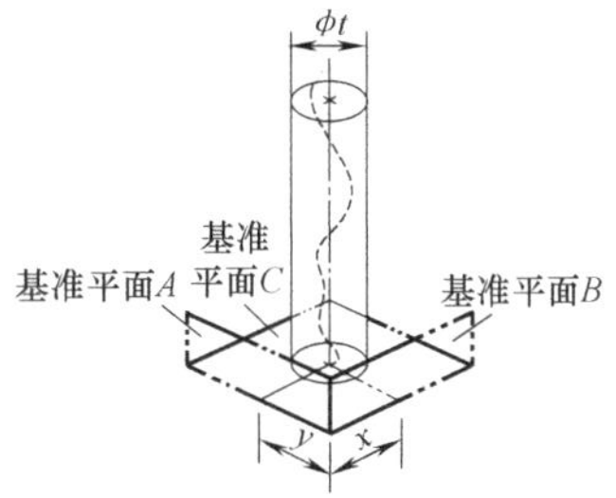
	公差带定义	间距等于公差数值 t、对称于线的理论正确位置的两平行平面所限定的区域。线的理论正确位置由基准平面 A、B 和理论正确尺寸确定	间距分别等于公差数值 t_1 和 t_2、对称于线的理论正确位置（理想位置）的两对相互垂直的平行平面所限定的区域。线的理论正确位置由基准平面 C、A 和 B 及理论正确尺寸确定	直径等于公差数值 ϕt 的圆柱面所限定的区域。该圆柱面的轴线的理论正确位置由基准平面 C、A、B 和理论正确尺寸 x、y 确定
标注示例	图示	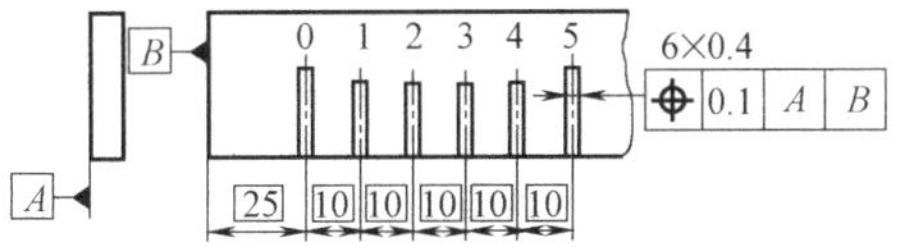	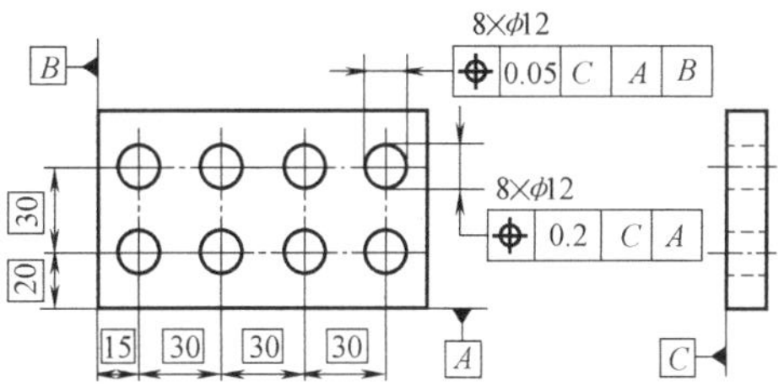	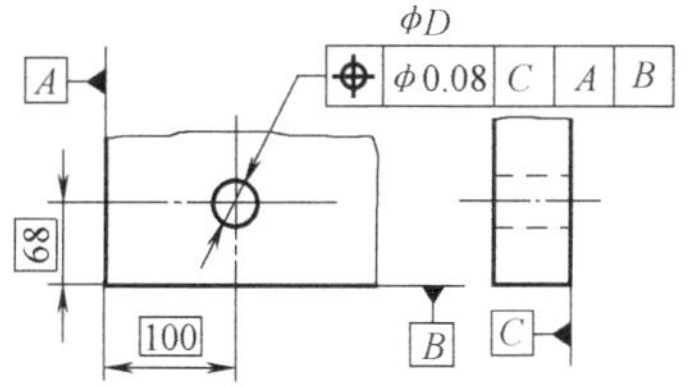
	解释	各条刻线的提取（实际）中心线应限定在间距等于 0.1mm、对称于基准平面 A、B 和理论正确尺寸 25、10 确定的理论正确位置的两平行平面之间	各孔的提取（实际）中心线在给定方向上应各自限定在间距分别等于 0.05mm 和 0.2mm、相互垂直的两对平行平面内。每对平行平面对称于由基准平面 C、A、B 和理论正确尺寸 20、15、30 确定的各孔中心线的理论正确位置	提取（实际）轴线应限定在直径等于 ϕ0.08mm 的圆柱面内。该圆柱面轴线的位置应处于由基准平面 C、A、B 和理论正确尺寸 100、68 确定的理论正确位置上

4. 面的位置度

面的位置度公差带为：间距等于公差数值 t 且对称于被测面理论正确位置的两平行平面之间的区域。面的理论正确位置由基准平面、基准轴线和理论正确尺寸确定。

图 2-57a 所示标注的位置度公差表示被测斜面对基准 A、B 组成的基面体系的位置度公差为 0.05mm，公差带是间距为 0.05mm 且由基准 A、B 和理论正确尺寸确定的理想位置对称配置的两平行平面之间的区域，如图 2-57b 所示。被测斜面必须位于此区域内。

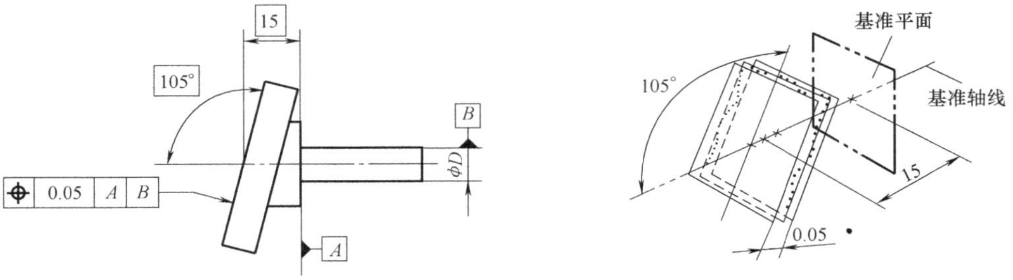

a)　　b)

图 2-57　面的位置度

思　考　题

1. 垂直度公差有哪几种情况？其公差带是怎样的？
2. 什么是位置度？
3. 识读图 2-58~图 2-60 中的几何公差，并说出其公差带。

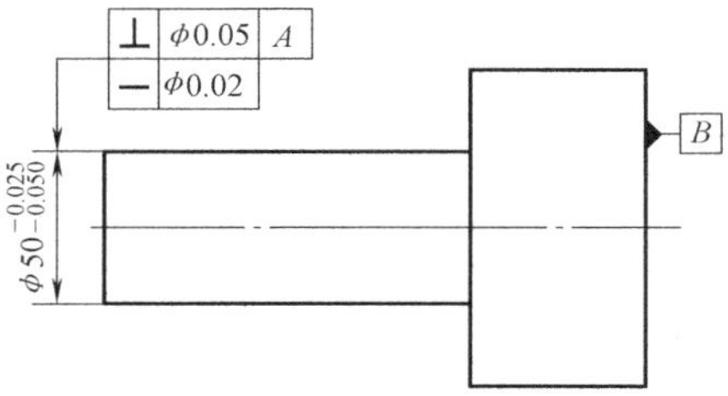

图 2-58　识读几何公差（一）

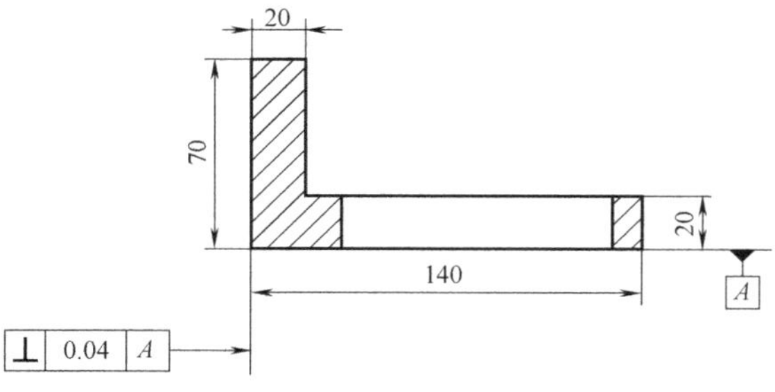

图 2-59　识读几何公差（二）

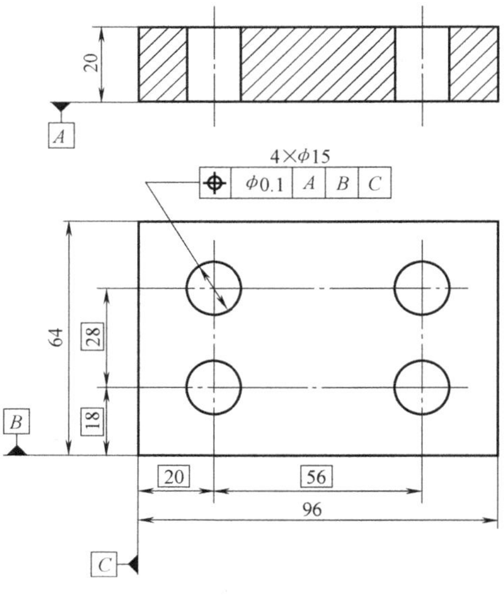

图 2-60　识读几何公差（三）

实训 2-9 测量面对线垂直度误差

实训准备：千分表及表架、可胀式心轴、V 形块、检验平板、轴承套。

一、实训任务

测量轴承套（图 2-61）左端面的垂直度误差。

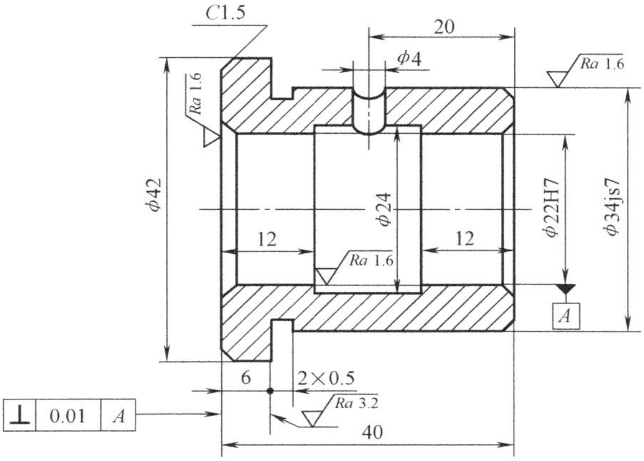

图 2-61 轴承套

二、任务分析

轴承套的几何公差要求是左端面对 ϕ22mm 孔轴线的垂直度公差为 0.01mm。其公差带为：间距为公差数值 0.01mm 且垂直于基准轴线 A（ϕ22mm 孔轴线）的两平行平面之间的区域。被测实际表面（左端面）必须位于该区域内。

我们用打表法测量面对线的垂直度误差。这里，选用分度值为 0.002mm、测量范围是 0~3mm 的千分表作为量具。

三、实训步骤

1. 测量

1）清洁轴承套、检验平板、心轴、V 形块。

2）清洁千分表，检查千分表是否完好，测头是否灵活，并进行零位校对。

3）将心轴装入轴承套的孔中，并把心轴和轴承套一起固定在 V 形块上，如图 2-62 所示。此时，实际就是用心轴来模拟基准轴线，并由 V 形块保证心轴与检验平板垂直。

4）放稳表架，安装千分表，将千分表测头与被测表面接触并保持垂直，同时有一定的压缩量。

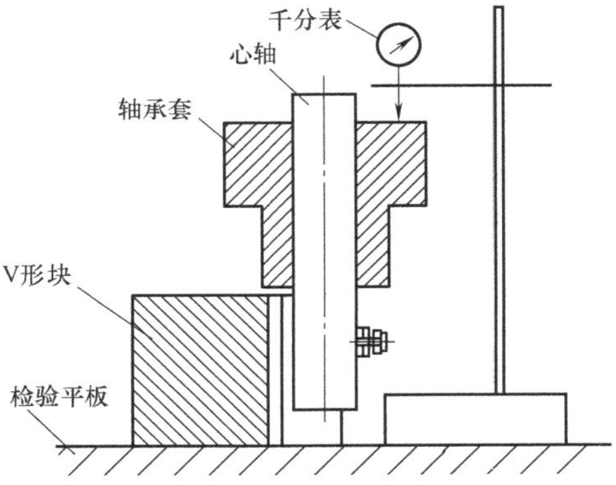

图 2-62 测量面对线垂直度误差示意图

5）对整个被测表面测量（测量点数量根据测量面的大小确定），记录千分表读数。

6）测量完毕，取下千分表，清洁整理实训仪器。

2. 测量报告

1）数据处理。在记录数据中确定千分表读数的最大值 M_{max}、最小值 M_{min}，垂直度误差为

$$f=M_{max}-M_{min}$$

2）设计一测量报告单，记录测量结果并处理数据做出结论。

实训 2-10 测量线对线垂直度误差

实训准备：可胀式心轴、百分表、可调支承、直角尺、检验平板、定位块。

一、实训任务

测量定位块（图 2-63）水平孔轴线对竖直孔轴线的垂直度误差。

二、任务分析

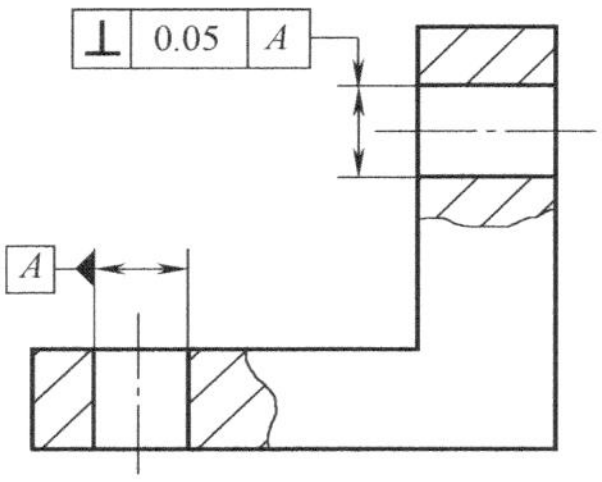

图 2-63 定位块

定位块的几何公差要求是水平孔轴线对竖直孔轴线的垂直度公差为0.05mm。其公差带为：间距为0.05mm且垂直于基准轴线 A（竖直孔轴线）的两平行平面之间的区域。水平孔轴线必须位于此区域内。

我们用打表法测量线对线垂直度误差。这里，选用分度值是0.01mm、测量范围是0~3mm的百分表作为量具。

三、实训步骤

1. 测量

1）清洁定位块、可调支承和可胀式心轴。

2）清洁百分表，检查百分表是否完好，测头是否灵活，并进行零位校对。

3）将心轴分别装入水平孔和竖直孔，如图 2-64 所示。在测量中，实际是用这两个心轴来模拟基准轴线和被测轴线，竖直心轴模拟基准轴线，水平心轴模拟被测轴线。

4）如图 2-64 所示，将定位块放在可调支承上，调节支承使定位块水平。

5）将直角尺短边放在检验平板上，长边靠紧基准心轴素线，调整基准心轴使其垂直于检验平板。

6）放稳表架，安装百分表，将百分表测头与被测心轴素线接触并保持垂直，将指针调零，并且有一定的压缩量。

7）沿被测心轴素线方向，在距离为 L_2 的两个位置进行测量，记录读数 M_1、M_2。

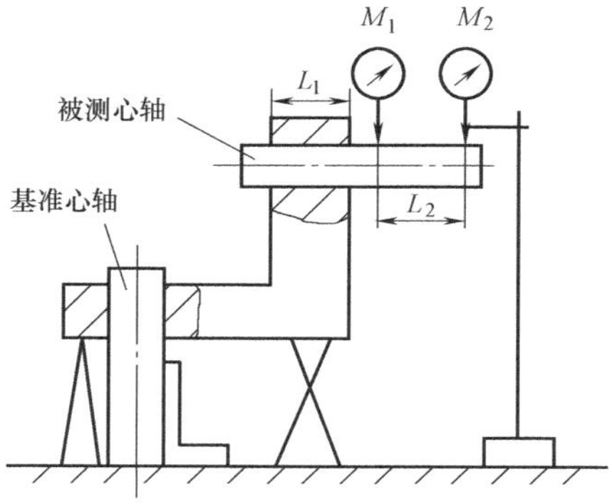

图 2-64 测量线对线垂直度

8）测量被测孔轴线长度 L_1 和百分表测量距离

L_2，记录数据。

9）测量完毕，取下百分表，整理清洁实训仪器。

2. 测量报告

1）数据处理。线对线垂直度误差的计算公式为

$$f=|M_2-M_1|\times\frac{L_1}{L_2}$$

2）设计一测量报告单，记录测量结果并处理数据做出结论。

实训 2-11　测量位置度误差

实训准备：外径千分尺、内径百分表、高度游标卡尺、检验平板、钻模板。

一、实训任务

测量钻模板（图 2-65）孔的位置度误差。

二、任务分析

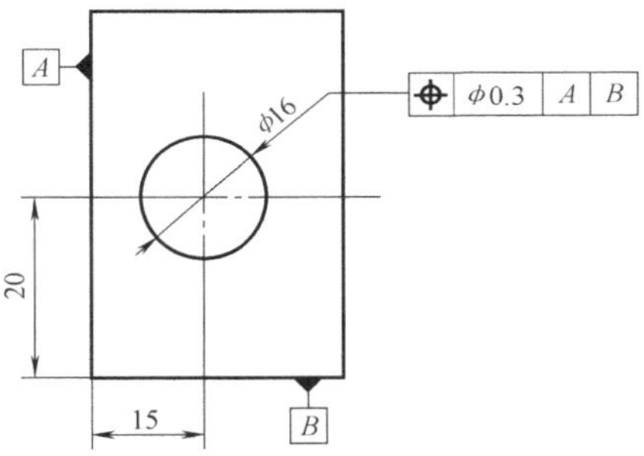

图 2-65　钻模板

钻模板孔的轴线对基准 A、B 的位置度公差为 $\phi0.3$mm，基准 A、B 分别为其左端面和下端面。其公差带为：直径为 $\phi0.3$mm 的圆柱面内的区域，且圆柱面的轴线由 A、B 基准平面的理想位置所确定。孔的轴线必须位于此圆柱面内。

这里，我们采用间接测量法（间接测量孔轴线到基准的实际距离）进行测量。

三、实训步骤

1. 测量

1）清洁钻模板、检验平板。

2）清洁外径千分尺、内径百分表、高度游标卡尺，并校对零位。

3）测量孔径。按孔径的公称尺寸选择测头安装在内径百分表上，用外径千分尺校对零位；然后用内径百分表测量出实际孔径 D。

4）如图 2-66a 所示，将钻模板的基准面 A 放在检验平板上，用高度游标卡尺测量出孔

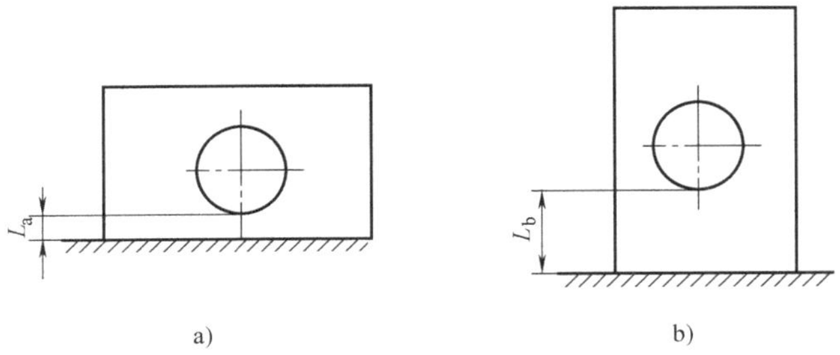

图 2-66　位置度测量示意图

壁到基准面 A 的距离 L_a。

5）如图 2-66b 所示，将钻模板的基准面 B 放在检验平板上，用高度游标卡尺测量出孔壁到基准面 B 的距离 L_b。

6）测量完毕，整理清洁实训仪器。

2. 测量报告

1）数据处理。

① 计算孔中心到基准面 A 和基准面 B 的实际距离 $L_{a实}$、$L_{b实}$，即

$$L_{a实}=L_a+\frac{D}{2}$$

$$L_{b实}=L_b+\frac{D}{2}$$

② 计算位置度误差 f，即

$$f=2\sqrt{f_a^2+f_b^2}$$

式中，$f_a=L_{a实}-15$，$f_b=L_{b实}-20$。

2）设计一测量报告单，记录测量结果并处理数据做出结论。

第六节　同轴度、圆跳动和全跳动及其测量

基本知识

一、同轴度公差

同轴度公差是用于限制被测轴线对基准轴线同轴位置误差的指标，即要求被测轴线的理想位置应与基准轴线重合。

同轴度公差的公差带是：与基准轴线同轴的直径为公差数值 ϕt 的圆柱面内的区域。

图 2-67a 所示标注的同轴度公差表示：ϕ55mm 圆柱轴线对两侧 ϕ32mm 圆柱的公共轴线的同轴度公差为 ϕ0. 08mm。其公差带为：以两侧 ϕ32mm 圆柱的公共轴线为轴线，直径为公差数值 ϕ0. 08mm 的圆柱面内的区域，如图 2-67b 所示。公差要求 ϕ55mm 圆柱轴线必须位于此区域内。

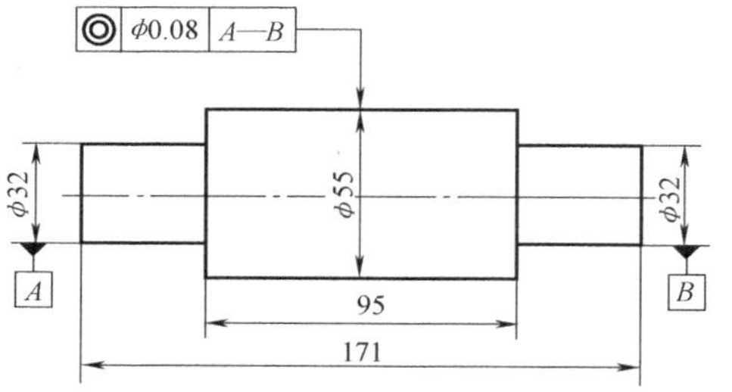

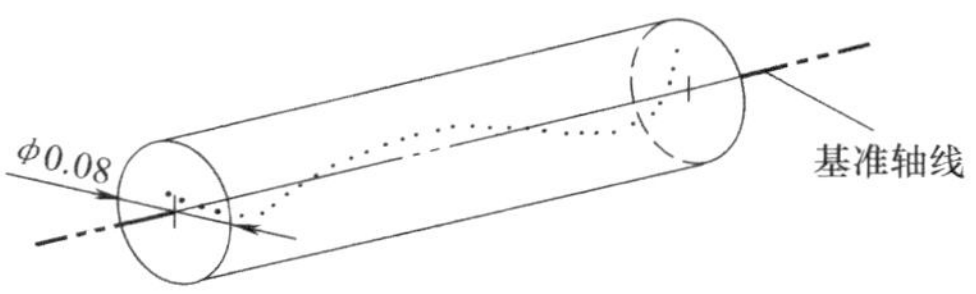

图 2-67　同轴度公差

二、跳动公差

跳动公差是被测实际要素绕基准轴线回转一周或连续回转时所允许的最大跳动量。跳动是按测量方式定出的公差项目。跳动公差可以综合控制被测要素的形状、方向和位置公差，并且测量方法简单，因此广泛用于旋转类零件。采用跳动公差时，如果综合控制被测要素能够满足功能要求，一般不再标注相应的位置公差和形状公差；如果不能够满足功能要求，则可进一步给出相应的位置公差和形状公差，但其数值应小于跳动公差数值。跳动公差按被测要素的旋转情况，可分为圆跳动和全跳动。

1. 圆跳动公差

圆跳动公差是被测表面绕基准轴线回转时，在无轴向移动的前提下，在给定方向上的任一测量面上所允许的最大跳动量。圆跳动公差根据给定测量方向可分为径向圆跳动公差、轴向圆跳动公差和斜向圆跳动公差三种。

（1）径向圆跳动公差　径向圆跳动公差可以综合控制被测要素的圆度和同轴度误差。径向圆跳动公差的公差带为：垂直于基准轴线的任一测量平面内，半径差为公差数值 t 且圆心在基准轴线上的两同心圆之间的区域。

图 2-68a 所示标注的径向圆跳动公差表示：大圆柱面对基准 B 和基准轴线 A 的径向圆跳动公差为 0.1mm。其公差带为：平行于基准平面 B、垂直于基准轴线 A 的任一测量平面内，半径差为公差数值 0.1mm 且圆心在基准轴线上的两同心圆之间的区域，如图 2-68b 所示。实际轮廓必须位于此区域内。

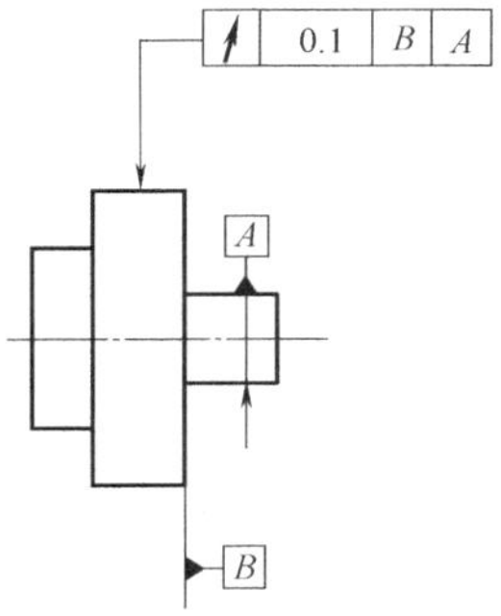

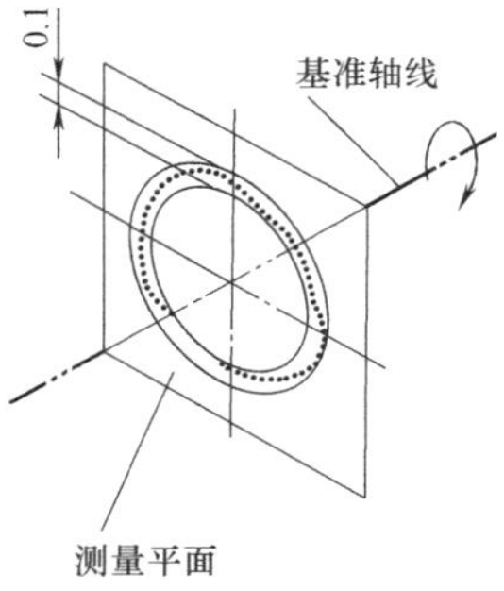

图 2-68　径向圆跳动公差

（2）轴向圆跳动公差　轴向圆跳动公差用来控制端面的平面度误差以及端面对基准轴线的垂直度误差，其公差带为：在与基准轴线同轴的任一半径位置的圆柱面上，间距等于公差数值 t 的两圆所限定的圆柱面区域。

图 2-69a 所示标注的轴向圆跳动公差表示：右端面对基准轴线 D 的轴向圆跳动公差为 0.1mm。其公差带为：在与基准轴线同轴的任一直径位置的圆柱面上，沿母线方向宽度为 0.1mm 的圆柱面区域，如图 2-69b 所示。实际端面必须位于此区域内。

（3）斜向圆跳动公差　斜向圆跳动公差可以综合控制被测要素的圆度和同轴度误差。其公差带为：在与基准轴线同轴的任一圆锥面上，间距等于公差数值 t 的两圆锥面所限定的区域。

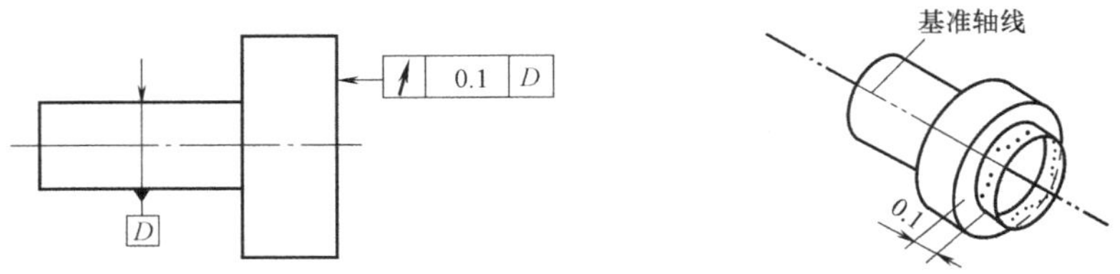

a) b)

图 2-69 轴向圆跳动公差

图 2-70a 所示标注的斜向圆跳动公差表示：右端圆锥面对基准 C 的斜向圆跳动公差为 0.1mm。其公差带为：在与基准轴线同轴的任一测量圆锥面上，沿母线方向宽度为 0.1mm 的圆锥面区域，如图 2-70b 所示。被测圆锥面必须位于此区域内。

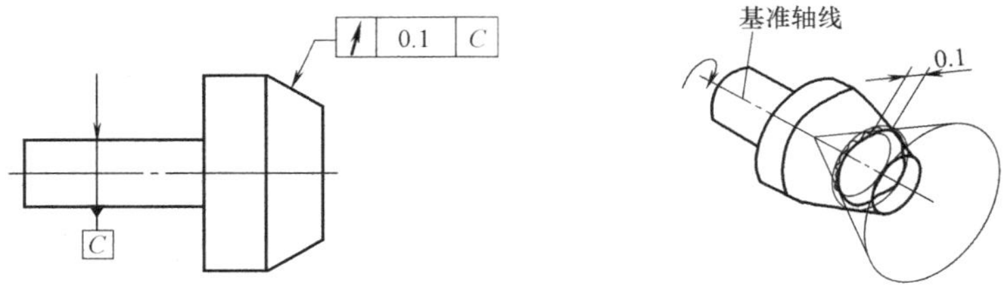

a) b)

图 2-70 斜向圆跳动公差

2. 全跳动公差

圆跳动仅能反映单个测量平面内被测要素轮廓形状的误差情况，不能反映出整个被测面上的误差。全跳动则是对整个表面的几何误差的综合控制。全跳动公差是被测要素绕基准轴线旋转（无轴向移动），整个表面上的最大变动量，即最大跳动量与最小跳动量之差。全跳动有两个项目：径向全跳动和轴向全跳动。

（1）径向全跳动公差 径向全跳动测量简便，一般可用它来控制圆柱度误差。其公差带为：半径差为公差数值 t 且与基准轴线同轴的两圆柱面之间的区域。

图 2-71a 所示标注的径向全跳动公差表示：零件中间圆柱面绕基准轴线做无轴向移动的连续回转时，整个被测圆柱面上的径向全跳动公差为 0.1mm。其公差带为：半径差为 0.1mm 且与基准轴线同轴的两圆柱面之间的区域，如图 2-71b 所示。整个被测圆柱面必须位于此区域内。径向全跳动反映了该实际圆柱表面的圆柱度和同轴度的综合误差。

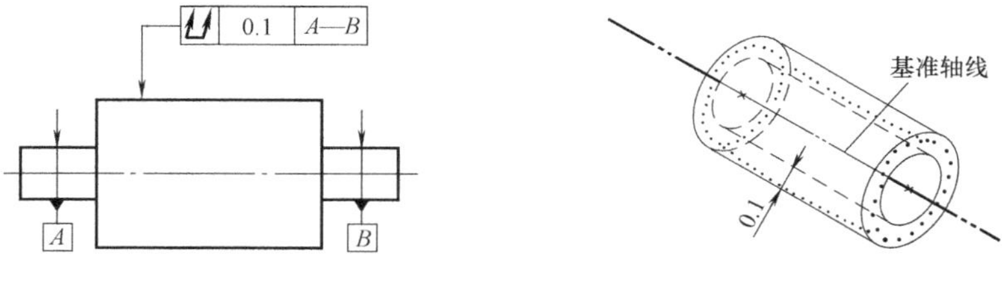

a) b)

图 2-71 径向全跳动公差

（2）轴向全跳动公差 轴向全跳动公差的公差带为：间距为公差数值 t 且与基准轴线垂

直的两平行平面之间的区域。

图 2-72a 所示标注的轴向全跳动公差表示：左端面绕基准轴线连续旋转，整个端面上的轴向全跳动公差为 0.05mm。其公差带为：间距为公差数值 0.05mm 且与基准轴线 A 垂直的两平行平面之间的区域，如图 2-72b 所示。实际端面必须位于此区域内。

轴向全跳动的公差带与端面对轴线的垂直度公差带是相同的，两者作用效果也是一样的，对于规定了轴向全跳动公差的表面，不再规定垂直度公差。

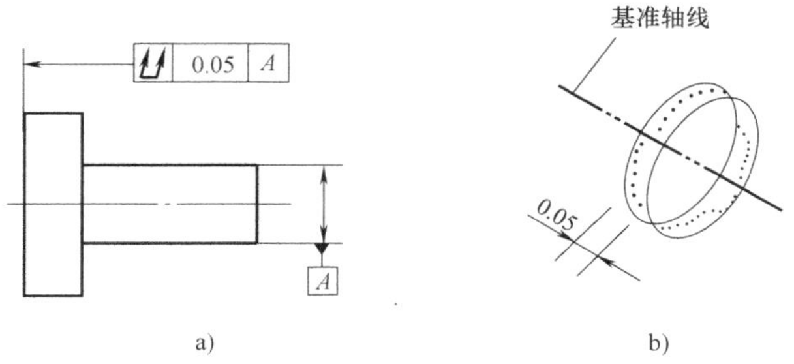

图 2-72 轴向全跳动公差

思 考 题

1. 什么是同轴度公差？公差带的形状是什么？
2. 什么是跳动公差？分为哪几种？
3. 径向圆跳动公差和轴向圆跳动公差的公差带的形状分别是什么？
4. 识读图 2-73 所示同轴度公差，并说出其公差带。

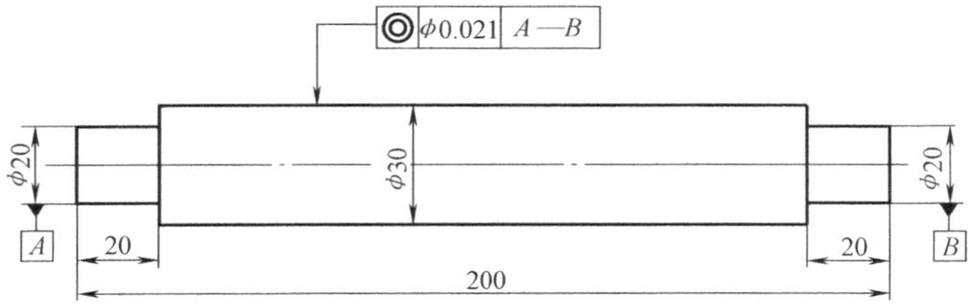

图 2-73 识读同轴度公差

5. 识读图 2-74～图 2-76 所示跳动公差，并说出其公差带。

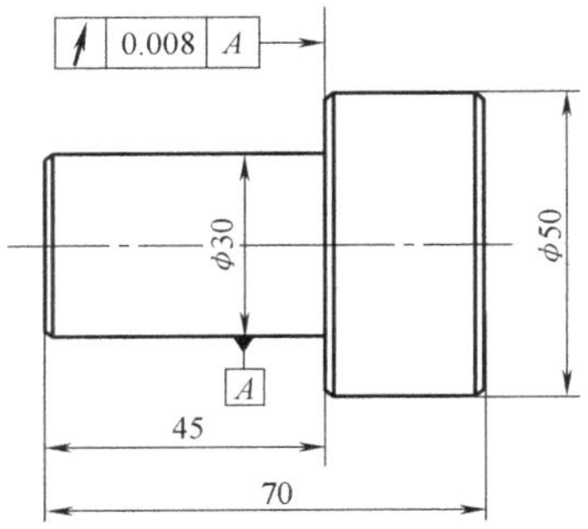

图 2-74 识读跳动公差（一）

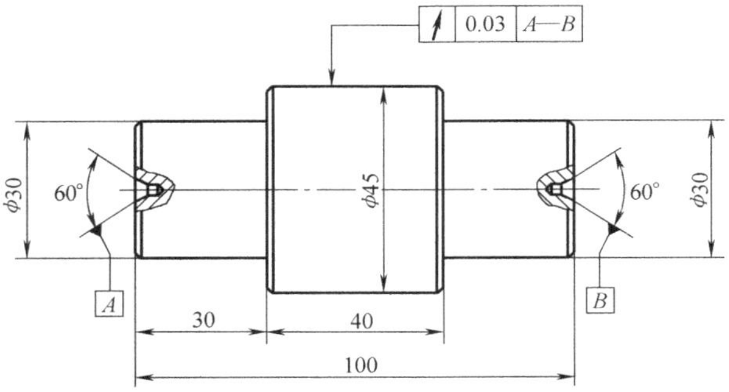

图 2-75 识读跳动公差（二）

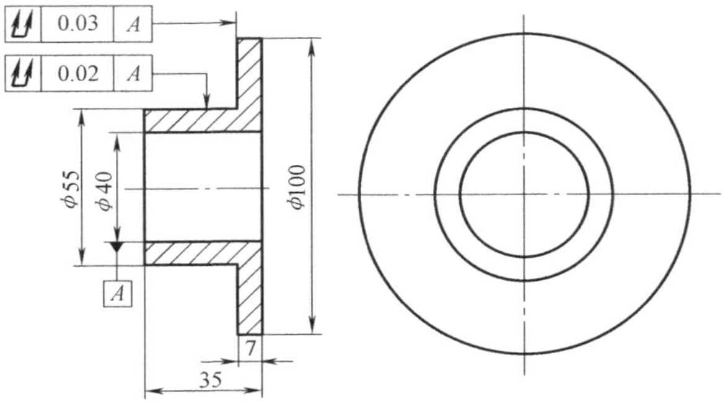

图 2-76 识读跳动公差（三）

实训 2-12 测量同轴度误差

实训准备： 刃口状 V 形块、检验平板、百分表（两个）及表架、方箱、阶梯轴。

一、实训任务

测量阶梯轴（图 2-77）的同轴度误差。

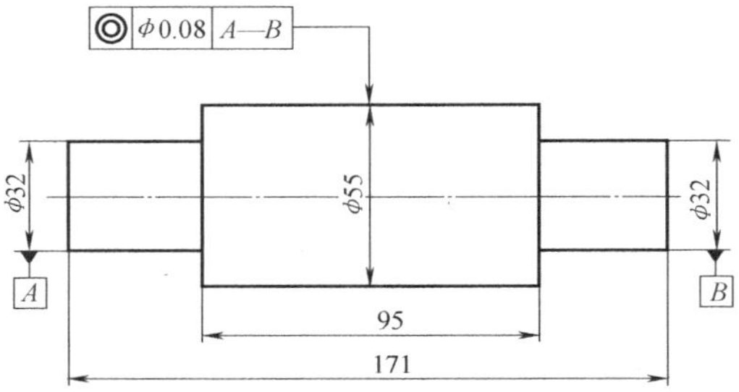

图 2-77 阶梯轴

二、任务分析

在阶梯轴上，要求 ϕ55mm 圆柱轴线对基准的同轴度公差为 ϕ0.08mm，基准为轴线 *A*、*B*（两个 ϕ32mm 圆柱的轴线）组成的公共轴线。其公差带为：直径为 ϕ0.08mm、轴线与公共轴线同轴的圆柱面内的区域。ϕ55mm 圆柱轴线必须位于此圆柱面内。

这里，我们采用打表法测量其同轴度误差，选用分度值是 0.01mm、测量范围是 0~3mm 的百分表作为量具。

三、实训步骤

1. 测量

1）清洁 V 形块、阶梯轴、检验平板、方箱、轴端支承。

2）清洁百分表，检查百分表是否完好，测头是否灵活，并进行零位校对。

3）将阶梯轴放在等高的 V 形块上，并用方箱做轴端支承，如图 2-78 所示。

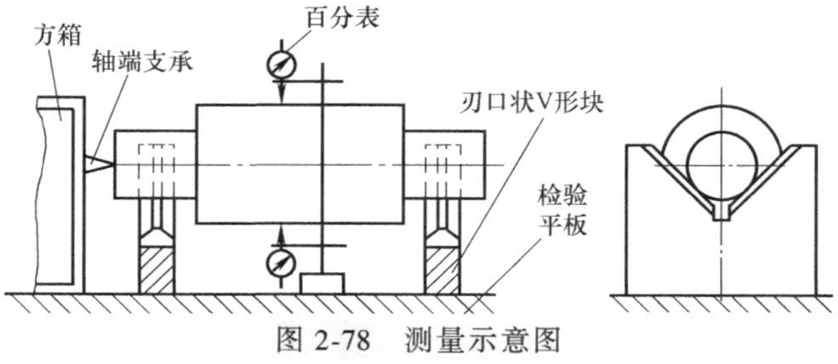

图 2-78 测量示意图

4）安装两个百分表，使其测头垂直压在被测表面且垂直于阶梯轴轴线，压表并调零。

5）移动表架，百分表沿铅垂轴截面Ⅰ—Ⅰ的两条素线进行测量，记录两个百分表在各测量点1、2、3、4的读数 M_1、M_2，如图2-79所示。

6）转动阶梯轴，用同样方法测量若干轴截面如Ⅱ—Ⅱ、Ⅲ—Ⅲ，并记录两个百分表在各测量点1、2、3、4的读数。

7）测量完毕，取下百分表，整理清洁实训仪器。

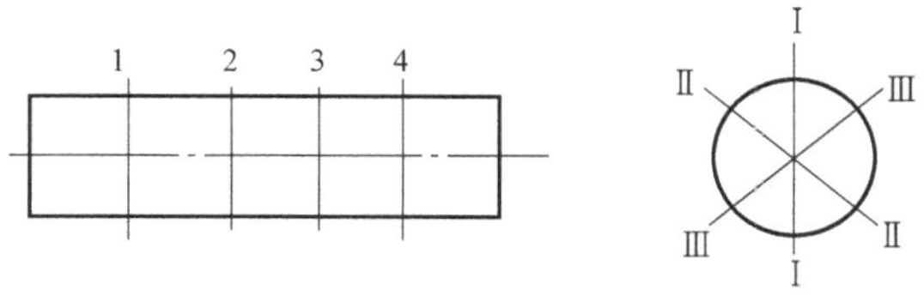

图2-79　测量同轴度误差

2. 测量报告

1）数据处理。

① 计算两个百分表在各测量点的读数差的绝对值，即 $|M_2-M_1|$，取各测量点读数差的最大值为该轴截面轴线的同轴度误差。

② 用同样的方法计算其他轴截面轴线的同轴度误差，比较各轴截面误差值，最大值为该阶梯轴的同轴度误差。

同轴度误差数据处理举例见表2-15。

表2-15　同轴度误差数据处理举例　（单位：mm）

测点	1		2		3		4
Ⅰ—Ⅰ截面读数 M_1	0.86		0.63		0.74		0.79
Ⅰ—Ⅰ截面读数 M_2	0.78		0.72		0.72		0.85
$\|M_2-M_1\|$	0.08		0.09		0.02		0.06
Ⅱ—Ⅱ截面读数 M_1	0.78		0.81		0.82		0.85
Ⅱ—Ⅱ截面读数 M_2	0.75		0.78		0.76		0.79
$\|M_2-M_1\|$	0.03		0.03		0.06		0.06
Ⅲ—Ⅲ截面读数 M_1	0.85		0.73		0.78		0.79
Ⅲ—Ⅲ截面读数 M_2	0.89		0.76		0.75		0.72
$\|M_2-M_1\|$	0.04		0.03		0.03		0.07
Ⅰ截面同轴度误差	0.09	Ⅱ截面同轴度误差	0.06	Ⅲ截面同轴度误差		0.07	
该轴同轴度误差	$f=f_{max}=0.09$						

2）设计一测量报告单，记录测量结果并处理数据做出结论。

实训2-13　测量径向圆跳动误差

实训准备：百分表、偏摆仪、阶梯轴。

一、实训任务

测量阶梯轴（图2-80）的径向圆跳动误差。

二、任务分析

在阶梯轴上，要求 ϕ45mm 圆柱面对基准的径向圆跳动公差为 0.03mm，基准为两个中心孔 A、B 的轴线组成的公共轴线。其公差带为：半径差为公差数值 0.03mm，圆心在基准轴线上的两同心圆之间的区域。ϕ45mm 圆柱面的任一截面圆必须位于此同心圆之间的区域。

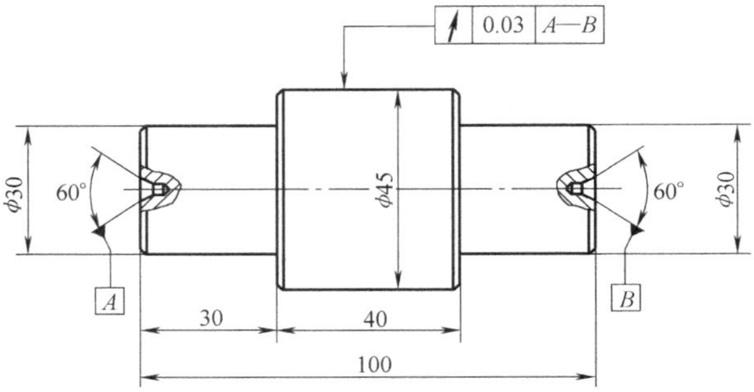

图 2-80 阶梯轴

这里，我们采用打表法测量其径向圆跳动误差，选用分度值是 0.01mm、测量范围是 0~3mm 的百分表作为量具。

三、实训步骤

1. 测量

1） 清洁偏摆仪、阶梯轴。

2） 清洁百分表，检查百分表是否完好，测头是否灵活，并进行零位校对。

3） 校验偏摆仪的精度。

4） 用偏摆仪将阶梯轴装夹固定，阶梯轴处于水平状态，如图 2-81 所示。

5） 安装好百分表，将其测头压在被测表面上且垂直于阶梯轴轴线，压表并调零。

6） 转动阶梯轴，记录百分表的最大读数 M_{max} 和最小读数 M_{min}。

7） 轴向移动百分表及表架，用同样方法测量若干正截面，记录每一截面上百分表的最大读数 M_{max} 和最小读数 M_{min}。

8） 测量完毕，整理清洁实训仪器。

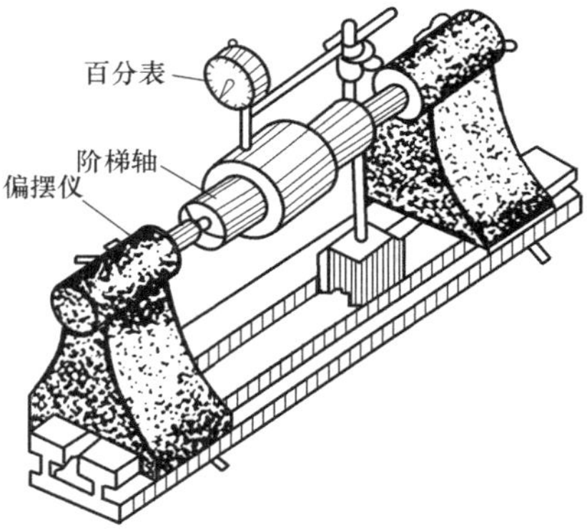

图 2-81 测量径向圆跳动误差

2. 测量报告

1） 数据处理。

① 计算每个测量截面上百分表的最大读数 M_{max} 和最小读数 M_{min} 之差，$|M_{max}-M_{min}|$ 即为该测量截面上的径向圆跳动误差。

② 取各测量截面径向圆跳动误差的最大值作为阶梯轴 ϕ45mm 圆柱面对基准的径向圆跳动误差。

2） 自己设计一测量报告单，记录测量结果并处理数据做出结论。

实训 2-14 测量轴向圆跳动误差

实训准备： 检验平板、V 形块、方箱、轴端支承、杠杆千分表及表架、销轴。

量仪：杠杆千分表。

杠杆千分表适用于测量零件的几何误差，并可用于对小尺寸零件用绝对法进行测量和对大尺寸零件用相对法进行测量。杠杆千分表体积小巧，测杆可以按需转动 180°，能以正反两个方向测量零件，常用于间隙较小的槽、孔、浮动件（如测量丝杠远端跳动）等普通千分表难以测量的情况。其测杆灵敏度高，适合在振动小的情况下使用。常用杠杆千分表的分度值为 0.002mm，测量范围为±0.2mm。

杠杆千分表的外形和结构如图 2-82 所示。

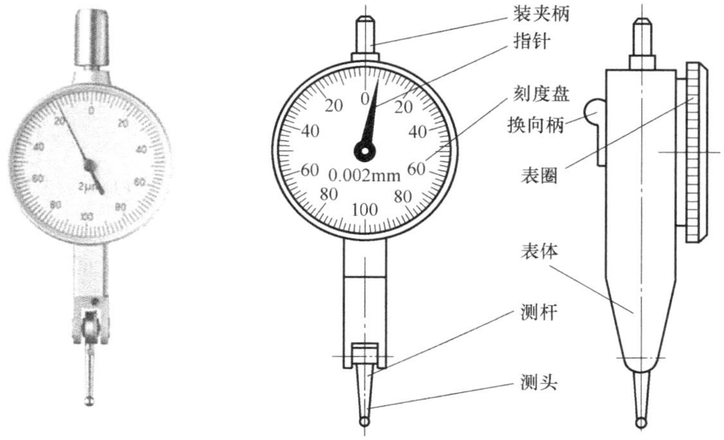

图 2-82 杠杆千分表的外形和结构

一、实训任务

测量销轴（图 2-83）的轴向圆跳动误差。

二、任务分析

在销轴上，要求 $\phi 50$mm 圆柱的左端面对基准的轴向圆跳动公差为 0.008mm，基准为 $\phi 30$mm 圆柱的轴线。其公差带为：在与基准轴线同轴的任一直径位置的测量圆柱面上，沿母线方向宽度为 0.008mm 的圆柱面内的区域。零件左端面任一直径位置的测量圆柱面必须位于此区域内。

这里，我们采用打表法测量其轴向圆跳动误差，选用分度值是 0.002mm 的杠杆千分表作为量具。

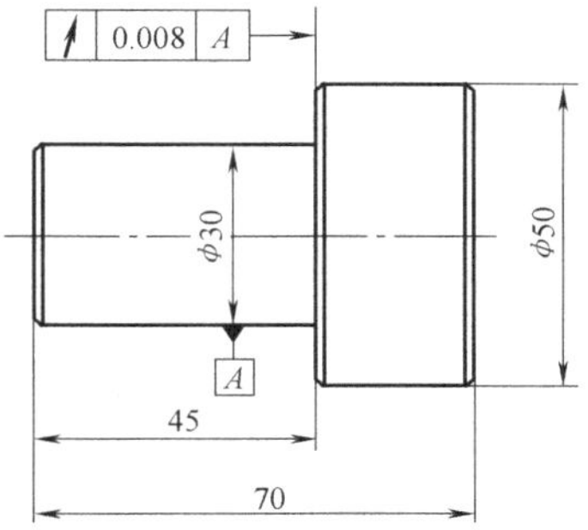

图 2-83 销轴

三、实训步骤

1. 测量

1）清洁检验平板、V 形块、方箱、轴端支承、表架、销轴。

2）清洁并检查杠杆千分表是否完好，测头是否灵活，并进行零位校对。

3）安装销轴和杠杆千分表，如图 2-84 所示。销轴用 V 形块支承，应处于水平位置，销轴的右端面用方箱轴端支承。

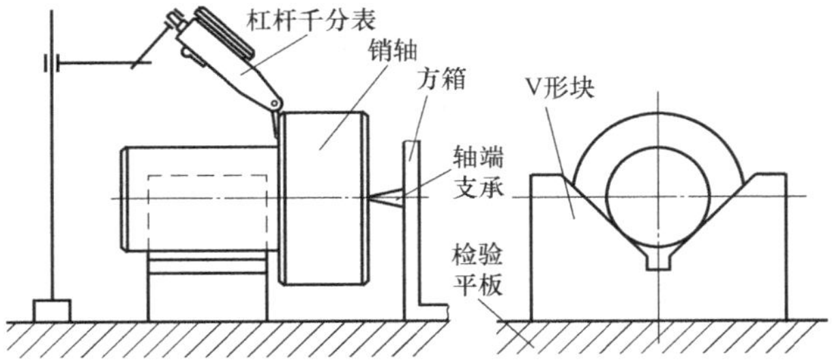

图 2-84 轴向圆跳动误差测量示意图

安装杠杆千分表要注意保证其正确的位置，即应使测杆测头轴线与测量线相垂直，如图 2-85 所示。如果测杆测头轴线与测量线不垂直，测量结果就会有误差，表的读数值要比实际尺寸大。

4）将杠杆千分表的测头压在 ϕ50mm 圆柱左端面上，压表并调零。

5）转动销轴，记录杠杆千分表的最大读数 M_{max} 和最小读数 M_{min}。

6）按上述方法在 ϕ50mm 圆柱左端面的若干个直径位置测量，如图 2-86 所示，记录每个直径处杠杆千分表的最大读数 M_{max} 和最小读数 M_{min}。

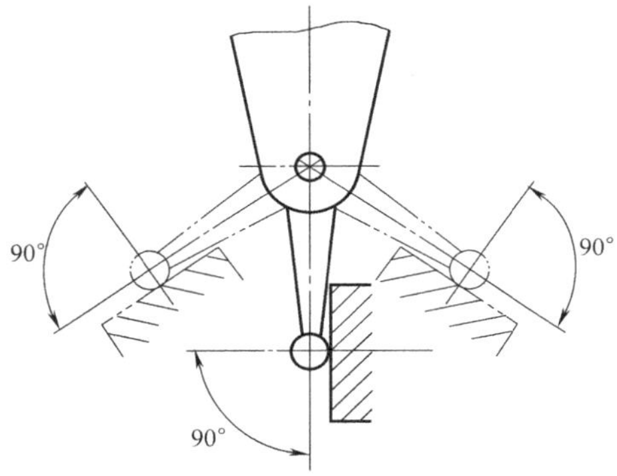

图 2-85 测杆的正确位置

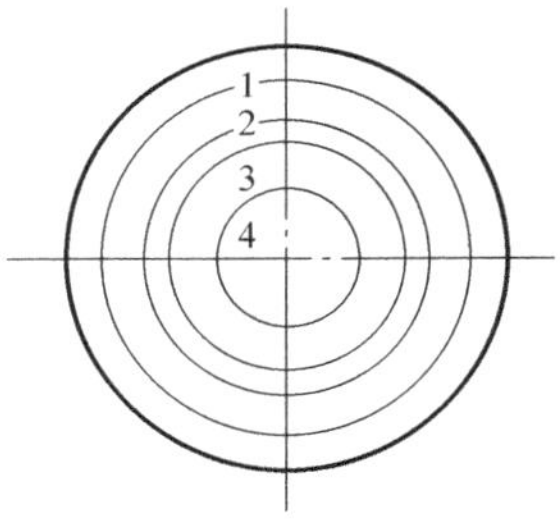

图 2-86 测量直径分布

2. **测量报告**

1）数据处理。

① 计算每个测量直径上杠杆千分表的最大读数 M_{max} 和最小读数 M_{min} 之差，$|M_{max}-M_{min}|$ 即为该测量直径上的轴向圆跳动误差。

② 取各测量直径轴向圆跳动误差的最大值作为销轴 ϕ50mm 圆柱左端面对基准的轴向圆跳动误差。

2）自己设计一测量报告单，记录测量结果并处理数据做出结论。

第三单元
角度、锥度及其测量

学习目标

（1）掌握角度公差的基本知识，能识读图样上的角度标注。
（2）掌握圆锥及其配合的基本知识，能识读图样上的锥度标注。
（3）掌握游标万能角度尺的使用方法。
（4）掌握正弦规测量锥度误差的方法。

第一节　角度及其测量

基本知识

在常见的机械结构中，常见到含有角度的零件，如 V 形块、燕尾槽、楔块等，如图 3-1 所示。这类零件的主要几何参数是角度。角度的精度高低影响着其工作精度，所以对角度这一几何参数也要提出公差要求。

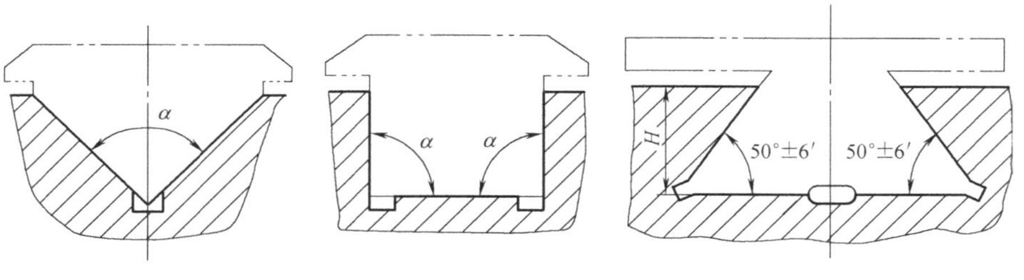

图 3-1　常见角度零件

角度公差分为两种，一种是注出极限偏差的角度公差，如图 3-1c 所示的 50°±6′；另一种是未注极限偏差的角度公差。

国家标准对机械加工件的未注公差角度规定了极限偏差，见表 3-1。

表 3-1　未注公差角度的极限偏差数值

公差等级	长度分段/mm				
	≤10	>10~50	>50~120	>120~400	>400
中等 m	±1°	±30′	±20′	±10′	±5′
粗糙 c	±1°30′	±1°	±30′	±15′	±10′
最粗 v	±3°	±2°	±1°	±30′	±20′

本表适用于机械加工件的角度。查表时，长度分段按角度短边长度确定。未注公差角度的公差等级在图样上或技术文件上用标准号和公差等级表示，如选用中等级时，表示为GB/T 1804-m。

实训 3-1　用游标万能角度尺测量角度

实训准备： 游标万能角度尺、燕尾薄板（图 3-2）。

量具： 游标万能角度尺。

1. 游标万能角度尺的结构

游标万能角度尺是用来测量精密零件内外角度或进行角度划线的角度量具，其结构如图 3-3 所示。

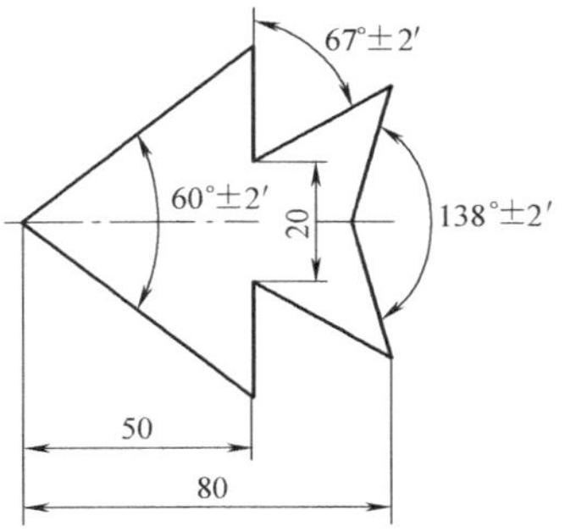

图 3-2　燕尾薄板

2. 游标万能角度尺的读数原理

游标万能角度尺的读数原理与其他游标量具相同，也是利用主尺刻度线间距与游标刻度线间距之差进行小数部分的读数。

如图 3-3 所示，主尺的最小分度为1°，游标尺上有 30 个小的等分刻度，它们的总角度是29°，每 1 分度为$\frac{29°}{30}$，因此游标尺的每 1 分度与主尺的最小分度相差为

$$1°-\frac{29°}{30}=60'-58'=2'$$

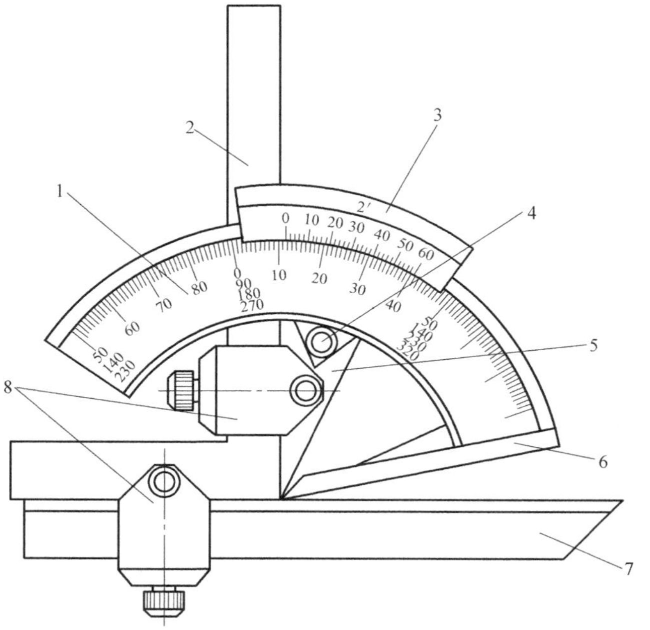

图 3-3　游标万能角度尺的结构

1—主尺　2—直角尺　3—游标尺　4—制动头　5—扇形板　6—基尺　7—直尺　8—卡块

所以，游标万能角度尺的分度值是 2′。

3. 游标万能角度尺的读数方法

游标万能角度尺的读数方法和游标卡尺的读数方法是一样的，先读出游标尺零线前的角度“度”，再从游标上读出角度“分”，两者相加就是被测零件的角度数值，具体读数方法见表 3-2。

表 3-2 游标万能角度尺的读数方法

图例	步骤	读数内容	读数方法	示例
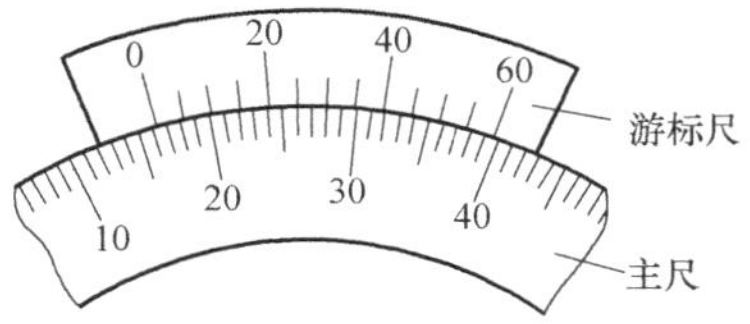	1	先读“度”的数值	看游标尺零线左边，主尺上最靠近一条刻度线的数值，读出被测角的整数部分，即“度”的数值	被测角的整数部分为 16°
	2	从游标尺上读出“分”的数值	看游标尺上哪条刻度线与主尺相应刻度线对齐，可以从游标尺上直接读出被测角的小数部分，即“分”的数值	游标尺上的 30 刻度线与主尺刻度线对齐，故小数部分为 30′
	3	被测角度等于上述两次读数之和		16°+30′=16°30′

注：主尺上基本角度的刻度线只有 90 个分度，如果被测角度大于 90°，在读数时，应加上一基数（90，180，270），即当被测角度

>90°～180°时，被测角度=90°+游标万能角度尺读数。

>180°～270°时，被测角度=180°+游标万能角度尺读数。

>270°～320°时，被测角度=270°+游标万能角度尺读数。

4. 游标万能角度尺的使用方法

测量时，根据产品被测部位的情况，先调整好直角尺或直尺的位置，用卡块上的螺钉把它们紧固住，再来调整基尺测量面与其他有关测量面之间的夹角。这时，要先松开制动头上的螺母，移动主尺做粗调整，然后再转动扇形板背面的微动装置做细调整，直到两个测量面与被测表面密切贴合为止。然后拧紧制动头上的螺母，把游标万能角度尺取下来进行读数。

（1）测量 0°～50°之间角度　把直角尺和直尺全都装上，把零件被测部位放在基尺和直尺的测量面之间进行测量，如图 3-4 所示。

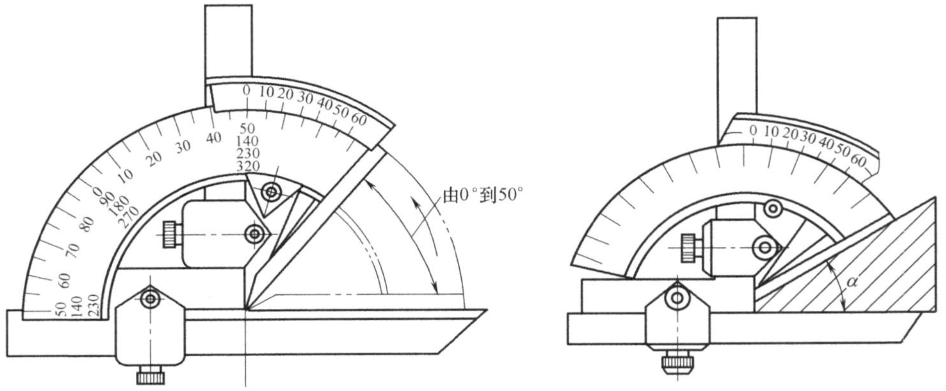

图 3-4 测量 0°～50°之间角度

（2）测量 50°～140°之间角度　先把直角尺卸掉，然后把直尺装上，使直尺与扇形板连在一起。把零件被测部位放在基尺和直尺的测量面之间进行测量，如图 3-5 所示。

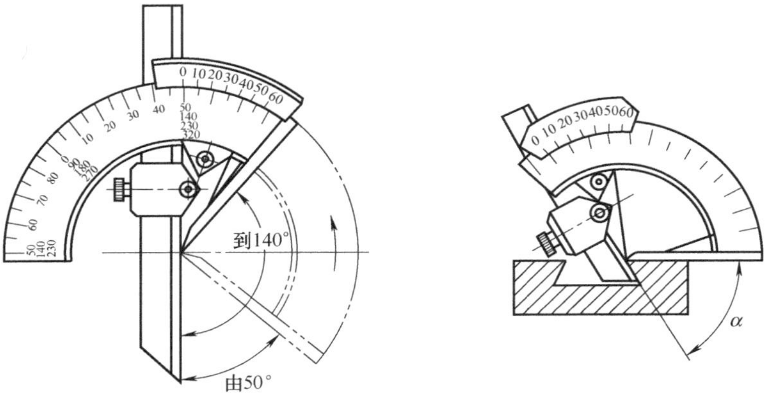

图 3-5　测量 50°～140°之间角度（卸掉直角尺）

也可以不拆下直角尺，而是把直尺和卡块卸掉，再把直角尺拉到下边来，把零件被测部位放在基尺和直角尺长边的测量面之间进行测量，如图 3-6 所示。

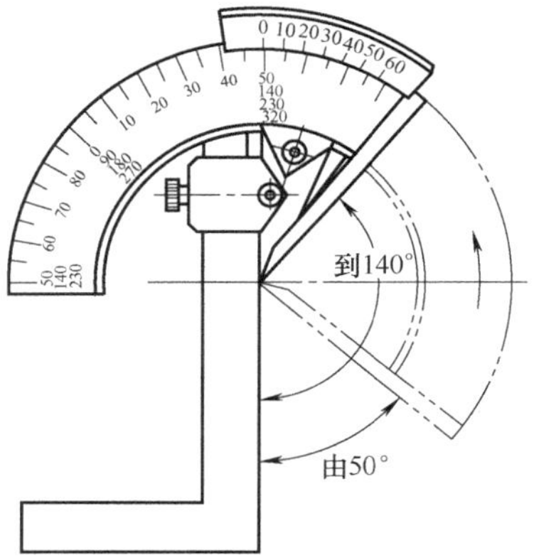

图 3-6　测量 50°～140°之间角度（卸掉直尺）

（3）测量 140°～230°之间角度　把直尺和卡块卸掉，只装直角尺，但要把直角尺推上去，直到直角尺短边与长边的交线和基尺的尖棱对齐为止。把零件被测部位放在基尺和直角尺短边的测量面之间进行测量，如图 3-7 所示。

（4）测量 230°～320°之间角度　把直角尺、直尺和卡块全部卸掉，只留下扇形板和主尺（带基尺）。把零件被测部位放在基尺和扇形板测量面之间进行测量，如图 3-8 所示。

图 3-7　测量 140°～230°之间角度

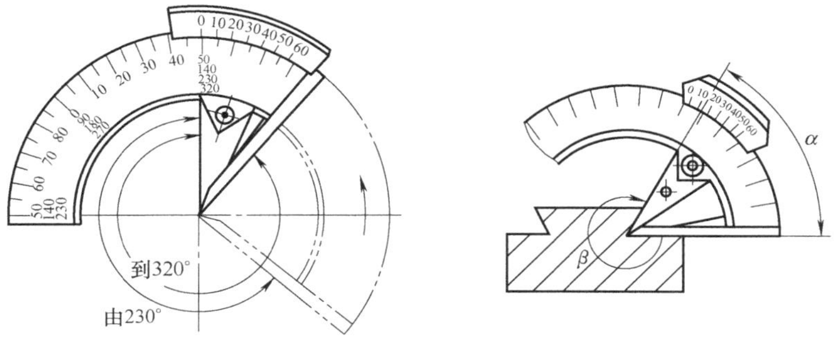

图 3-8 测量 230°~320°之间角度

一、实训任务

测量图 3-2 所示燕尾薄板的角度，判断零件是否合格。

二、任务分析

燕尾薄板共有 60°±2′、67°±2′、138°±2′三个角度需要测量，其中，60°±2′属于 50°~140°之间角度，应采用图 3-5 或图 3-6 所示的方法测量；67°±2′是内角，属于 230°~320°之间角度，应采用图 3-8 所示的方法测量；138°±2′也是内角，属于 140°~230°之间角度，应采用图 3-7 所示的方法测量。

三、实训步骤

1. 测量

1）清洁燕尾薄板、游标万能角度尺。

2）检查游标万能角度尺。检查游标万能角度尺主要是检查其外观、零位及各部件的相互连接情况。外观上刻度要清晰，各部件间的移动平稳可靠、止动后读数不动，零位准确。

3）测量角度 60°±2′，如图 3-9 所示。

4）测量角度 67°±2′，如图 3-10 所示。

5）测量角度 138°±2′，如图 3-11 所示。

6）测量完毕后，应用汽油把游标万能角度尺洗净，用干净纱布仔细擦干，涂以防锈油，然后装入匣内。

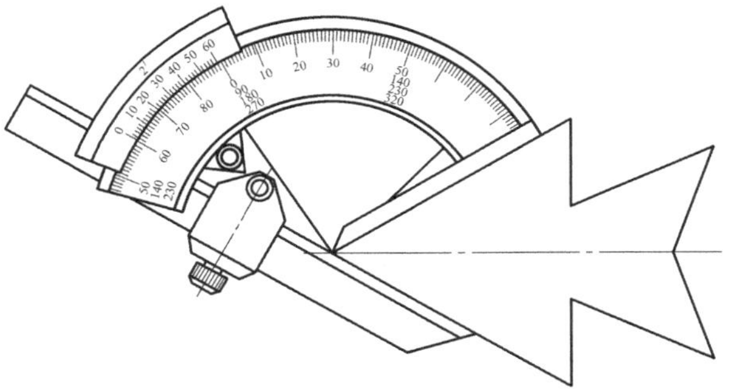

图 3-9 测量角度 60°±2′

2. 测量报告

填写测量报告单，根据测量结果给出角度尺寸是否合格的结论。

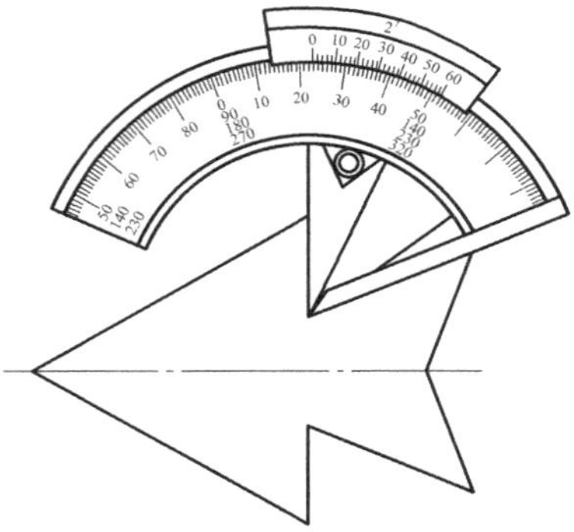

图 3-10　测量角度 67°±2′

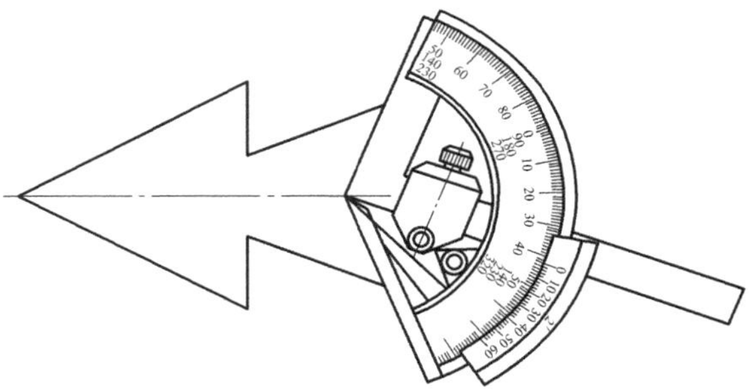

图 3-11　测量角度 138°±2′

技能拓展：其他角度检测方法

1. 用角度样板检测角度

角度样板是有一些固定角度的检测角度合格性的样板，如图 3-12 所示。它可以用来检验零件的倒角或斜面、齿轮滚刀齿形角、螺纹车刀角度、成形刀具角度等。

（1）刃磨螺纹车刀时检测　刃磨螺纹车刀时，为了磨出准确的刀尖角，可以用角度样板来检测，如图 3-13 所示。检测时，把刀尖角与角度样板的 60°角的两边贴合，并使角度样板与车刀底面平行，对着光源观察两边贴合的间隙大小，根据情况进行修磨。

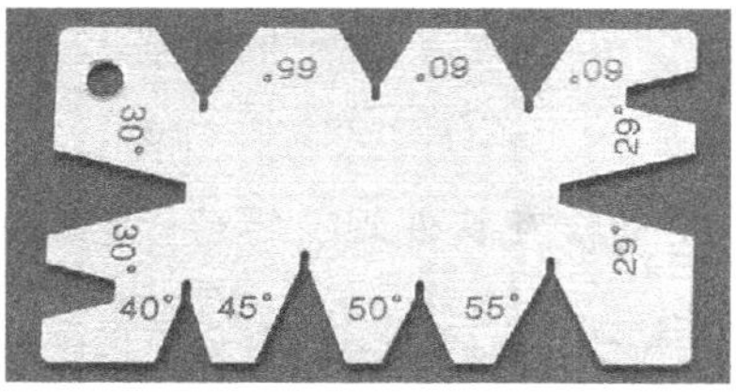

图 3-12　角度样板

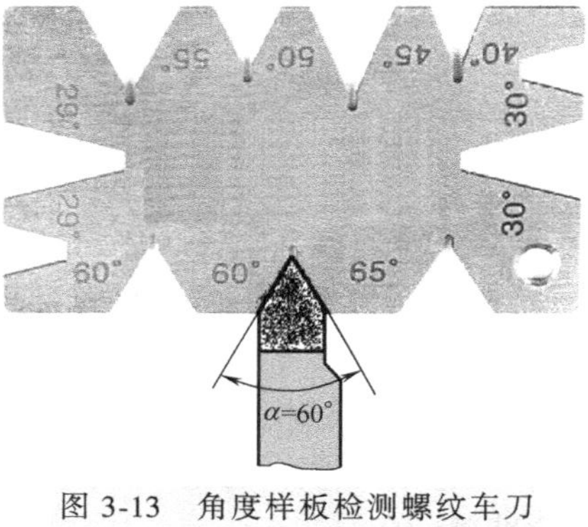

图 3-13　角度样板检测螺纹车刀

（2）对刀时检测　车削螺纹时，刀尖应对准零件中心，刀尖角的角平分线应垂直于零件，此时，可以用角度样板来对刀，如图 3-14 所示。

2. 用直角尺检测直角

直角尺（图 3-15）是标准的直角仪器。它结构简单，使用方便，是安装和调整设备、划线及平时测量中的常用测量器具，在安装和调整设备时，用来检验零部件的相互垂直位置，也用于量具、仪器、机床、零件的调整和检定工作，如检定仪器导轨运动的垂直度，检测零件相互位置的垂直度。

直角尺按形状分为刀口形、平面形和圆柱形三种；按结构分为整体型、组合型两种；按精度分为 00、0、1、2 级角尺，其中 00 级和 0 级直角尺一般用于检验精密量具；1 级用于检验精密零件；2 级用于检验一般零件。

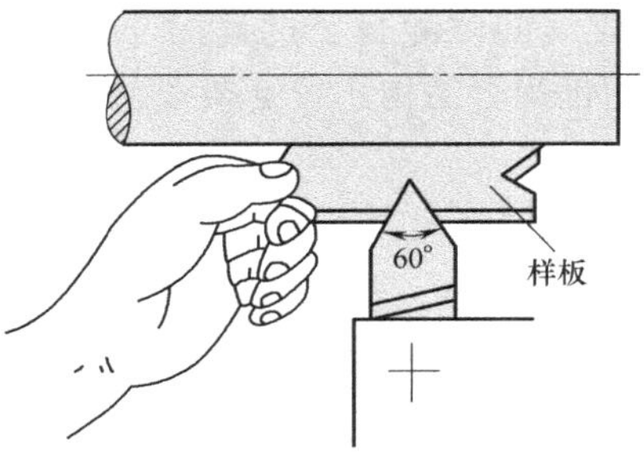

图 3-14　角度样板对刀

图 3-15　直角尺

直角尺的使用：

使用前，应先检查各工作面和边缘是否被碰伤。直角尺的长边的左、右面和短边的上、下面都是工作面（即内外直角）。将直角尺工作面和被测面擦净。

使用时，将直角尺靠放在被测面上，用光隙法鉴别零件的角度是否正确。注意轻拿、轻靠、轻放，防止弯曲变形。图 3-16 所示为在工作台（平台）上检测零件的直角。图 3-17 所示为检测零件的内外直角。

为求精确测量结果，可将直角尺翻转 180°再测量一次，取两次读数算术平均值为其检测结果，可消除直角尺本身的偏差。

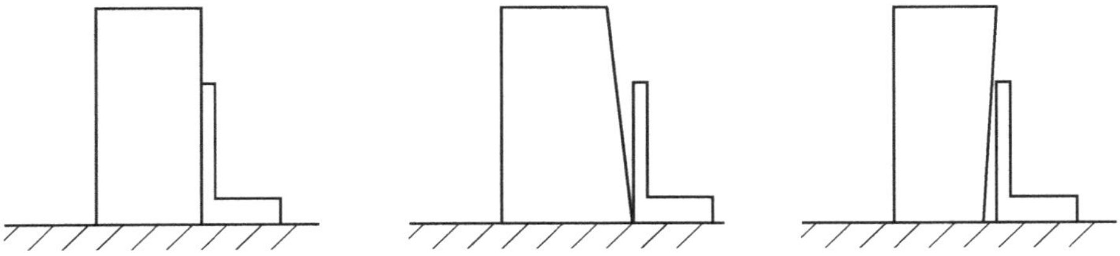

a)　b)　c)

图 3-16　在工作台（平台）上检测零件的直角

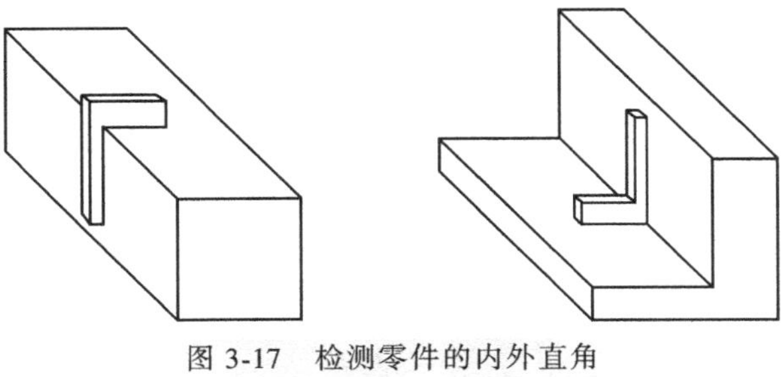

图 3-17　检测零件的内外直角

第二节　锥度及其测量

基本知识

在机械设备中，内、外圆锥相互结合的配合结构应用广泛。与圆柱配合相比，圆锥配合有如下优点：具有良好的对中性，拆装方便；配合性质（间隙配合及过盈配合）可以通过内外圆锥的轴向移动来调整；密封性和自锁性好。但圆锥配合结构比较复杂，加工和检验比较困难，常用于对中性或密封性要求较高的场合。

圆锥配合结构的标准化是保证零部件互换性不可缺少的环节。我国制定有 GB/T 157—2001《产品几何量技术规范（GPS） 圆锥的锥度与锥角系列》、GB/T 11334—2005《产品几何量技术规范（GPS） 圆锥公差》、GB/T 12360—2006《产品几何量技术规范（GPS） 圆锥配合》等一系列国家标准。

一、圆锥及其配合的基本参数

1. 基本参数

圆锥分为内圆锥（圆锥孔）和外圆锥（圆锥轴）两种，其主要几何参数如图 3-18 所示。

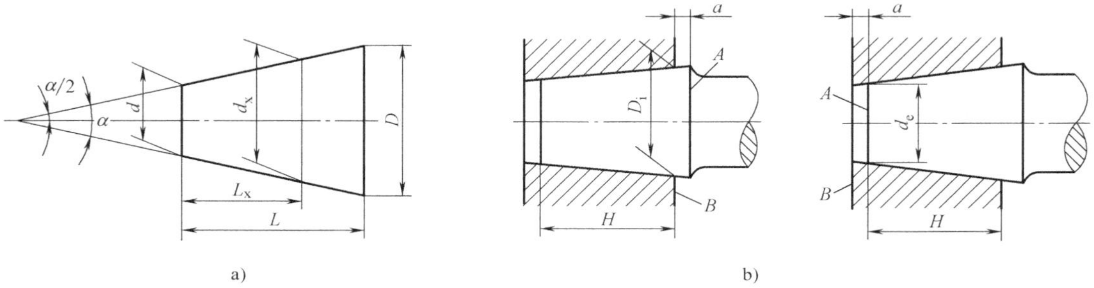

图 3-18 圆锥及其配合的主要几何参数

（1）圆锥角 在通过圆锥轴线的截面内，两条素线之间的夹角，用符号 α 表示。

（2）圆锥素线角 圆锥素线与轴线之间的夹角，它等于圆锥角的一半，即 $\alpha/2$，也称为圆锥半角、斜角。

（3）圆锥直径 与圆锥轴线垂直的截面上的直径。常用的圆锥直径有最大圆锥直径 D、最小圆锥直径 d、给定截面 x 处的圆锥直径 d_x。

（4）圆锥长度 圆锥的最大直径截面与最小直径截面之间的轴向距离。圆锥长度用符号 L 表示。

（5）圆锥配合长度 内、外圆锥配合面的轴向距离，用符号 H 表示。

（6）锥度 两个垂直于圆锥轴线的截面的直径之差与该两截面之间的轴向距离之比，用符号 C 表示，如最大圆锥直径 D 和最小圆锥直径 d 之差与圆锥长度 L 之比，即

$$C=\frac{(D-d)}{L}$$

锥度 C 与圆锥角 α 的关系为

$$C=2\tan\frac{\alpha}{2}$$

锥度常用比例或分数表示，如 $C=1:20$ 或 $C=1/20$。

（7）基面距 基面距是指内、外圆锥基准平面之间的距离，用符号 a 表示。基面距用来确定内、外圆锥之间最终的轴向相对位置。基面距 a 的位置取决于所选圆锥配合的公称

直径。

圆锥配合的公称直径是指外圆锥小端直径 d_e 或内圆锥大端直径 D_i。如图 3-18b 所示，若以外圆锥小端直径 d_e 为圆锥配合的公称直径，则基面距 a 在小端；若以内圆锥大端直径 D_i 为圆锥配合的公称直径，则基面距 a 在大端。

2. 锥度与锥角系列

为减少加工圆锥零件所用的专用工具、量具的种类和规格，满足生产需要，国家标准 GB/T 157—2001 规定了机械工程一般用途圆锥的锥度与圆锥角系列，适用于光滑圆锥，见表 3-3。选用时优先选用第 1 系列，当不能满足要求时再选第 2 系列。

表 3-3 一般用途圆锥的锥度与圆锥角系列（摘自 GB/T 157—2001）

基本值		推算值			
系列 1	系列 2	圆锥角 α			锥度 C
		/(°)(′)(″)	/(°)	/rad	
120°		—	—	2.04939510	1 : 0.2886751
90°		—	—	1.57079633	1 : 0.5000000
	75°	—	—	1.30899694	1 : 0.6516127
60°		—	—	1.04719755	1 : 0.8660254
45°		—	—	0.78539816	1 : 1.2071068
30°		—	—	0.52359878	1 : 1.8660254
1 : 3		18°55′28.7199″	18.92464442°	0.33029735	—
		14°15′0.1177″	14.25003270°	0.24870999	—
1 : 5		11°25′16.2706″	11.42118627°	0.19933730	—
	1 : 6	9°31′38.2202″	9.52728338°	0.16628246	—
	1 : 7	8°10′16.4408″	8.17123356°	0.14261493	—
	1 : 8	7°9′9.6075″	7.15268875°	0.12483762	—
1 : 10		5°43′29.3176″	5.72481045°	0.09991679	—
	1 : 12	4°16′18.7970″	4.77188806°	0.08328516	—
	1 : 15	3°49′5.8975″	3.81830487°	0.06664199	—
1 : 20		2°51′51.0925″	2.86419237°	0.04998959	—
1 : 30		1°54′34.8570″	1.90968251°	0.03333025	—
1 : 50		1°8′45.1586″	1.14587740°	0.01999933	—
1 : 100		34′22.6309″	0.57295302°	0.00999992	—
1 : 200		17′11.3219″	0.28647830°	0.00499999	—
1 : 500		6′52.5259″	0.14459152°	0.00200000	—

在 GB/T 157—2001 中还给出了特殊用途圆锥的锥度与圆锥角系列，见表 3-4。其中包括我国早已广泛使用的七种莫氏锥度，从 0 号~6 号，其中，0 号尺寸最小，6 号尺寸最大。每个莫氏号的圆锥不但尺寸不同，而且锥度虽然都接近 1 : 20，但也都不相同，所以，只有相同号的内、外莫氏圆锥才能配合。

表 3-4 特殊用途圆锥的锥度与圆锥角系列（摘自 GB/T 157—2001）

基本值	推算值			备注
	圆锥角 α		锥度 C	
11°54′	—	—	1 : 4.7974511	纺织工业
8°40′	—	—	1 : 6.5984415	
7 : 24	16°35′39.4443″	16.594290008°	1 : 3.4285714	机床主轴，工具配合
6 : 100	3°26′12.1776″	3.43671600°	—	医疗设备
1 : 12.262	4°40′12.1514″	4.67004205°	—	贾各锥度 No.2
1 : 12.972	4°24′52.9039″	4.41469552°	—	贾各锥度 No.1
1 : 15.748	3°38′13.4429″	3.63706747°	—	贾各锥度 No.33
1 : 18.779	3°3′1.2070″	3.05033527°	—	贾各锥度 No.3
1 : 19.264	2°58′24.8644″	2.97357343°	—	贾各锥度 No.6
1 : 20.288	2°49′24.7802″	2.82355006°	—	贾各锥度 No.0
1 : 19.002	3°0′52.3956″	3.01455434°	—	莫氏锥度 No.5
1 : 19.180	2°59′11.7258″	2.98659050°	—	莫氏锥度 No.6
1 : 19.212	2°58′53.8255″	2.98161820°	—	莫氏锥度 No.0
1 : 19.254	2°58′30.4217″	2.97511713°	—	莫氏锥度 No.4
1 : 19.922	2°52′31.4463″	2.87540176°	—	莫氏锥度 No.3
1 : 20.020	2°51′40.7960″	2.86133223°	—	莫氏锥度 No.2
1 : 20.047	2°51′26.9283″	2.85748008°	—	莫氏锥度 No.1

二、圆锥配合

1. 圆锥配合的种类

圆锥配合可分为三类：间隙配合、紧密配合和过盈配合。

（1）间隙配合　间隙配合具有间隙，间隙大小可以调整，零件易拆开，相互配合的内、外圆锥能相对运动。例如：机床顶尖、车床主轴的圆锥轴颈与滑动轴承配合等。

（2）紧密配合　紧密配合是指内、外圆锥紧密接触，间隙为零或稍有过盈的配合，它是过渡配合的一种。此类配合具有良好的密封性，可以防止漏水、漏气，用于对中定心或密封。例如：内燃机中阀门与阀门座的配合，为了保证良好的密封，对内、外圆锥的形状精度要求很高，通常将它们配对研磨，因而这类零件不具有互换性。

（3）过盈配合　过盈配合具有自锁性，过盈量大小可调，用以传递转矩，而且装卸方便。例如：机床主轴锥孔与刀具（钻头、立铣刀等）锥柄的配合。

2. 圆锥配合的形成方法

对于相互结合的内、外圆锥，改变其轴向位置，就会形成不同的间隙或过盈，即形成不同的圆锥配合特性。在机械设备中，确定内、外圆锥轴向位置的方法常见的有四种，分属于结构型圆锥配合和位移型圆锥配合两种类型，见表 3-5。

3. 圆锥配合的使用要求

内、外圆锥的配合表面在配合长度上应接触均匀。这就要求内、外圆锥配合时圆锥角大小必须尽可能地一致。如果圆锥角相差过大，则将减少锥面接触面积，影响配合的紧密性，且各个截面的间隙或过盈不均匀。

表 3-5　圆锥配合的形成方法

类型	结构型圆锥配合	
图例	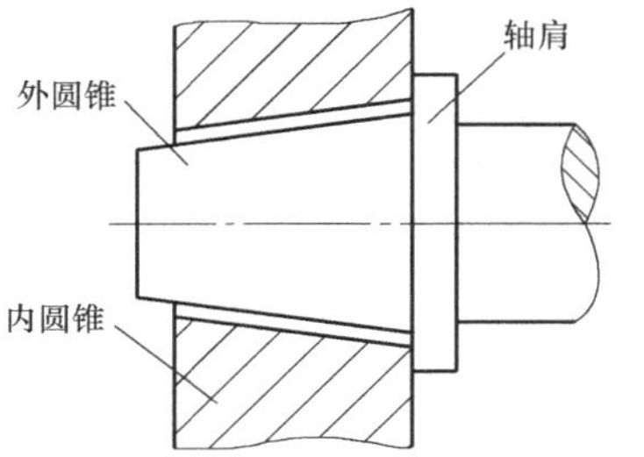 由轴肩接触得到间隙配合	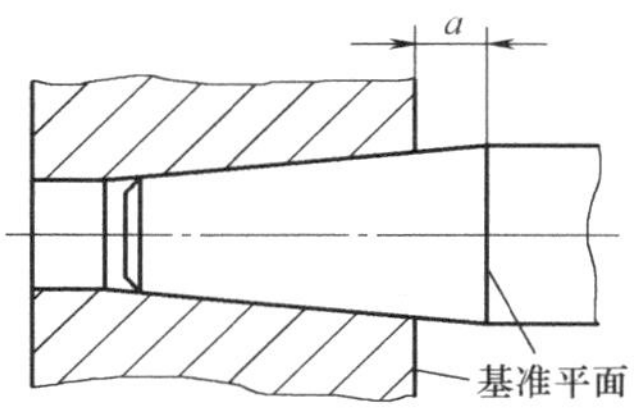 由结构尺寸 a 得到过盈配合
形成方法	由内、外圆锥的结构确定装配的最终位置而形成配合	由内、外圆锥基准平面之间的结构尺寸确定装配的最终位置而形成配合
应用	选择不同的内、外圆锥直径公差带就可以获得间隙、过盈或过渡配合	
类型	位移型圆锥配合	
图例	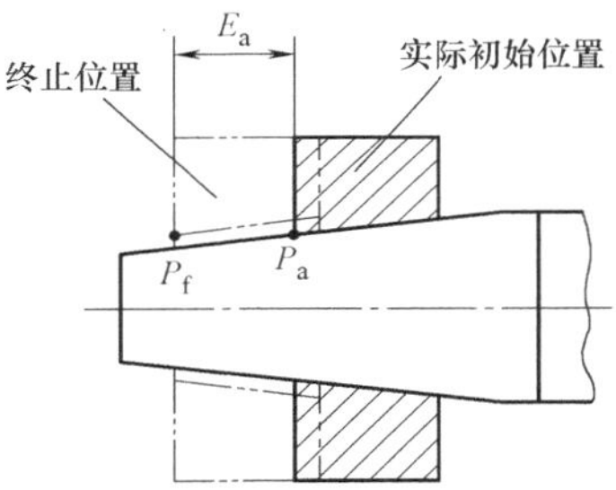	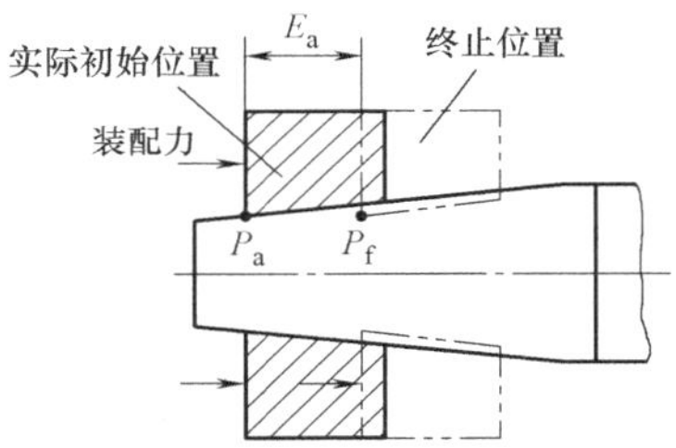
形成方法	做一定的相对轴向位移形成配合（由内、外圆锥实际初始位置 P_a 开始，做一定的相对轴向位移 E_a 而形成配合）	由内、外圆锥实际初始位置 P_a 开始，施加一定的装配力产生轴向位移而形成配合
应用	可以得到间隙配合和过盈配合	只能得到过盈配合

基面距应在规定的范围内变化。这就要求内、外圆锥配合除了圆锥角一致外，还要求内、外圆锥在任意横截面上的直径必须具有一定的配合精度，才能保证预定的配合性质。

三、圆锥公差

1. 圆锥公差的术语和定义

（1）公称圆锥　公称圆锥是指设计时给定的具有理想形状的圆锥。公称圆锥可用两种形式确定：由一个公称圆锥直径（最大圆锥直径 D、最小圆锥直径 d 或给定截面圆锥直径 d_x）、公称圆锥长度 L、公称圆锥角 α 或公称锥度 C 确定；由两个公称圆锥直径和公称圆锥长度 L 确定。

（2）实际圆锥、实际圆锥直径、实际圆锥角　实际圆锥是指实际存在、可通过测量得到的圆锥，如图 3-19 所示。

1）实际圆锥直径 d_a，即实际圆锥上的任一直径。

2）实际圆锥角 α_a，即实际圆锥的任一轴向截面内，包容其素线且距离最小的两对平行直线之间的夹角。

(3) 极限圆锥　极限圆锥是指与公称圆锥共轴且圆锥角相等，直径分别为上极限尺寸（D_{max}、d_{max}）和下极限尺寸（D_{min} 和 d_{min}）的两个圆锥，如图 3-20 所示。在垂直于圆锥轴线的任一截面上，这两个圆锥的直径差都相等。

极限圆锥是实际圆锥允许变动的界限，合格的实际圆锥必须在两极限圆锥限定的空间区域之内。

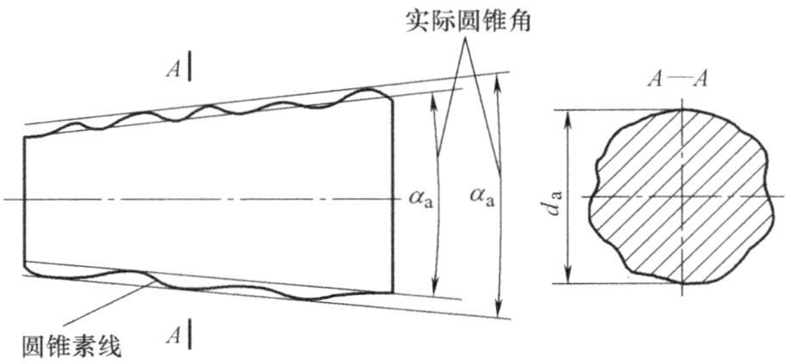

图 3-19　实际圆锥

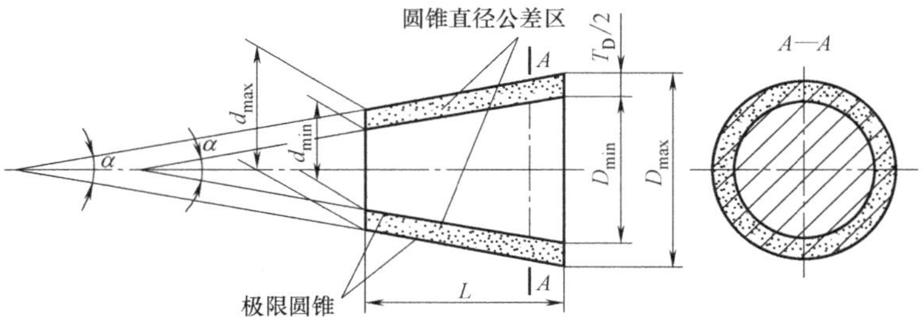

图 3-20　极限圆锥和圆锥直径公差区

2. 圆锥的公差项目

为满足圆锥零件的使用性能和互换性要求，国家标准对圆锥公差给定了四个公差项目：圆锥直径公差 T_D、圆锥角公差 AT、圆锥的形状公差 T_F 以及给定截面圆锥直径公差 T_{DS}。

(1) 圆锥直径公差 T_D　圆锥直径公差 T_D 是圆锥直径的允许变动量，它等于两个极限圆锥直径之差，并适用于圆锥的全长，可表示为

$$T_D = D_{max} - D_{min} = d_{max} - d_{min}$$

圆锥直径公差的数值，以公称圆锥直径（一般取最大圆锥直径 D）为公称尺寸，按 GB/T 1800.1—2009 规定的标准公差选取。

圆锥直径公差区是指两个极限圆锥所限定的区域，如图 3-20 所示。

(2) 圆锥角公差 AT　圆锥角公差 AT 是指圆锥角允许的变动量，其公差区如图 3-21 所示。

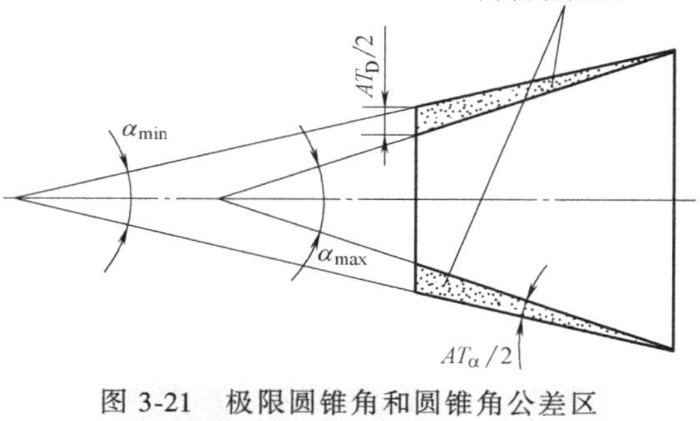

图 3-21　极限圆锥角和圆锥角公差区

1) 圆锥角公差 AT 的表达形式。圆锥角公差 AT 可以用两种形式表达：当以弧度或角度为单位时用角度值 AT_α 表示；当以长度为单位时用线性值 AT_D 表示。两者之间的关系为

$$AT_D = AT_\alpha \times L \times 10^3$$

其中，AT_α 单位为 μrad，AT_D 单位为 μm，L 单位为 mm。

2）圆锥角公差等级。国家标准规定，圆锥角公差 AT 共分十二个公差等级，用符号 $AT1$、$AT2$、…、$AT12$ 表示，从 $AT1$ 到 $AT12$ 等级依次降低，即 $AT1$ 为精度最高，$AT12$ 精度最低。GB/T 11334—2005 中规定的圆锥角公差数值见表 3-6。

其中，$AT1 \sim AT5$ 用于高精度的圆锥量规、角度样板等；$AT6 \sim AT8$ 用于工具圆锥、圆锥销、传递大转矩的摩擦圆锥等；$AT8 \sim AT10$ 用于中等精度锥体零件；$AT11 \sim AT12$ 主要用于低精度零件。

表 3-6 圆锥角公差数值（摘自 GB/T 11334—2005）

公称圆锥长度 L/mm		圆锥角公差等级								
		$AT4$			$AT5$			$AT6$		
		AT_α		AT_D	AT_α		AT_D	AT_α		AT_D
大于	至	/μrad	/(″)	/μm	/μrad	/(″)	/μm	/μrad	/(″)	/μm
16	25	125	26	>2.0~3.2	200	41	>3.2~5.0	315	1′05″	>5.0~8.0
25	40	100	21	>2.5~4.0	160	33	>4.0~6.3	250	52	>6.3~10.0
40	63	80	16	>3.2~5.0	125	26	>5.0~8.0	200	41	>8.0~12.5
63	100	63	13	>4.0~6.3	100	21	>6.3~10.0	160	33	>10.0~16.0
100	160	50	10	>5.0~8.0	80	16	>8.0~12.5	125	26	>12.5~20.0

公称圆锥长度 L/mm		圆锥角公差等级								
		$AT7$			$AT8$			$AT9$		
		AT_α		AT_D	AT_α		AT_D	AT_α		AT_D
大于	至	/μrad	/(″)	/μm	/μrad	/(″)	/μm	/μrad	/(″)	/μm
16	25	500	1′43″	>8.0~12.5	800	2′45″	>12.5~20.0	1250	4′18″	>20.0~32.0
25	40	400	1′22″	>10.0~16.0	630	2′10″	>16.0~20.5	1000	3′26″	>25.0~40.0
40	63	315	1′05″	>12.5~20.0	500	1′43″	>20.0~32.0	800	2′45″	>32.0~50.0
63	100	250	52	>16.0~25.0	400	1′22″	>25.0~40.0	630	2′10″	>40.0~63.0
100	160	200	41	>20.0~32.0	315	1′05″	>32.0~50.0	500	1′43″	>50.0~80.0

由表 3-6 可以看出，各个公差等级所对应的圆锥角公差数值的大小与公称圆锥长度有关，圆锥角公差数值随着公称圆锥长度的增加反而减小，这是因为公称圆锥长度越大，加工时其圆锥角精度越容易保证。

为了加工和检测方便，圆锥角公差可用角度值 AT_D 或线性值 AT_α 给定，圆锥角的极限偏差可按单向取值（$\alpha^{+AT_D}_{0}$ 或 $\alpha^{0}_{-AT_D}$）或者双向对称取值（$\alpha \pm AT_D/2$）。为了保证内、外圆锥接触的均匀性，圆锥角公差区通常采用对称于公称圆锥角分布。

3）圆锥直径公差 T_D 与圆锥角公差 AT 的关系。一般情况下，当对圆锥角公差 AT 没有特殊要求时，可不必单独规定圆锥角公差，而是用圆锥直径公差 T_D 加以限制，GB/T 11334—2005 标准的附录中给出了公称圆锥长度 L 为 100mm 时圆锥直径公差 T_D 所能限制的最大圆锥角误差，实际圆锥角被允许在此范围内变动，数值见表 3-7。当 $L \neq 100$mm 时，应将表中数值×100/L，L 的单位是 mm。

如果对圆锥角公差有更高的要求时（如圆锥量规等），除规定其直径公差 T_D 外，还应给定圆锥角公差 AT。

表 3-7 $L=100$mm 时的圆锥直径公差 T_D 所限制的最大圆锥角误差 $\Delta\alpha_{max}$

（单位：μrad）

圆锥直径公差等级	圆锥直径/mm												
	≤3	>3 ~6	>6 ~10	>10 ~18	>18 ~30	>30 ~50	>50 ~80	>80 ~120	>120 ~180	>180 ~250	>250 ~315	>315 ~400	>400 ~500
IT4	30	40	40	50	60	70	80	100	120	140	160	180	200
IT5	40	50	60	80	90	110	130	150	180	200	230	250	270
IT6	60	80	80	110	130	160	190	220	250	290	320	360	400
IT7	100	120	150	180	210	250	300	350	400	460	520	570	630
IT8	140	180	220	270	330	390	460	540	630	720	810	890	970
IT9	250	300	360	430	520	620	740	870	1000	1150	1300	1400	1550
IT10	400	480	580	700	840	1000	1200	1400	1300	1850	2100	2300	2500

从加工角度考虑，圆锥角公差与尺寸公差相应等级的加工难度大体相当，即精度相当。

（3）圆锥的形状公差 T_F　圆锥的形状公差包括圆锥素线直线度公差和截面圆度公差。对于要求不高的圆锥零件，其形状公差一般也用直径公差 T_D 控制。对于要求较高的圆锥零件，应单独按要求给定形状公差 T_F，T_F 的数值按 GB/T 1184—1996《形状和位置公差　未注公差值》选取。

（4）给定截面圆锥直径公差 T_{DS}　给定截面圆锥直径公差 T_{DS} 是指在垂直于圆锥轴线的给定截面内，圆锥直径的允许变动量。给定截面圆锥直径公差区为在给定的圆锥截面内，由两个同心圆所限定的区域，如图 3-22 所示。

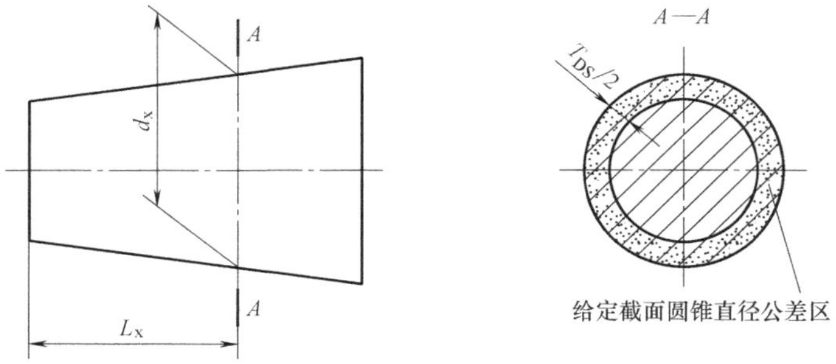

图 3-22　给定截面圆锥直径公差区

一般情况下不需要规定给定截面圆锥直径公差 T_{DS}，只有对圆锥零件有特殊要求时才规定此项目。例如：阀类零件要求配合圆锥在给定截面上接触良好，以保证其密封性，这时必须同时规定给定截面圆锥直径公差 T_{DS} 以及圆锥角公差 AT。

给定截面圆锥直径公差的数值，以给定截面圆锥直径 d_x 为公称尺寸，按 GB/T 1800.1—2009 规定的标准公差选取。

3. 圆锥公差的给定

对于一个具体的圆锥零件，并不都需要给定上述四项公差，而是按圆锥零件的功能要求和工艺特点选取公差项目。国家标准规定，圆锥公差的给定方法有两种。

（1）给出圆锥的理论正确圆锥角（或锥度）和圆锥直径公差　具体来说，给出圆锥的理论正确圆锥角 α（或锥度 C）和圆锥直径公差 T_D，由 T_D 确定两个极限圆锥。此时，圆锥角误差和圆锥的形状误差均应在极限圆锥所限定的区域内。当对圆锥角公差、圆锥的形状公差有更高的要求时，可再给出圆锥角公差 AT、圆锥的形状公差 T_F。此时，AT 和 T_F 仅占 T_D 的一部分。

（2）给出给定截面圆锥直径公差和圆锥角公差　此时，给定截面圆锥直径和圆锥角应分别满足这两项公差的要求。T_{DS} 和 AT 的关系如图 3-23 所示。该方法是在假定圆锥素线为理想直线的情况下给出的。当对圆锥形状公差有更高的要求时，可再给出圆锥的形状公差。

四、圆锥公差的标注

一般情况下，采用面轮廓度法标注圆锥公差。对于有配合要求的结构型内、外圆锥，也可采用基本锥度法标注圆锥公差；无配合要求时，可采用公差锥度法标注圆锥公差。

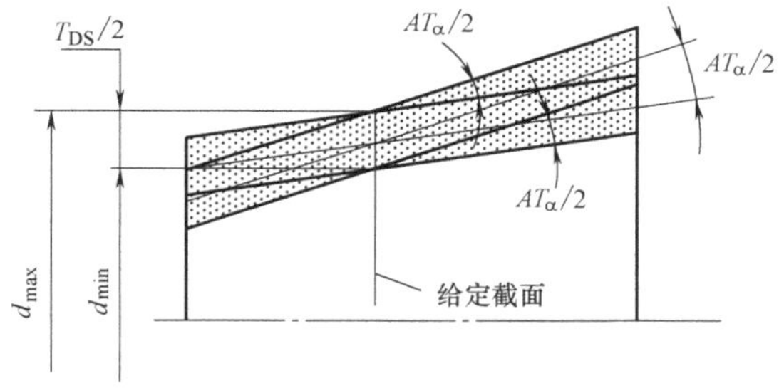

图 3-23　T_{DS} 与 AT 的关系

1. 面轮廓度法

面轮廓度法是指给出圆锥的理论正确圆锥角（或锥度 C）、理论正确圆锥直径（D 或 d）和圆锥长度 L 标注面轮廓度公差。换句话说，面轮廓度法就是用面轮廓度确定两个极限圆锥，把圆锥的各项偏差都控制在面轮廓度的公差带内。

不同情况下的面轮廓度法的注法见表 3-8。

表 3-8　不同情况下的面轮廓度法的注法（摘自 GB/T 15754—1995）

注法	图例	
	图样上标注	说明
给定圆锥角的圆锥公差注法	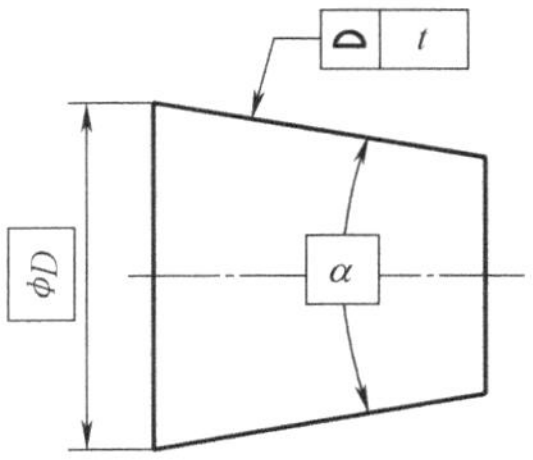	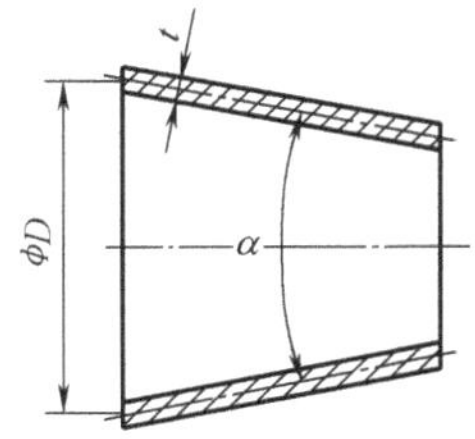
给定锥度的圆锥公差注法	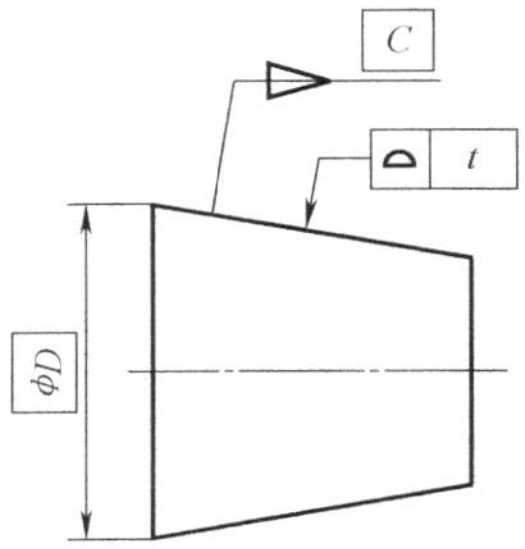	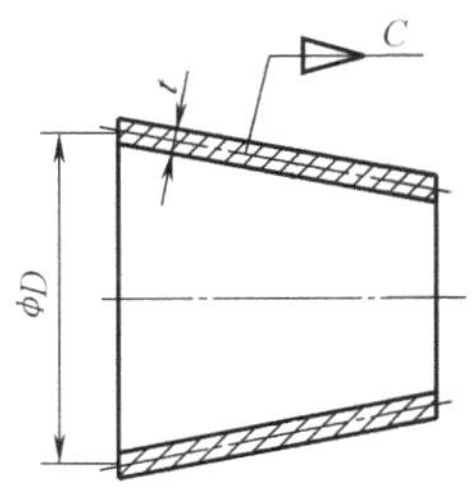

（续）

注法	图例	
	图样上标注	说明
给定圆锥轴向位置的圆锥公差注法	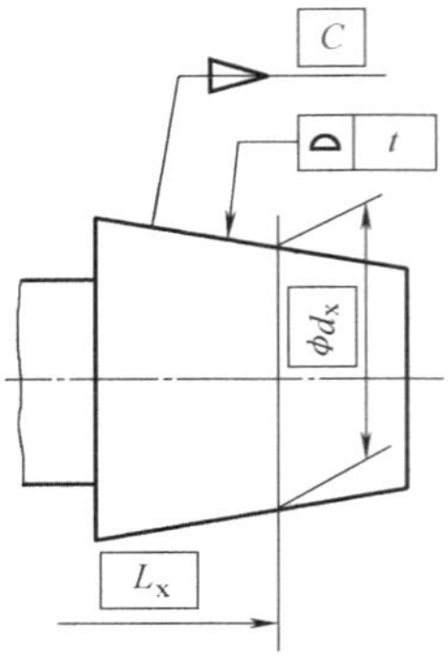	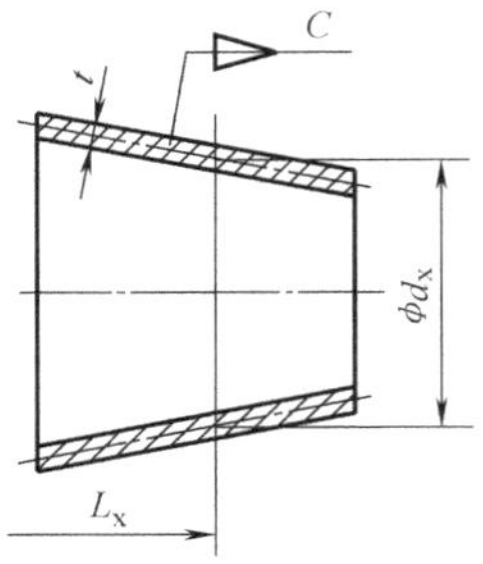
给定圆锥轴向位置公差的圆锥公差注法	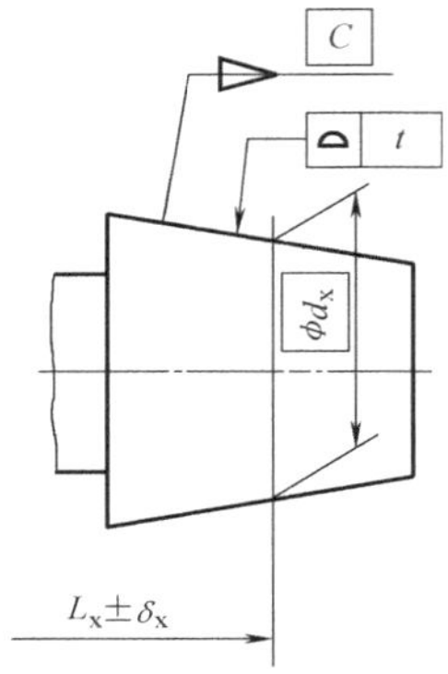	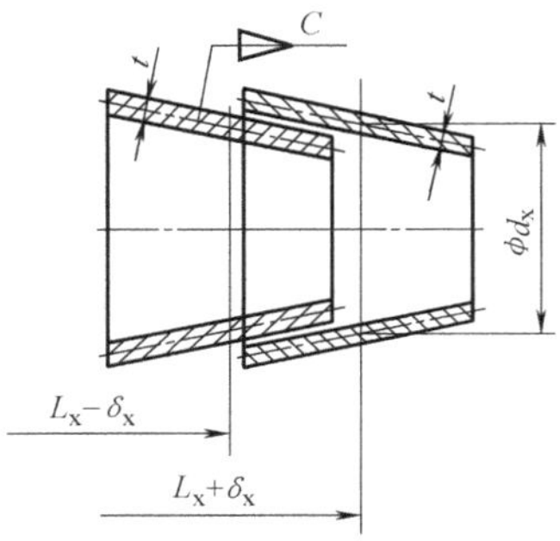
与基准线有关的圆锥公差的注法（同时确定同轴关系）	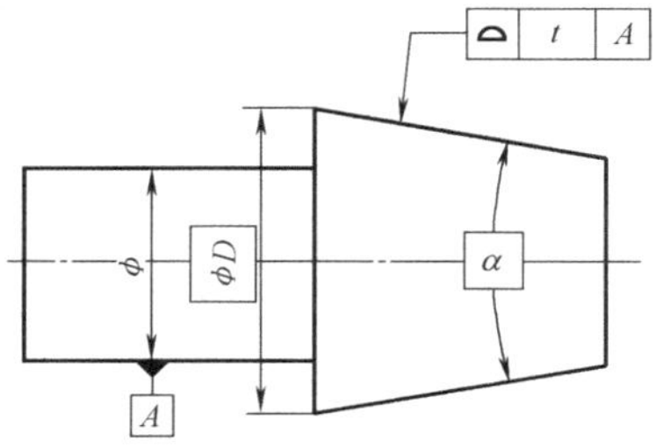	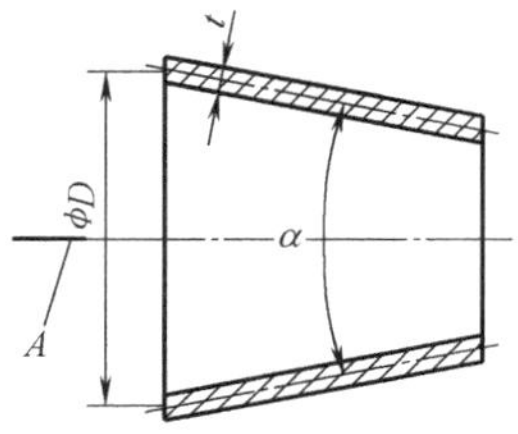

2. **基本锥度法**

基本锥度法通常适用于有配合要求的结构型内、外圆锥。基本锥度法是表示圆锥要素尺寸与其几何特征具有相互从属关系的一种公差带的标注方法，即由两同轴圆锥面（圆锥要素的最大实体尺寸和最小实体尺寸）形成两个具有理想形状的包容面公差带，实际圆锥处处不得超越这两个包容面。因此，该公差带既控制圆锥直径的大小及圆锥角的大小，也控制圆锥表面的形状。若有需要，可附加给出圆锥角公差和有关几何公差要求做进一步的控制。

不同情况下基本锥度法的注法见表 3-9。

表 3-9 不同情况不基本锥度法的注法（摘自 GB/T 15754—1995）

注法	图例	
	图样上标注	说明
给定圆锥直径公差 T_D	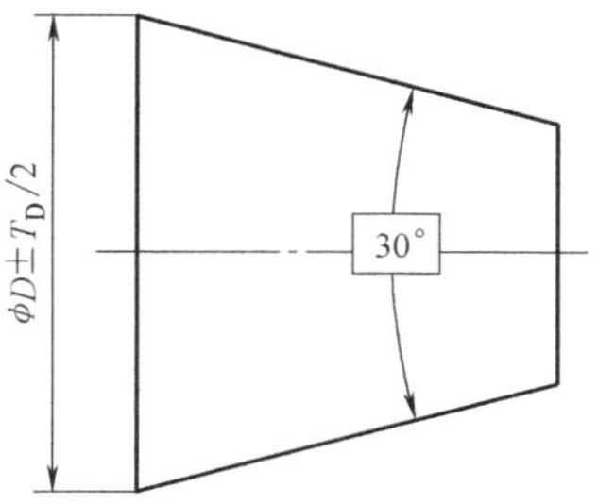	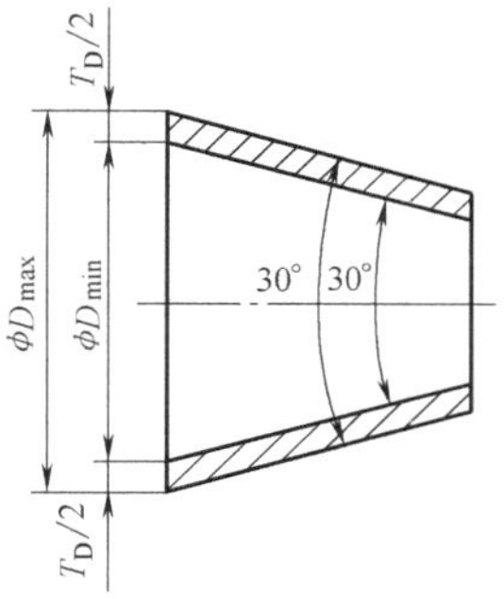
给定截面圆锥直径公差 T_{DS}	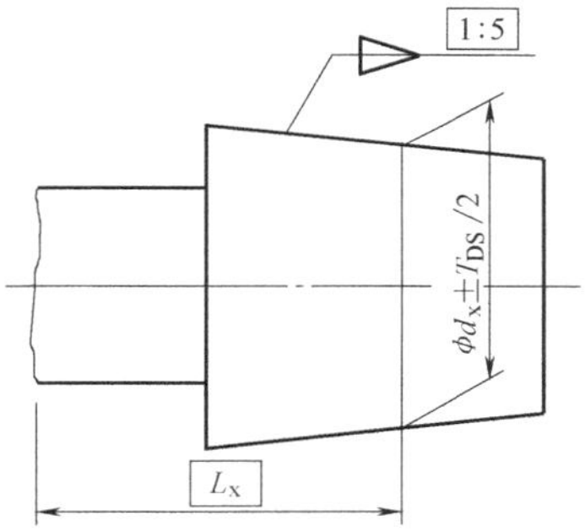	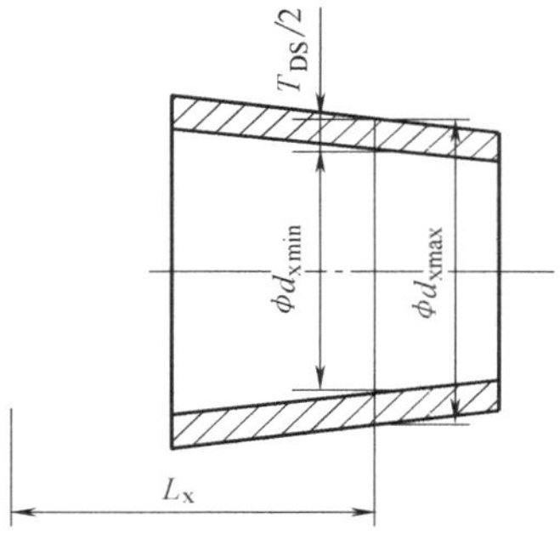
给定圆锥的形状公差 T_F	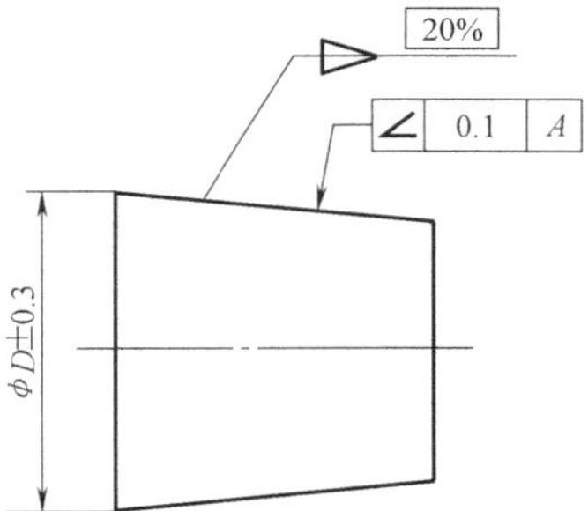	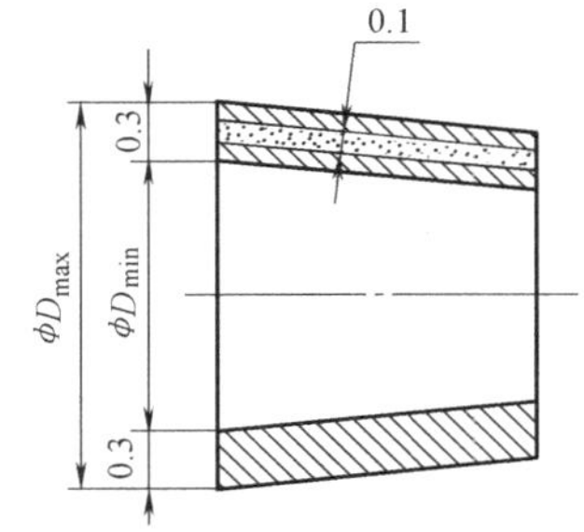

3. 公差锥度法

公差锥度法仅适用于对某给定截面圆锥直径有较高要求的圆锥、密封及非配合圆锥。公差锥度法是直接给定有关圆锥要素的公差，即同时给出圆锥直径公差和圆锥角公差（图 3-24 和图 3-25），不构成两同轴圆锥面公差带的标注方法。此时，给定截面圆锥直径公差仅控制该截面圆锥直径偏差，不再控制圆锥角偏差，T_{DS} 和 AT 各自分别规定，分别满足要求。

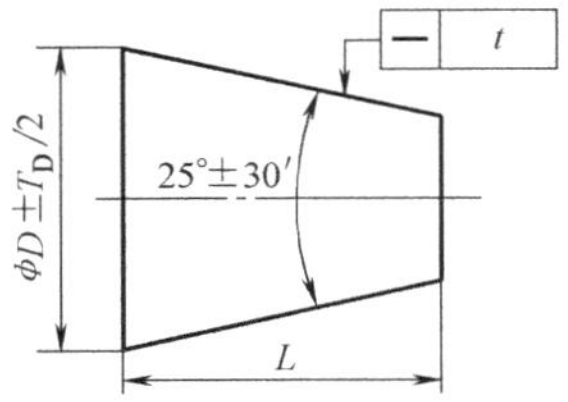

图 3-24 给定最大圆锥直径公差 T_D 和圆锥角公差 AT

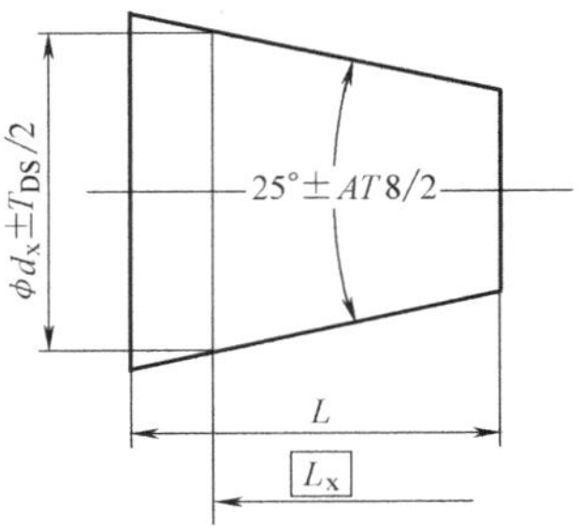

图 3-25 给定截面圆锥直径公差 T_{DS} 和圆锥角公差 AT

思 考 题

1. 锥面配合有哪些特点？
2. 圆锥及其配合的基本参数有哪些？
3. 圆锥配合的形成方法有哪些？
4. 圆锥公差有哪些项目？
5. 有一外圆锥，锥度为 1 ∶ 20，圆锥最大直径为 100mm，圆锥长度为 200mm。试确定圆锥角、圆锥最小直径。
6. 有一个外圆锥，已知圆锥最大直径为 30mm，圆锥最小直径为 10mm，圆锥长度 L = 100 mm，求其锥度和圆锥角。

实训 3-2 用游标万能角度尺测量圆锥角

实训准备：游标万能角度尺、锥塞（图 3-26）。

一、实训任务

测量图 3-26 所示锥塞的圆锥角（30°±4′），并判断其合格性。

二、任务分析

该锥塞圆锥角的公差数值为 8′，选用分度值为 2′的游标万能角度尺进行测量。

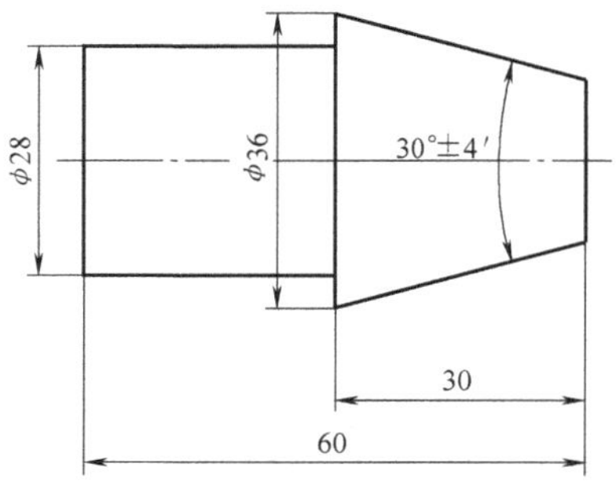

图 3-26 锥塞

三、实训步骤

1. 测量

1）清洁锥塞、游标万能角度尺。

2）检查游标万能角度尺。

3）测量锥塞的 β 角，如图 3-27 所示。根据被测角度选择并装好直尺，调整游标万能角度尺的角度稍大于被测角度。测量时，将锥塞放在基尺与直尺测量面之间，让基尺贴近圆锥台右端面，利用微动装置使直尺刀口紧贴圆锥面。然后，紧固制动头移开游标万能角度尺，读取测得角度，记录测量结果。

4）选择零件的其他位置多进行几次测量，并记录测量结果。

2. 测量报告

1）数据处理。将测量得到的角度 β 换算成圆锥半角 $\alpha/2$，再转换成圆锥角 α，即

$$\alpha/2=\beta-90°$$

$$\alpha=(\beta-90°)\times2$$

2）根据测量结果判断零件圆锥角是否合格。注意：只有测得的圆锥角都在误差范围内时，零件圆锥角才合格。

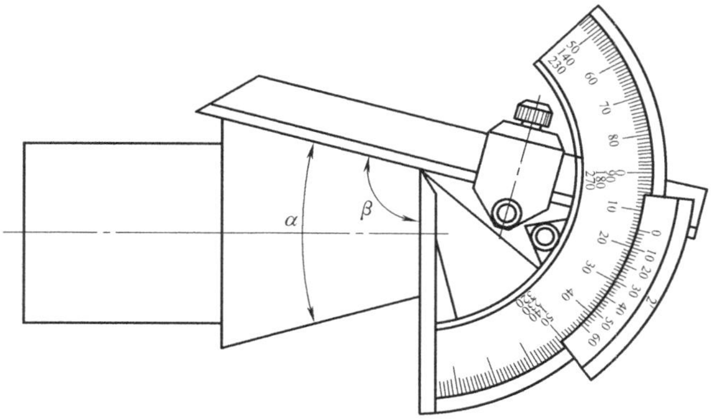

图 3-27 测量锥塞零件的 β 角

实训 3-3 用正弦规测量锥度

实训准备：正弦规、百分表、量块、车床尾座顶尖。

量具：正弦规。

1. 正弦规

正弦规是采用正弦函数原理、利用间接测量法精确地测量圆锥的锥度或角度偏差的量具。正弦规主要由工作平板 1 和两个直径相同的圆柱 2 组成，如图 3-28 所示。为便于被检零件在正弦规工作平板表面上定位和定向，装有侧挡板 4 和后挡板 3。正弦规两圆柱间的中心距有 100mm 和 200mm 两种。

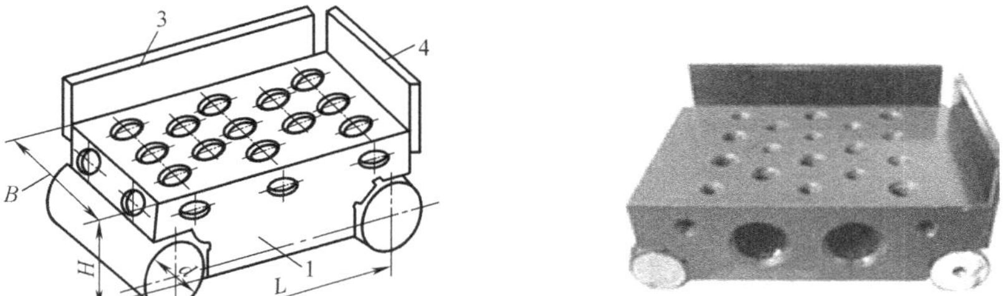

图 3-28 正弦规

1—工作平板 2—圆柱 3—后挡板 4—侧挡板

正弦规两个圆柱的中心距（L）精度、工作平板的平面度精度以及两个圆柱之间的相互位置精度都很高，因此，可以用作精密测量。

2. 正弦规测量锥度的工作原理

使用时，将正弦规放在平板上，一圆柱与平板接触，另一圆柱下垫以量块组，使正弦规

的工作平面与平板之间的夹角 α 等于基本圆锥角，如图 3-29 所示。此时，正弦规工作平面相对于平板倾斜 α 角。放上被测零件后，用百分表分别测量被测锥面上 a、b 两点。不难理解，若 a、b 两点读数相同，则说明被测锥面的圆锥角等于基本圆锥角。若 a、b 两点读数不相同，则说明被测锥面的圆锥角不等于基本圆锥角，即存在圆锥角偏差。

a、b 两点读数之差 Δh 与 a、b 两点间距离 l 之比值称为圆锥度偏差 Δc，即

$$\Delta c=\frac{\Delta h}{l}$$

其中，Δh 和 l 的单位均取 mm，锥度偏差 Δc 的单位为 rad。

因为 $1\text{rad}\approx(2.0626\times10^5)''$，所以锥角偏差 $\Delta\alpha$ 为

$$\Delta\alpha=2.0626\times10^5\Delta c=2.0626\times10^5\frac{\Delta h}{l}$$

其中，$\Delta\alpha$ 的单位为秒（$''$）。

3. 量块组高度 h 的计算

（1）已知基本圆锥角 α 计算量块组高度 h　从图 3-29 中可以看出

$$\sin\alpha=\frac{h}{L}$$

式中　α——正弦规放置的角度；

h——量块组的尺寸；

L——正弦规两圆柱的中心距。

此时，可以根据被测零件的基本圆锥角按 $h=L\sin\alpha$ 算出量块组高度 h。

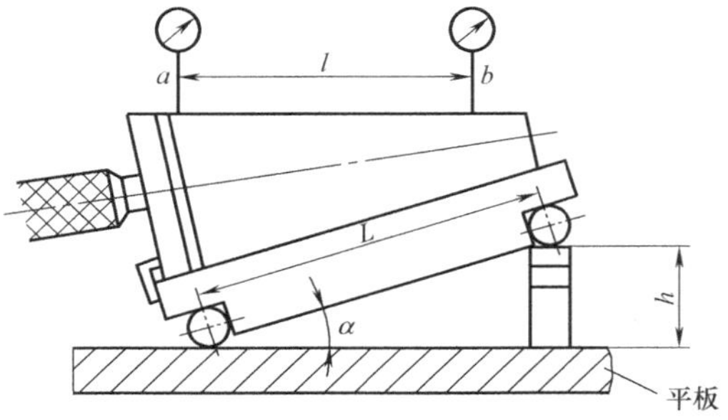

图 3-29　正弦规测量锥度（圆锥角）示意图

（2）已知锥度 C 计算量块组高度 h　由锥度 $C=2\tan\dfrac{\alpha}{2}$可以推导出

$$\sin\alpha=\frac{4C}{4+C^2}$$

所以，$h=L\sin\alpha=L\dfrac{4C}{4+C^2}=\dfrac{4LC}{4+C^2}$。

一、实训任务

测量车床尾座顶尖锥柄的锥度。

二、任务分析

C6140 车床尾座顶尖锥柄的锥度为莫氏 4 号，其锥度为 1∶19.2542。该零件精度要求较高，选用圆柱中心距为 200mm 的正弦规测量。

测量时，应计算出圆柱下所垫量块组的高度 h 并选择量块，即

$$h=\frac{4LC}{4+C^2}=\frac{4\times200\times\dfrac{1}{19.2542}}{4+\left(\dfrac{1}{19.2542}\right)^2}\text{mm}\approx10.380\text{mm}$$

这里，我们选择 1.08mm、1.30mm、8mm 三块量块组成 10.380mm 量块组。

三、实训步骤

1. 测量

1）清洁车床尾座顶尖、正弦规等。

2）检查百分表。

3）组合好量块组。

4）将组合好的量块组放在正弦规一端的圆柱下面，然后将顶尖稳放在正弦规的工作平面上（应使顶尖轴线垂直于正弦规的圆柱轴线）。

5）用带架的百分表，在被测顶尖圆锥面素线上的 a、b 两点分别进行测量和读数。注意：a、b 两点之间的距离应尽量取大值；测量前百分表的测头应先压缩 1~2mm。

6）旋转顶尖，选择不同位置的素线按同样的步骤再测量几次。

7）按规定保存所用量具、量仪。

2. 测量报告

1）数据处理。先计算出每次测量得到的 a、b 两点读数之差 Δh，再根据公式 $\Delta\alpha=2.0626\times10^5\dfrac{\Delta h}{l}$计算圆锥角误差。

2）测量报告。根据测量结果判断零件的圆锥角是否合格（如果所测顶尖锥柄圆锥角的最大误差小于其公差，则顶尖锥柄的圆锥角合格），测量报告单可参考表 3-10 设计。

表 3-10 测量报告单

<table>
<tr><td rowspan="2">被测
零件</td><td colspan="2">名称</td><td colspan="2">公称圆锥角</td><td>圆锥角公差</td></tr>
<tr><td colspan="2"></td><td colspan="2"></td><td></td></tr>
<tr><td>测量内容</td><td colspan="5"></td></tr>
<tr><td rowspan="3">计 量
器 具</td><td>正弦规型号</td><td colspan="2"></td><td>两圆柱中心距</td><td></td></tr>
<tr><td>百分表测量范围</td><td colspan="2"></td><td>分度值</td><td></td></tr>
<tr><td>所用量块等级</td><td colspan="2"></td><td>量块组合尺寸</td><td></td></tr>
</table>

测量示意图

（续）

测量位置	a 点	b 点	a、b 两点间距离 l	a、b 两点高度差 Δh	圆锥角误差 $\Delta\alpha$
第一次测量					
第二次测量					
第三次测量					
第四次测量					

测量结论：

检验员：　　　　日期：

第四单元
螺纹及其测量

学习目标

(1) 能读懂零件图上各种螺纹的标记。
(2) 会查表确定螺纹中径公差。
(3) 会用通止规测量管螺纹。
(4) 会用螺纹千分尺测量管螺纹。
(5) 会用三针测量法测量管螺纹。
(6) 会用三针测量法测量梯形螺纹。

第一节 普通螺纹及其测量

基本知识

一、螺纹的概念和种类

1. 螺纹的概念

螺纹是指在圆柱或圆锥表面上，沿着螺旋线形成的、具有相同断面的连续凸起和沟槽，如图 4-1 所示。凸起部分又称为牙。

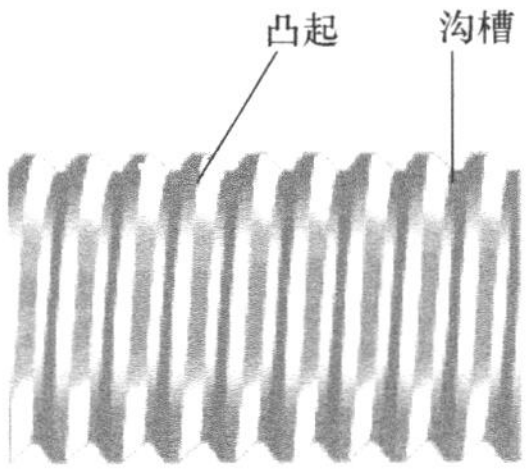

图 4-1 螺纹

2. 螺纹的分类

1）按形成螺纹的表面分为圆柱螺纹和圆锥螺纹、外螺纹和内螺纹，如图 4-2 所示。

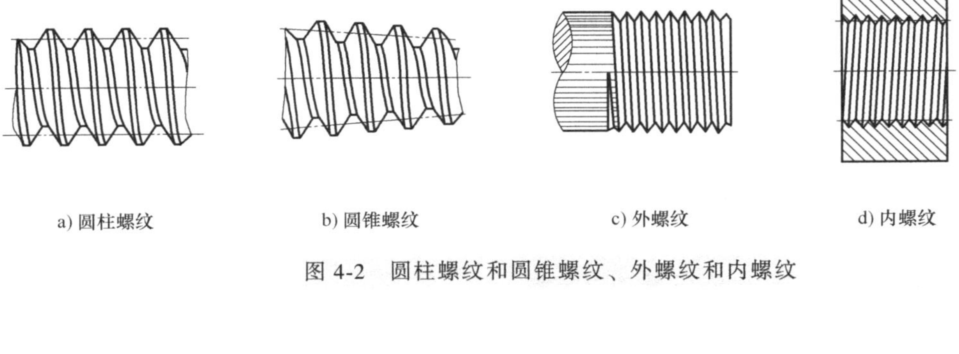
a) 圆柱螺纹　b) 圆锥螺纹　c) 外螺纹　d) 内螺纹

图 4-2 圆柱螺纹和圆锥螺纹、外螺纹和内螺纹

2）按旋向分为右旋螺纹和左旋螺纹。顺时针旋入的螺纹为右旋螺纹；逆时针旋入的螺纹为左旋螺纹（LH）。螺纹的旋向可用图 4-3 所示的方法来判别。

3）按螺旋线的线数分为单线螺纹（沿一条螺旋线所形成的螺纹）和多线螺纹（沿两条或两条以上在轴向等距分布的螺旋线所形成的螺纹），如图 4-4 所示。

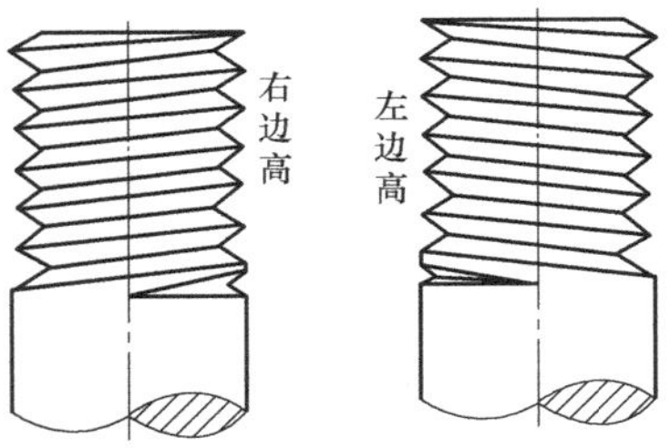

a) 右旋螺纹　　b) 左旋螺纹

图 4-3　螺纹旋向的判别

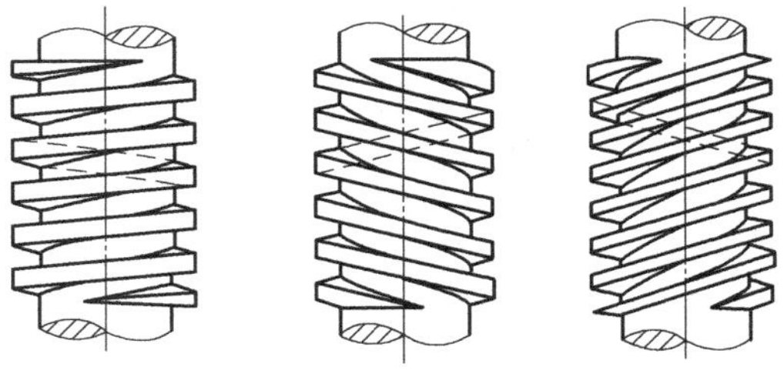

a) 单线螺纹　　b) 双线螺纹　　c) 三线螺纹

图 4-4　螺纹的线数

4）按牙型分为三角形、梯形、锯齿形、矩形等，如图 4-5 所示。

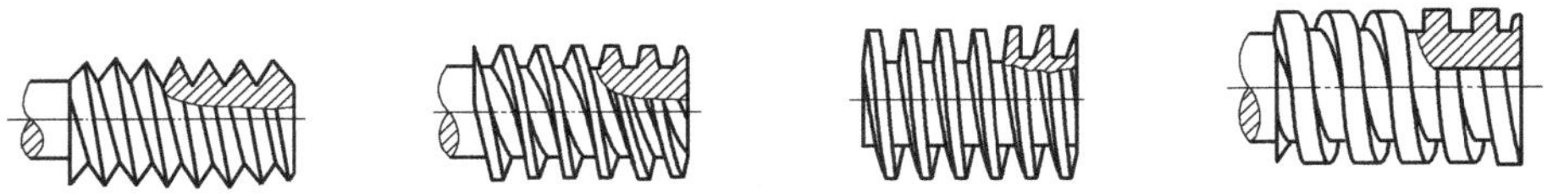

a) 三角形　　b) 梯形　　c) 锯齿形　　d) 矩形

图 4-5　螺纹的牙型

5）按用途分为连接螺纹（又称为紧固螺纹，分为普通螺纹和管螺纹）、传动螺纹和专门用途螺纹。

① 连接螺纹。连接螺纹又分为普通螺纹和管螺纹。

普通螺纹采用三角形牙型，牙根较厚，有较高的强度，如螺栓和螺母上的螺纹。管螺纹用于管道的连接，如自来水管和煤气管上的螺纹。

② 传动螺纹。传动螺纹即用于传递运动和动力的螺纹，采用梯形、矩形或锯齿形牙型，如台虎钳丝杠的螺纹。

③ 专门用途螺纹。专门用途螺纹的应用场合很多，是指像瓶口螺纹这样的专用连接螺纹。

二、普通螺纹的基本牙型和几何参数

1. 普通螺纹的基本牙型

普通螺纹的基本牙型是指在螺纹的轴剖面上具有螺纹基本尺寸的截面形状，如图 4-6 所示。它是按规定将原始三角形削去一部分后获得的牙型。内、外螺纹的大径、中径、小径的基本尺寸都定义在基本牙

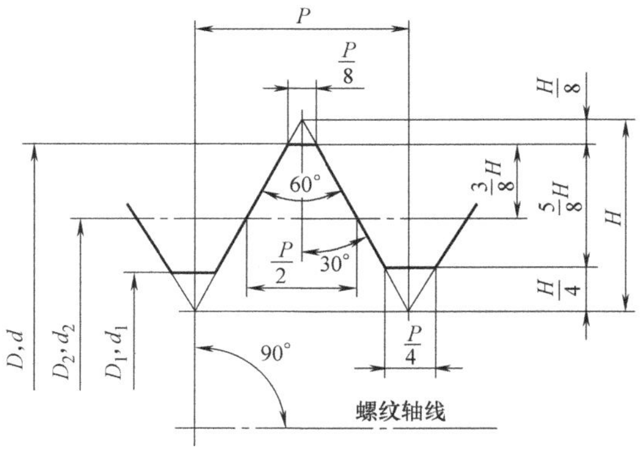

图 4-6　普通螺纹的基本牙型

型上。

2. 普通螺纹的几何参数

普通螺纹各主要参数的代号、定义见表 4-1。

表 4-1 普通螺纹各主要参数的代号、定义

主要参数	代号		定义	图示
	内螺纹	外螺纹		
牙型角	α		在螺纹牙型上，两相邻牙侧间的夹角	图 4-7
牙型半角	$\alpha/2$		牙型半角是牙型角的一半	
螺纹大径（公称直径）	D	d	与内螺纹牙底或外螺纹牙顶相切的假想圆柱（或圆锥）的直径，它是代表螺纹尺寸的直径，是公称直径	图 4-8
螺纹小径	D_1	d_1	与内螺纹牙顶或外螺纹牙底相切的假想圆柱（或圆锥）的直径	
螺纹中径	D_2	d_2	是指一个假想圆柱（或圆锥）的直径，该圆柱（或圆锥）的母线通过牙型上沟槽和凸起宽度相等的地方	
单一中径	D_{2a}	d_{2a}	指螺纹的牙槽宽度等于基本螺距一半处所在的假想圆柱（或圆锥）的直径。当无螺距偏差时，单一中径与中径一致，单一中径在实际螺纹上可以测得，它代表螺纹中径的实际尺寸	图 4-9
螺距	P		相邻两牙在中径线上对应两点间的轴向距离	图 4-10
导程	P_h		同一条螺旋线上的相邻两牙在中径线上对应两点间的轴向距离	

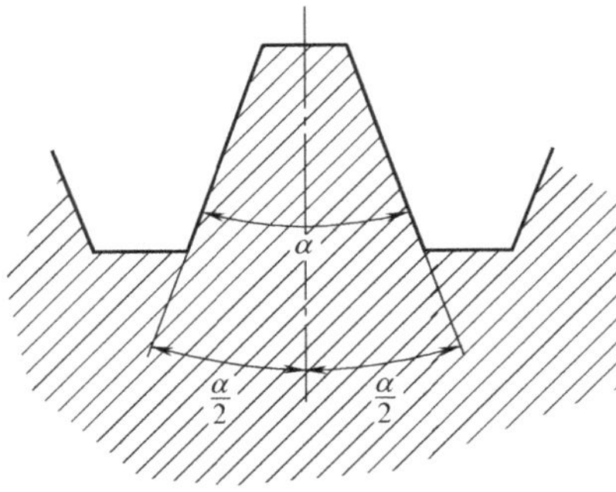

图 4-7 牙型角和牙型半角

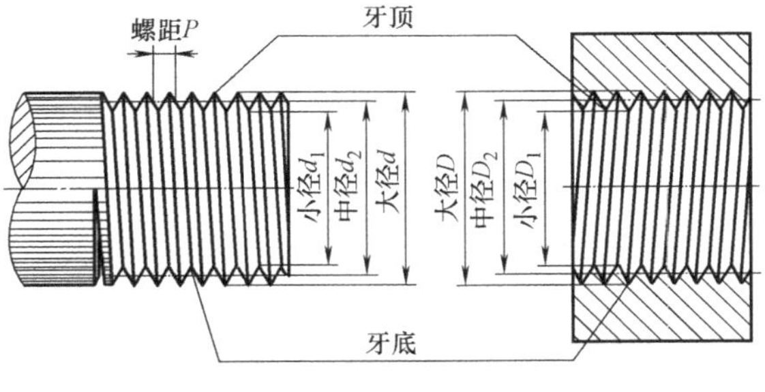

图 4-8 普通螺纹的大径、小径和中径

三、螺纹几何参数误差对互换性的影响

螺纹结合的互换性是指内螺纹（或外螺纹）可以不经任何选择或修配就能全部旋入任何一个相同规格的外螺纹（或内螺纹）上，并保证连接可靠。影响螺纹互换性的主要因素有螺距误差、牙型半角误差、中径误差等。

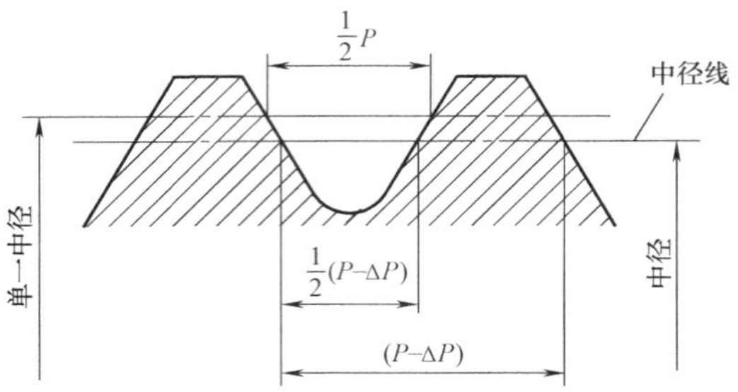

图 4-9 单一中径

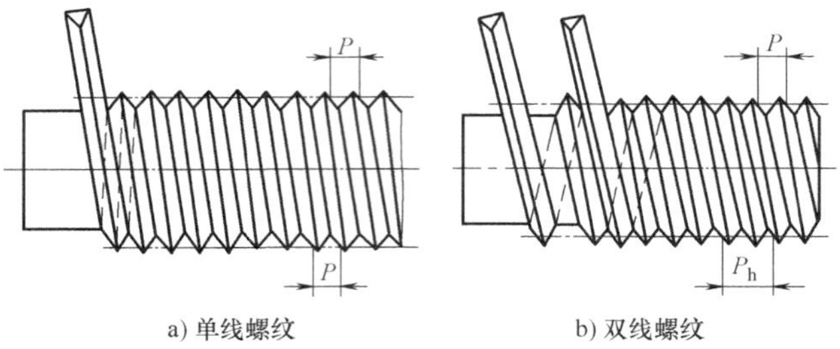

图 4-10 普通螺纹的螺距和导程

1. 螺距误差的影响

螺距误差包括局部误差和累积误差，后者与旋合长度有关，是主要影响因素。

当内、外螺纹旋合时，由于螺距有误差，造成在旋合长度上产生螺距累积误差 ΔP_{Σ}，使两者旋合时发生干涉。

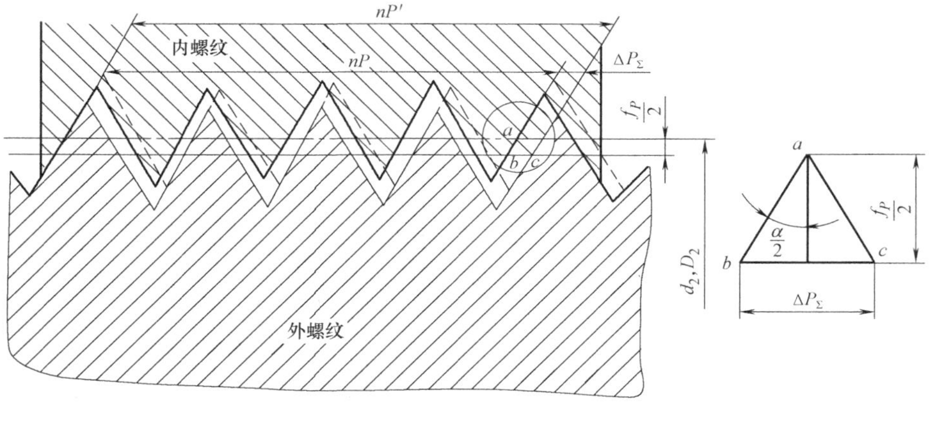

图 4-11 螺距误差的影响

如图 4-11 所示，假定内螺纹具有理想牙型（基本牙型），中径、牙型半角和螺距均无误差，用粗实线表示；外螺纹的中径和牙型半角与理想的内螺纹相同，但存在螺距误差，用虚线表示。在几个螺距长度上螺距累积误差为 ΔP_{Σ}。当 ΔP_{Σ} 达到一定数值时，就会造成内螺纹与外螺纹的轮廓发生干涉而无法旋合。在实际生产中，为了使有螺距误差的外螺纹可旋入理想的内螺纹中，一般把外螺纹中径减小一个 f_P 数值，使其轮廓如图 4-11 中细实线所示，保证其能自由旋入内螺纹。此螺距误差相当于使外螺纹中径增大一个 f_P 值，此 f_P 称为螺距误差的中径补偿值，也称为螺距误差的中径当量。

在 Δabc，$f_P = |\Delta P_\Sigma| \cot \dfrac{\alpha}{2}$，而普通螺纹的 $\alpha = 60°$，所以 $f_P \approx 1.732|\Delta P_\Sigma|$。

同理可知，当内螺纹有螺距误差时，此螺距误差相当于使内螺纹中径减小一个 f_P 值。

2. 牙型半角误差的影响

如果牙型半角有误差，内、外螺纹在旋合时也将发生干涉。

如图 4-12 所示，假设内、外螺纹的中径和螺距均无误差，内螺纹左、右半角均无误差，而外螺纹的左半角误差 $\Delta \dfrac{\alpha}{2}_{(左)} < 0$，右半角误差 $\Delta \dfrac{\alpha}{2}_{(右)} > 0$。由图 4-12 可知，由于外螺纹存在牙型半角误差，当它与具有理想牙型的内螺纹旋合时将发生干涉（图 4-12 中用阴影表示）。为了让一个有牙型半角误差的外螺纹能旋入内螺纹中，须将外螺纹的中径减小一个量，该量称为牙型半角误差的中径当量 $f_{\frac{\alpha}{2}}$。这样，阴影所示的干涉区就会消失，从而保证了螺纹的可旋合性。

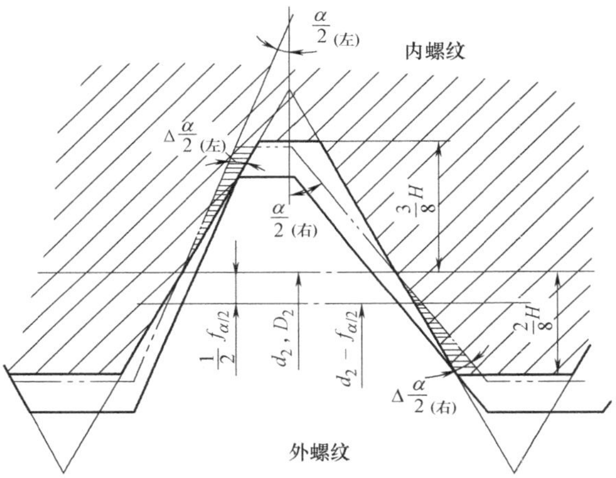

图 4-12 牙型半角误差的影响

由图 4-12 中的几何关系可以推导出在一定的牙型半角误差情况下，外螺纹牙型半角误差的中径当量 $f_{\frac{\alpha}{2}}$ 的计算公式为

$$f_{\frac{\alpha}{2}} = 0.073P\left[K_1\left|\Delta\frac{\alpha}{2}_{(左)}\right| + K_2\left|\Delta\frac{\alpha}{2}_{(右)}\right|\right]$$

式中 P——螺距（mm）；

$\Delta\dfrac{\alpha}{2}_{(左)}$——左半角误差（′）；

$\Delta\dfrac{\alpha}{2}_{(右)}$——右半角误差（′）；

K_1、K_2——系数，数值见表 4-2。

上式是一个通式，是以外螺纹存在半角误差时推导出来的。当假设外螺纹具有理想牙型，而内螺纹存在半角误差时，就需要将内螺纹的中径加大一个 $f_{\frac{\alpha}{2}}$，所以上式对内螺纹同样适用。

3. 螺纹的作用中径及保证螺纹互换性的条件

（1）作用中径　作用中径是在螺纹配合中实际起作用的中径。与具有基本牙型的内螺纹旋合时，总是使旋合变紧，如果外螺纹有螺距、牙型半角误差，其效果好像外螺纹的中径

表 4-2 K_1、K_2 的数值

内螺纹				外螺纹			
$\Delta\frac{\alpha}{2}_{(左)}>0$	$\Delta\frac{\alpha}{2}_{(左)}<0$	$\Delta\frac{\alpha}{2}_{(右)}>0$	$\Delta\frac{\alpha}{2}_{(右)}<0$	$\Delta\frac{\alpha}{2}_{(左)}>0$	$\Delta\frac{\alpha}{2}_{(左)}<0$	$\Delta\frac{\alpha}{2}_{(右)}>0$	$\Delta\frac{\alpha}{2}_{(右)}<0$
K_1		K_2		K_1		K_2	
3	2	3	2	2	3	2	3

增大了。这个增大了的假想中径是与内螺纹旋合时起作用的中径，即外螺纹的作用中径，可用 d_{2m} 表示。它等于外螺纹单一中径与螺距累积误差、牙型半角误差在中径上的当量之和，即

$$d_{2m}=d_{2a}+(f_P+f_{\frac{\alpha}{2}})$$

同理，当有螺距、牙型半角误差的内螺纹与具有基本牙型的外螺纹旋合时，旋合也变紧了，其效果好像内螺纹的中径减小了。这个减小了的假想中径是与外螺纹旋合时起作用的中径，即内螺纹的作用中径，可用 D_{2m} 表示。它等于内螺纹的单一中径与螺距累积误差、牙型半角误差在中径上的当量之差，即

$$D_{2m}=D_{2a}-(f_P+f_{\frac{\alpha}{2}})$$

（2）保证螺纹互换性的条件　要实现螺纹结合的互换性，必须同时满足可旋合性和连接可靠性两个基本要求。

由以上分析可知，作用中径是用来判断螺纹可否旋合的中径，即要保证内、外螺纹的旋合性，就必须满足如下要求

$$D_{2m}\geqslant d_{2m}$$

对于外螺纹，为保证可旋合性，其作用中径 d_{2m} 不能大于最大极限中径 d_{2max}；为保证连接的可靠性，避免旋合太松，应保证任一部分的单一中径 d_{2a} 不能小于最小极限中径 d_{2min}。用关系式表示为

$$d_{2m}\leqslant d_{2max},\ d_{2a}\geqslant d_{2min}$$

同理，对于内螺纹，有

$$D_{2m}\geqslant D_{2min},\ D_{2a}\leqslant D_{2max}$$

4. 螺纹大、小径的影响

在制造时，常使内螺纹的大、小径实际尺寸分别大于外螺纹大、小径的实际尺寸，故一般不会影响配合性质及互换性。但若内螺纹的小径过大或外螺纹的大径过小，会减小螺纹的接触高度，从而影响螺纹连接的可靠性，因此也必须规定其公差。

四、普通螺纹的公差与配合

1. 普通螺纹的公差等级

普通螺纹的公差等级见表 4-3。

内螺纹的小径、中径和外螺纹的大径、中径可分别选不同的公差等级，一般以 6 级为基本级。表 4-4 列出了普通螺纹的公称直径和螺距，表 4-5 列出了普通螺纹基本尺寸。内、外螺纹的公差数值可根据螺距及公差等级分别查表 4-6～表 4-9。对内螺纹的大径和外螺纹的

小径不规定具体公差数值，只规定不得超过按基本偏差所确定的最大实体牙型。

表 4-3 普通螺纹的公差等级

螺纹直径	公差等级	螺纹直径	公差等级
内螺纹小径 D_1	4、5、6、7、8	外螺纹大径 d	4、6、8
内螺纹中径 D_2	4、5、6、7、8	外螺纹中径 d_2	3、4、5、6、7、8、9

表 4-4 普通螺纹的公称直径和螺距（摘自 GB/T 193—2003） （单位：mm）

公称直径 D、d			螺距 P				
第 1 系列	第 2 系列	第 3 系列	粗牙	细牙			
10			1.5	1.25	1	0.75	
		11	1.5	1.5	1	0.75	
12			1.75		1.25	1	
	14		2	1.5	1.25①	1	
		15		1.5		1	
16			2	1.5		1	
		17		1.5		1	
	18		2.5	2	1.5	1	
20			2.5	2	1.5	1	
	22		2.5	2	1.5	1	
24			3	2	1.5	1	
		25		2	1.5	1	
		26			1.5		
	27		3	2	1.5	1	
		28		2	1.5	1	
30			3.5	(3)	2	1.5	1
		32			2	1.5	
	33		3.5	(3)	2	1.5	
		35②				1.5	
36			4	3	2	1.5	

① 仅用于发动机的火花塞。

② 仅用于轴承的锁紧螺母。

表 4-5 普通螺纹基本尺寸（摘自 GB/T 196—2003） （单位：mm）

公称直径 D、d	螺距 P	中径 D_2 或 d_2	小径 D_1 或 d_1	公称直径 D、d	螺距 P	中径 D_2 或 d_2	小径 D_1 或 d_1
20	2.5	18.376	17.294	30	3.5	27.727	26.211
	2	18.701	17.835		2	28.701	27.835
	1.5	19.026	18.376		1.5	29.026	28.376
	1	19.350	18.917		1	29.350	28.917
24	3	22.051	20.752	36	4	33.402	31.670
	2	22.701	21.835		3	34.051	32.752
	1.5	23.026	22.376		2	34.701	33.835
	1	23.350	22.917		1.5	35.026	34.376

表 4-6 内螺纹小径公差（T_{D1}）（摘自 GB/T 197—2018） （单位：μm）

螺距 P/mm	公差等级				
	4	5	6	7	8
1	150	190	236	300	375
1.25	170	212	265	335	425
1.5	190	236	300	375	475
1.75	212	265	335	425	530
2	236	300	375	475	600
2.5	280	355	450	560	710
3	315	400	500	630	800
3.5	355	450	560	710	900
4	375	475	600	750	950

表 4-7 内螺纹中径公差（T_{D2}）（摘自 GB/T 197—2018） （单位：μm）

公称直径 D/mm		螺距 P/mm	公差等级				
>	≤		4	5	6	7	8
5.6	11.2	0.75	85	106	132	170	—
		1	95	118	150	190	236
		1.25	100	125	160	200	250
		1.5	112	140	180	224	280
11.2	22.4	1	100	125	160	200	250
		1.25	112	140	180	224	280
		1.5	118	150	190	236	300
		1.75	125	160	200	250	315
		2	132	170	212	265	335
		2.5	140	180	224	280	355
22.4	45	1	106	132	170	212	—
		1.5	125	160	200	250	315
		2	140	180	224	280	355
		3	170	212	265	335	425
		3.5	180	224	280	355	450
		4	190	236	300	375	415
		4.5	200	250	315	400	500

表 4-8 外螺纹大径公差（T_d）（摘自 GB/T 197—2018） （单位：μm）

螺距 P/mm	公差等级		
	4	6	8
1	112	180	280
1.25	132	212	335
1.5	150	236	375
1.75	170	265	425
2	180	280	450
2.5	212	335	530
3	236	375	600
3.5	265	425	670
4	300	475	750

表 4-9 外螺纹中径公差（T_{d2}）（摘自 GB/T 197—2018） （单位：μm）

公称直径 d/mm		螺距 P/mm	公差等级						
>	≤		3	4	5	6	7	8	9
5.6	11.2	0.75	50	63	80	100	125	—	—
		1	56	71	90	112	140	180	224
		1.25	60	75	95	118	150	190	236
		1.5	67	85	106	132	170	212	295
11.2	22.4	1	60	75	95	118	150	190	236
		1.25	67	85	106	132	170	212	265
		1.5	71	90	112	140	180	224	280
		1.75	75	95	118	150	190	236	300
		2	80	100	125	160	200	250	315
		2.5	85	106	132	170	212	265	335
22.4	45	1	63	80	100	125	160	200	250
		1.5	75	95	118	150	190	236	300
		2	85	106	132	170	212	265	335
		3	100	125	160	200	250	315	400
		3.5	106	132	170	212	265	335	425
		4	112	140	180	224	280	355	450
		4.5	118	150	190	236	300	375	475

2. 螺纹公差带

普通螺纹的公差带以基本牙型轮廓为零线，沿螺纹牙型的牙侧、牙顶、牙底分布，并在垂直于螺纹轴线方向计量大径、中径、小径的偏差和公差，如图 4-13 所示。和尺寸公差带相同，螺纹公差带的大小和位置分别由螺纹公差等级和基本偏差决定。

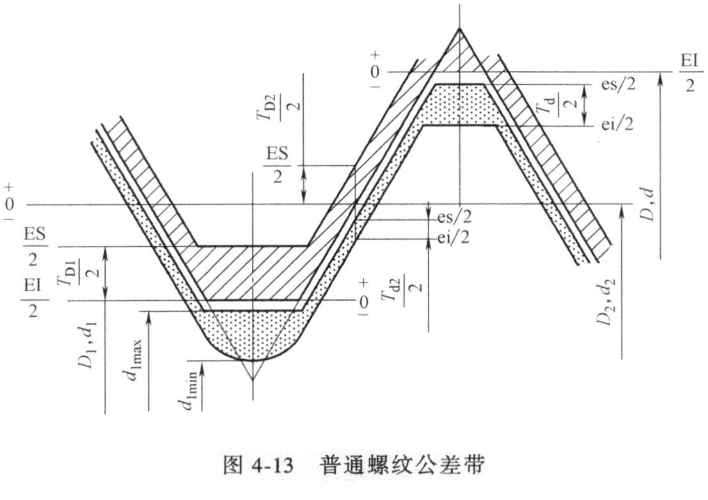

图 4-13 普通螺纹公差带

公差带的位置由基本偏差确定，国家标准规定外螺纹的上极限偏差 es 为基本偏差，有 a、b、c、d、e、f、g、h 八种，如图 4-14 所示；内螺纹的下极限偏差 EI 为基本偏差，有 G、H 两种，如图 4-15 所示。由图 4-14 和图 4-15 可知，外螺纹的公差带在基本牙型零线以下，h 的基本偏差为零，a、b、c、d、e、f 和 g 的基本偏差为负值；内螺纹的公差带在基本牙型零线以上，H 的基本偏差为零，G 的基本偏差为正值。

内、外螺纹的基本偏差见表 4-10。

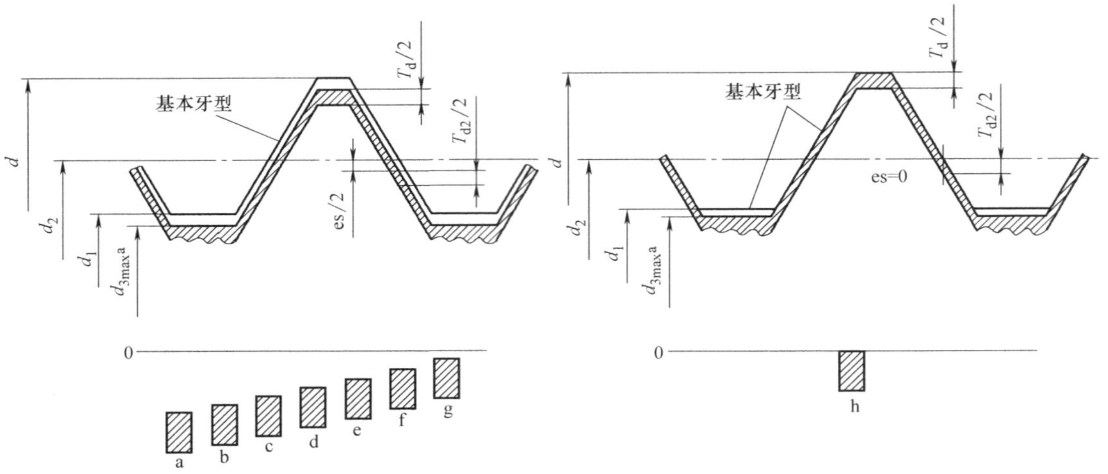

图 4-14 外螺纹公差带位置

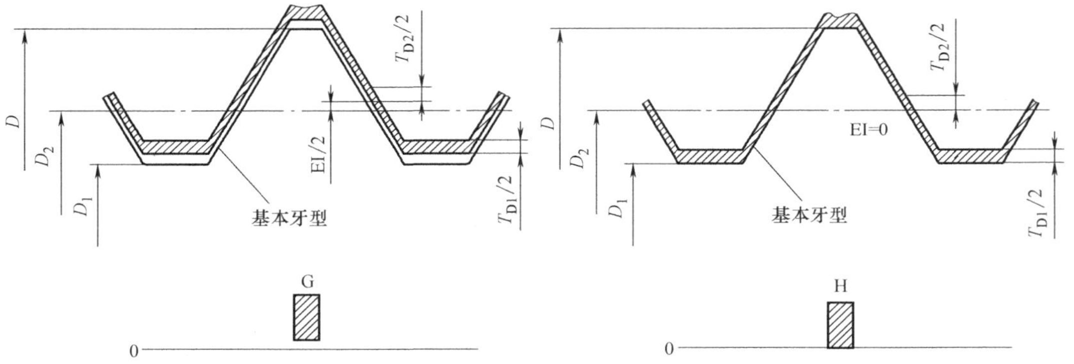

图 4-15 内螺纹公差带位置

表 4-10 内、外螺纹的基本偏差（摘自 GB/T 197—2018）（单位：μm）

螺距 P/mm	基本偏差/μm									
	内螺纹		外螺纹							
	G EI	H EI	a es	b es	c es	d es	e es	f es	g es	h es
1	+26	0	-290	-200	-130	-85	-60	-40	-26	0
1.25	+28	0	-295	-205	-135	-90	-63	-42	-28	0
1.5	+32	0	-300	-212	-140	-95	-67	-45	-32	0
1.75	+34	0	-310	-220	-145	-100	-71	-48	-34	0
2	+38	0	-315	-225	-150	-105	-71	-52	-38	0
2.5	+42	0	-325	-235	-160	-110	-80	-58	-42	0
3	+48	0	-335	-245	-170	-115	-85	-63	-48	0

（续）

螺距 P/mm	基本偏差/μm									
	内螺纹		外螺纹							
	G EI	H EI	a es	b es	c es	d es	e es	f es	g es	h es
3.5	+53	0	-345	-255	-180	-125	-90	-70	-53	0
4	+60	0	-355	-265	-190	-130	-95	-75	-60	0
4.5	+63	0	-365	-280	-200	-135	-100	-80	-63	0
5	+71	0	-375	-290	-212	-140	-106	-85	-71	0
5.5	+75	0	-385	-300	-224	-150	-112	-90	-75	0
6	+80	0	-395	-310	-236	-155	-118	-95	-80	0
8	+100	0	-425	-340	-265	-180	-140	-118	-100	0

3. 旋合长度

螺纹的旋合长度对螺纹结合的精度有重大影响，国家标准规定旋合长度分为短旋合长度S、中等旋合长度N、长旋合长度L三种，一般选用中等旋合长度。

五、普通螺纹的标记及螺纹表格的应用

1. 普通螺纹的标记

同一公称直径的普通螺纹按螺距大小分为粗牙和细牙。一般连接多用粗牙螺纹，它是同一公称直径的普通螺纹中螺距最大的螺纹。细牙螺纹的螺距小，自锁性能好，但易滑牙，常用于薄壁零件的连接。

完整的普通螺纹标记包括特征代号、公称直径、螺距（细牙）、旋向、中径和顶径公差带代号、旋合长度代号等内容。普通螺纹的规定标记，见表4-11。

表4-11　普通螺纹的规定标记

种类	特征代号	标记示例	螺旋副标记示例	附注
粗牙	M	M16-6g-L-LH 示例说明： M—粗牙普通螺纹 16—公称直径 6g—外螺纹中径和顶径公差带代号 L—长旋合长度 LH—左旋	M20-6H/6g-LH 示例说明： 6H—内螺纹公差带代号 6g—外螺纹公差带代号	1)粗牙普通螺纹不标螺距，而细牙则标注 2)右旋不标旋向代号，左旋用LH表示 3)旋合长度有长旋合长度L、中等旋合长度N和短旋合长度S三种，其中中等旋合长度N不标 4)公差带代号中，前者为中径公差带代号，后者为顶径公差带代号，两者相同时则只标一个 5)螺纹副的公差带代号中，前者为内螺纹公差带代号，后者为外螺纹公差带代号，中间用“/”隔开
细牙		M16×1-6H7H 示例说明： M—细牙普通螺纹 16—公称直径 1—螺距 6H—中径公差带代号 7H—顶径公差带代号	M20×2-6H/5g6g-LH 示例说明： 6H—内螺纹公差带代号 5g6g—外螺纹公差带代号	

普通螺纹的标记示例如图 4-16 所示。

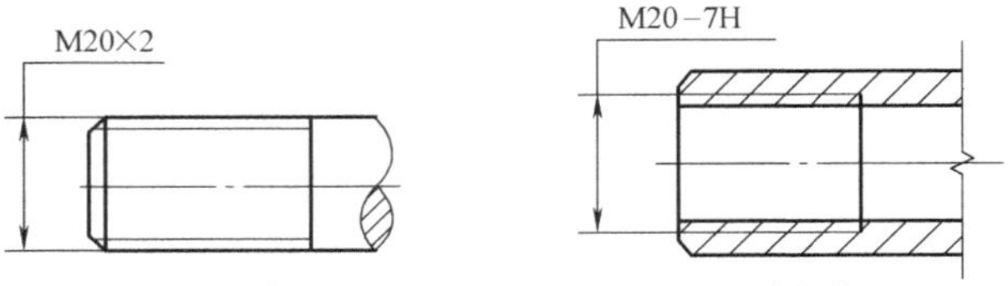

a) 外螺纹　　b) 内螺纹

图 4-16　普通螺纹的标记示例

2. 螺纹表格的应用

例　查阅相关表格并计算 M20-6H/5g6g 普通内、外螺纹的中径、大径和小径的基本尺寸、极限偏差和极限尺寸。

解：

1）查表 4-4 得螺距：螺距 $P=2.5\text{mm}$。

2）查表 4-5 得基本尺寸：大径 $D=d=20\text{mm}$；中径 $D_2=d_2=18.376\text{mm}$；小径 $D_1=d_1=17.294\text{mm}$。

3）查表 4-6～4-10 并计算得极限偏差（也可直接查阅 GB/T 2516—2003 中的螺纹的极限偏差数值表），见表 4-12。

表 4-12　M20-6H/5g6g 内、外螺纹的极限偏差　　（单位：mm）

基本偏差		ES(es)	EI(ei)
内螺纹	大径	不规定	0
	中径	+0.224	0
	小径	+0.450	0
外螺纹	大径	−0.042	−0.377
	中径	−0.042	−0.174
	小径	−0.042	不规定

4）计算极限尺寸，见表 4-13。

表 4-13　M20-6H/5g6g 内、外螺纹的极限尺寸　　（单位：mm）

极限尺寸		上极限尺寸	下极限尺寸
内螺纹	大径	不超过实体牙型	20
	中径	18.600	18.376
	小径	17.744	17.294
外螺纹	大径	19.958	19.623
	中径	18.334	18.202
	小径	17.252	不超过实体牙型

思　考　题

1. 什么是牙型角、牙型半角？哪一个参数对螺纹互换性影响较大？
2. 什么是螺距？它与导程、线数有何关系？
3. 影响螺纹互换性的主要参数有哪些？
4. 普通螺纹的公差等级有哪几种？内、外螺纹的公差带是怎样分布的？

5. 解释下列螺纹标记的含义：

M10-5g6g；M10×1-6H-LH；M24×2-5H6H-L；M30-6H/6g

6. 查表确定 M16-6H/6g 的内、外螺纹中径、顶径的极限偏差，并计算其极限尺寸。

实训 4-1 用三针法测量普通螺纹中径

实训准备：三针、杠杆千分尺、螺纹塞规。

量具：三针和杠杆千分尺。

中径是检验精密螺纹是否合格的一个重要指标，可以利用三根量针和杠杆千分尺以及必要的夹持螺纹的支架来测量。

图 4-17 三针

1. 三针

三针就是用以测量外螺纹中径的三根一套的圆柱形精密量针，如图 4-17 所示。其规格从 0.118mm~6.585mm，见表 4-14。

表 4-14 普通螺纹标准量针直径 d_0（摘录） （单位：mm）

螺距 P	量针直径 d_0	螺距 P	量针直径 d_0	螺距 P	量针直径 d_0	螺距 P	量针直径 d_0
0.2	0.118	0.5	0.291	1.25	0.724	3.5	2.020
0.25	0.142	0.6	0.343	1.5	0.866	4	2.311
0.3	0.172	0.7	0.402	1.75	1.008	4.5	2.595
0.35	0.201	0.75	0.433	2.0	1.157	5	2.886
0.4	0.232	0.8	0.461	2.5	1.441	5.5	3.177
0.45	0.260	1.0	0.572	3	1.732	6	3.468

2. 杠杆千分尺

杠杆千分尺用途一般与外径千分尺相同，但是测量精度较高，测量范围一般为 0~25mm、25~50mm、50~75mm、75~100mm。杠杆千分尺主要由外径千分尺的微分头部分及杠杆测微机构组成，如图 4-18 所示。

使用杠杆千分尺应注意以下事项：

1）直接测量时，将零件置于杠杆千分尺测砧与测微螺杆之间，然后转动微分筒使零件被测尺寸线与两测量面垂直接触，当指示表指针位于刻度盘零位两侧十个分度内时，将微分筒上的纵刻线与固定套管上的纵刻线对正，并锁紧测微螺杆，推动按钮 3~5 次，每次指示表读数值的平均值为指示表的示值。此时，由千分尺微分筒的读数加上指示表的

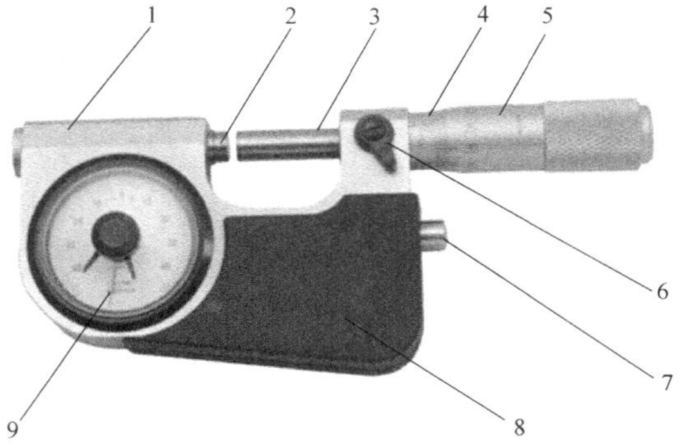

图 4-18 杠杆千分尺

1—尺架 2—测砧 3—测微螺杆 4—固定套管 5—微分筒 6—锁紧装置 7—按钮 8—盖板 9—表盘（指示表）

读数即为零件实际尺寸。

2）比较测量时，应首先按被测零件的尺寸，用量块调整好零位。

3）成批测量应按被测零件的公称尺寸，调整杠杆千分尺示值（为提高测量精度也可用量块进行调整）。然后，根据公差要求，转动公差带指标调节螺钉，调节公差带。测量时，只观察指针是否在公差带范围内即可确定零件是否合格。该测量方法工效高并且精度也高。

4）测量曲面间或刃面间距离，应摆动杠杆千分尺或被测零件，在指针的返折处（即转折点）读数。

3. 三针法的测量原理

用三针法测量外螺纹中径属于间接测量，其原理如图 4-19 所示。测量时将直径相同的三根量针放在被测螺纹的沟槽里，其中两根放在同侧相邻的沟槽里，另一根放在对面与之相对应的中间沟槽内。在用杠杆千分尺测出量针外廓最大距离 M 值后，根据被测螺纹已知的螺距 P、牙型半角 $\alpha/2$ 和量针直径 d_0，就可以算出被测螺纹的螺纹中径 d_2。

螺纹中径 d_2 的计算公式为

$$d_2=M-d_0\left(1+\frac{1}{\sin\frac{\alpha}{2}}\right)+\frac{P}{2}\cot\frac{\alpha}{2}$$

对于普通螺纹，$\alpha=60°$，上式可转化为

$$d_2=M-3d_0+0.866P$$

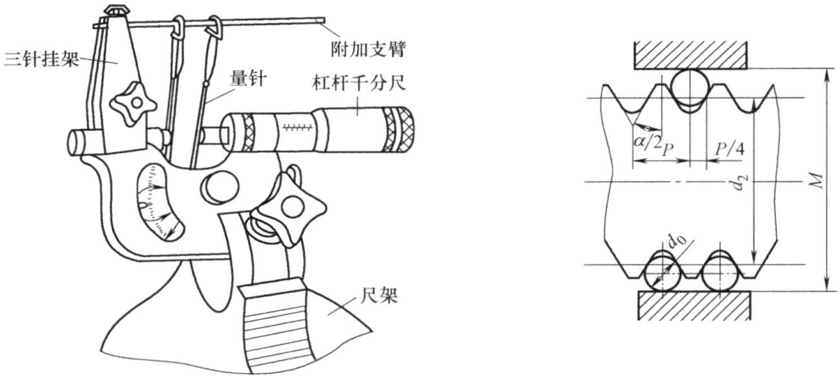

a) 测量仪器设置　　b) 测量方法

图 4-19　三针法的测量原理

一、实训任务

用三针法检测 M20×2-5g 螺纹塞规（图 4-20）的螺纹中径。

图 4-20　螺纹塞规

二、任务分析

螺纹塞规是检测内螺纹的专用量具，螺纹精度较高，其中径可以采用三针法测量。

由螺纹代号可知被检测螺纹的公称直径是 20mm，螺距是 2mm，中径、顶径的公差带代号是 5g。

1）查表 4-5 得基本尺寸：$d_2=18.701\text{mm}$。

2）查表 4-9 得中径公差：$T_{d2}=0.125\text{mm}$。

3）查表 4-10 得中径基本偏差——上极限偏差：es=-0.038mm。

4）计算下极限偏差：$ei=es-T_{d2}=-0.038\text{mm}-0.125\text{mm}=-0.163\text{mm}$。

所以，该螺纹塞规中径尺寸应为 $18.701_{-0.163}^{-0.038}\text{mm}$，即中径尺寸介于 18.538~18.663mm 之间才为合格。

三、实训步骤

1. 测量

1）根据螺纹塞规的公称直径 20mm，选择量程为 0~25mm 的杠杆千分尺。

2）选取量针。

① 计算查表法。计算查表法是先计算出量针的最佳直径，再从表 4-14 中选取合适的标准量针直径。

为了消除牙型半角误差对测量结果的影响，须使量针与牙侧的接触点落在中径线上，如图 4-21 所示，此时是量针的最佳直径，选用量针时应尽量接近最佳直径。

最佳直径的计算公式为

$$d_0=\frac{P}{2\cos\frac{\alpha}{2}}$$

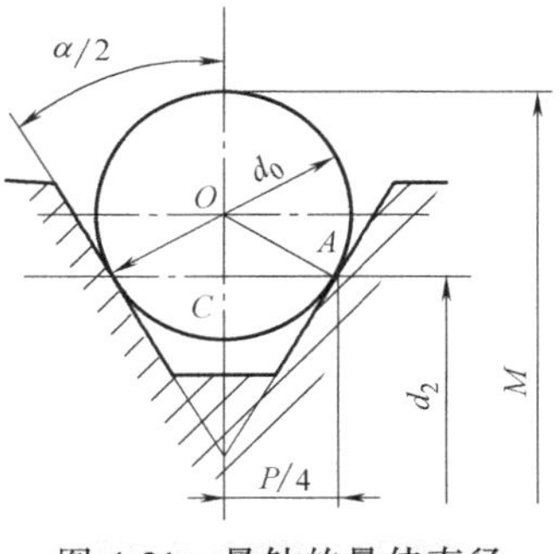

图 4-21　量针的最佳直径

② 直接查表法。直接查表法是指根据螺纹的螺距直接从表 4-14 中选取合适的标准量针，这种方法比较方便，较为常用。

由表 4-14 可知，当螺距为 2mm 时，选用规格为 1.157mm 的标准量针。

3）清洁三针的测量面和被测螺纹的牙槽，擦净杠杆千分尺测砧和测微螺杆的端面，校正杠杆千分尺零位。

4）如图 4-19 所示，把三根量针放入螺纹牙槽中，保持零件被测尺寸线与两测量面垂直，旋转杠杆千分尺微分筒，适时锁紧测微螺杆，推动按钮 3~5 次，读出并记录尺寸 M。

5）在同一横截面，并与以上测量方向垂直处再次测量，记录尺寸 M。

6）再选取若干测量截面（如 4 个），按上述方法测量并记录尺寸 M。

7）测量结束，整理清洁实训仪器。

2. 测量报告

1）数据处理。取每一测量截面上两次测得数值 M 的平均值带入公式 $d_2=M-3d_0+0.866P$ 计算得到该测量截面上的实测中径。保证整体长度上误差值都在允许的范围内方为合格产品。

2）设计一测量报告单，记录测量结果并处理数据做出结论。

实训 4-2 用螺纹千分尺测量普通螺纹中径

实训准备：螺纹千分尺，阶梯轴。

螺纹千分尺用于测量低精度外螺纹中径，构造与一般的外径千分尺相似，如图 4-22 所示。不同的是其测量杆上有适用于不同牙型和不同螺距的特殊测量头 1、2。测量头成套配用，每对测量头中一个为 V 形，另一个为圆锥形，可用于测量一定螺距范围内的螺纹。螺纹千分尺的分度值是 0.001mm，测量范围有 0~25mm、25~50mm、50~75mm 等。使用螺纹千分尺时应用配套的校对样板 3 校对零位。

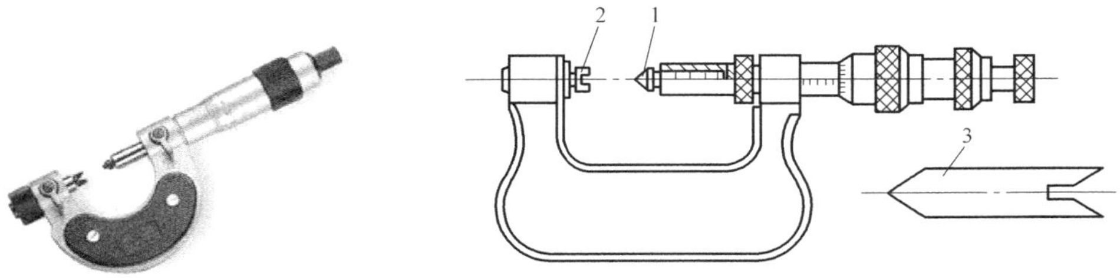

图 4-22 螺纹千分尺

1、2—测量头 3—校对样板

一、实训任务

测量阶梯轴（图 4-23）上螺纹的中径。

二、任务分析

阶梯轴上的螺纹标记 M20-6e 表示公称直径为 20mm、螺距为 2.5mm、中径和顶径公差带代号为 6e 的粗牙普通外螺纹。经过查表和计算可知，中径的上极限尺寸为 ϕ18.296mm，下极限尺寸为 ϕ18.126mm，实际测量获得的尺寸在此范围内即为合格，否则为不合格。

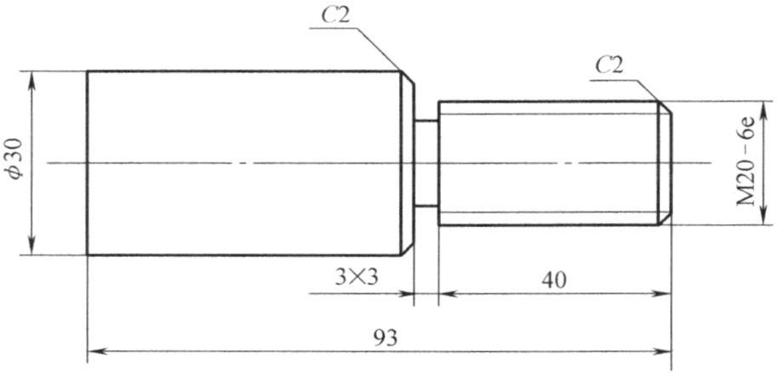

图 4-23 阶梯轴

三、实训步骤

1. 测量

1）根据被测螺纹的螺距和牙型角，选取一对测量头。

2）清洁阶梯轴、测量头、螺纹千分尺和校对样板。

3）安装测量头，把测量头牢固准确地安装在测量杆和测砧孔内。

4）校对螺纹千分尺的零位。用配套的校对样板校对螺纹千分尺的零位，若需调整可通过螺纹千分尺上的调零螺母调整。

5）将被测螺纹放到两测量头之间进行测量。测量时，要使两测量头分别与螺纹牙的凸起和沟槽吻合，保证两测量头连线与被测螺纹轴线垂直，如图 4-24 所示，读取并记录测出数值，测得数值即为螺纹中径。螺纹千分尺的读数和使用方法与外径千分尺相同。

6）在同一横截面与上次测量方向垂直处再次测量，读取并记录测出数值。

7）再选取若干测量截面（如 4 个），按上述方法测量并记录数值。

8）测量完毕，整理清洁实训仪器。

2. 测量报告

1）数据处理。每一测量截面上两次测得数值的平均值为该截面上被测螺纹的实际中径，保证整体长度上误差值都在允许的范围内方为合格产品。

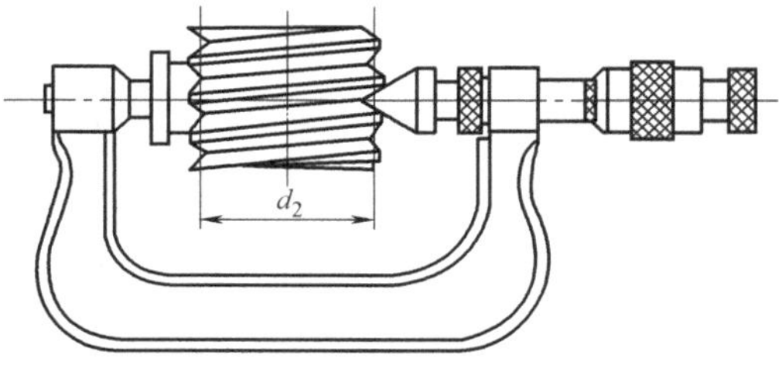

图 4-24 螺纹千分尺测量中径

2）设计一测量报告单，记录测量结果并处理数据做出结论。

技能拓展：普通螺纹的综合检验

在实际生产中，大批量的产品若采取用计量量具（如游标卡尺，千分表等）逐个测量很费事，我们知道合格的产品是有一个度量范围的，在这个范围内都合格，所以可以采取综合检验的方法来检测螺纹的合格性。

对螺纹进行综合检验时使用的是螺纹量规和光滑极限量规，它们都由通规（通端）和止规（止端）组成。光滑极限量规用于检测内、外螺纹顶径尺寸的合格性。螺纹量规的通规用于检测内、外螺纹的作用中径及底径的合格性，螺纹量规的止规用于检测内、外螺纹单一中径的合格性。

光滑极限量规和螺纹量规都是按极限尺寸判断原则而设计的。

光滑极限量规的通端（通规）具有顶径的上极限尺寸，止端（止规）具有顶径的下极限尺寸。

螺纹量规的通规（通端）体现的是最大实体牙型边界，具有完整的牙型，并且其长度应等于被检测螺纹的旋合长度，以用于正确检测作用中径。若被检测螺纹的作用中径未超过螺纹的最大实体牙型中径，且被检测螺纹的底径也合格，那么螺纹通规就会在旋合长度内与被检测螺纹顺利旋合。

螺纹量规的止规（止端）用于检测螺纹的单一中径。为了避免牙型半角误差及螺距累积误差对检测的影响，止规的牙型常做成截短型牙型，以使止端只在单一中径处与被检测螺纹的牙侧接触，并且止端的牙扣只做出几牙。

1. 外螺纹的综合检验

图 4-25 所示为外螺纹综合检验的示例。

先用光滑极限量规（卡规）检验外螺纹顶径的合格性。若“通规过止规不过”，则说明顶径合格。

再用螺纹环规（检验外螺纹的螺纹量规称为螺纹环规，如图 4-26 所示）检验中径和底径、单一中径的合格性。如果螺纹环规的通规能够顺利旋入，而止规不能完全旋合，则说明

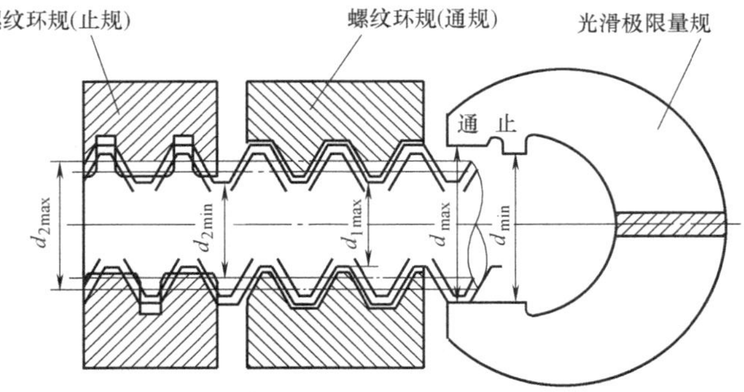

图 4-25　外螺纹综合检验的示例

螺纹符合精度要求，反之则不合格。

注意：所谓“止规不能完全旋合”，是指用止规检测时，止规旋入螺纹不允许超过两个螺距；对于三个或少于三个螺距的零件，不能完全旋入通过。

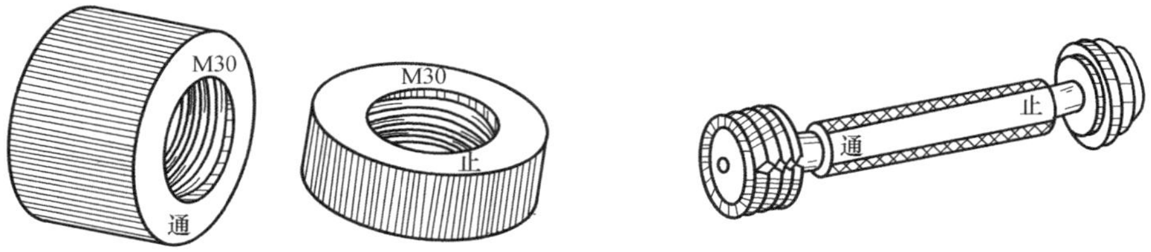

图 4-26　环规和塞规

2. 内螺纹的综合检验

图 4-27 为内螺纹综合检验的示例。

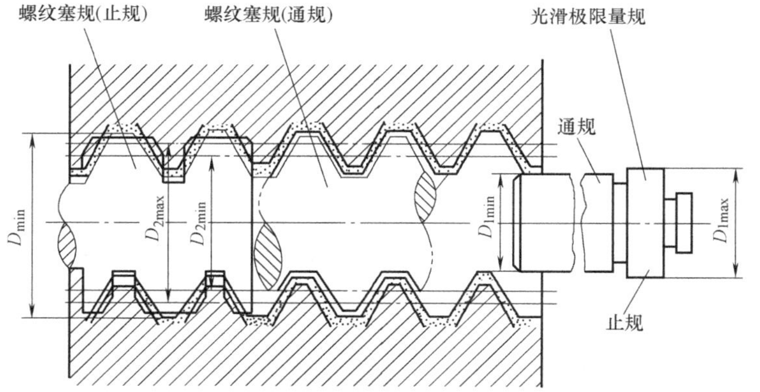

图 4-27　内螺纹综合检验的示例

先用光滑极限量规（塞规）检验内螺纹顶径的合格性。

再用螺纹塞规（检验内螺纹的螺纹量规称为螺纹塞规，如图 4-26 所示）检验中径和底径、单一中径的合格性，其方法和外螺纹的综合检验方法相同。

3. 使用螺纹量规的注意事项

1）经检验计量部门检验合格的螺纹量规才能使用，并要定周期检查。

2）螺纹量规是精密量具，要轻拿轻放，不能磕碰其工作面。

3）插入螺纹量规时注意用力要尽量小，不允许把通、止规用力往孔里推或边旋转边往里推，还要注意不能倾斜。

4）为减少测量误差，尽量保障螺纹量规与被测零件在等温条件下进行测量。

5）不允许用螺纹量规检测不清洁零件。

第二节　梯形螺纹及其测量

基本知识

一、梯形螺纹

梯形螺纹是应用广泛的传动螺纹，主要用于传递运动和动力。

1. 梯形螺纹的牙型

梯形螺纹的牙型为等腰梯形，牙型角 $\alpha=30°$，其基本牙型和主要参数如图 4-28 所示。

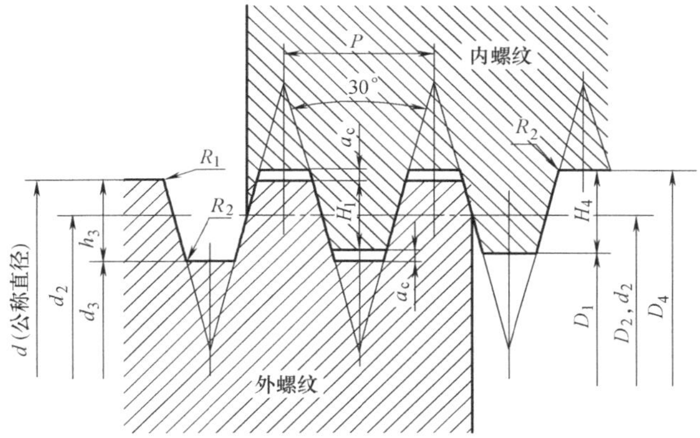

图 4-28　梯形螺纹的基本牙型和主要参数

梯形螺纹各部分名称、代号及计算公式见表 4-15。

表 4-15　梯形螺纹各部分名称、代号及计算公式

<table>
<tr><th colspan="2">名称</th><th>代号</th><th colspan="4">计算公式</th></tr>
<tr><td colspan="2">牙型角</td><td>α</td><td colspan="4">$\alpha=30°$</td></tr>
<tr><td colspan="2">螺距</td><td>P</td><td colspan="4">由螺纹标准确定</td></tr>
<tr><td colspan="2" rowspan="2">牙顶间隙</td><td rowspan="2">a_c</td><td>P</td><td>1.5~5mm</td><td>6~12mm</td><td>14~44mm</td></tr>
<tr><td>a_c</td><td>0.25mm</td><td>0.5mm</td><td>1mm</td></tr>
<tr><td rowspan="4">外螺纹</td><td>大径</td><td>d</td><td colspan="4">公称直径</td></tr>
<tr><td>中径</td><td>d_2</td><td colspan="4">$d_2=d-0.5P$</td></tr>
<tr><td>小径</td><td>d_3</td><td colspan="4">$d_3=d-2h_3$</td></tr>
<tr><td>牙高</td><td>h_3</td><td colspan="4">$h_3=0.5P+a_c$</td></tr>
</table>

（续）

名称		代号	计算公式
内螺纹	大径	D_4	$D_4=d+2a_c$
	中径	D_2	$D_2=d_2$
	小径	D_1	$D_1=d-P$
	牙高	H_4	$H_4=h_3$
牙顶高		f、f'	$f=f'=0.366P$
牙槽底宽		W、W'	$W=W'=0.366P-0.536a_c$

2. 梯形螺纹的公差与配合

梯形螺纹内、外螺纹的中径基本偏差，外螺纹的中径公差，内螺纹的中径公差分别见表4-16~表4-18。

表 4-16 梯形螺纹内、外螺纹的中径基本偏差 （单位：μm）

螺距 P/mm	基本偏差		
	内螺纹 D_2	外螺纹 d_2	
	H EI	c es	e es
1.5	0	-140	-67
2	0	-150	-71
3	0	-170	-85
4	0	-190	-95
5	0	-212	-106
6	0	-236	-118
7	0	-250	-125
8	0	-265	-132
9	0	-280	-140
10	0	-300	-150
12	0	-336	-160
14	0	-365	-180
16	0	-375	-190
18	0	-400	-200
20	0	-425	-212
22	0	-450	-224
24	0	-475	-236
28	0	-500	-250
32	0	-530	-265
36	0	-560	-280
40	0	-600	-300
44	0	-630	-315

表 4-17　梯形螺纹外螺纹的中径公差（T_{d2}）　（单位：μm）

公称直径 d/mm		螺距 P/mm	公差等级		
>	≤		7	8	9
5.6	11.2	1.5	170	212	265
		2	190	236	300
		3	212	265	335
11.2	22.4	2	200	250	315
		3	224	280	355
		4	265	335	425
		5	280	355	450
		8	355	450	560
22.4	45	3	250	315	400
		5	300	375	475
		6	335	425	530
		7	355	450	560
		8	375	475	600
		10	400	500	630
		12	425	530	670
45	90	3	265	335	425
		4	300	375	475
		8	400	500	630
		9	425	530	670
		10	425	530	670
		12	475	600	750
		14	500	630	800
		16	530	670	850
		18	560	710	900

表 4-18　梯形螺纹内螺纹的中径公差（T_{D2}）　（单位：μm）

公称直径 D/mm		螺距 P/mm	公差等级		
>	≤		7	8	9
5.6	11.2	1.5	224	280	355
		2	250	315	400
		3	280	355	450
11.2	22.4	2	265	335	425
		3	300	375	475
		4	355	450	560
		5	375	475	600
		8	475	600	750

（续）

公称直径 D/mm		螺距 P/mm	公差等级		
>	≤		7	8	9
22.4	45	3	335	425	530
		5	400	500	630
		6	450	560	710
		7	475	600	750
		8	500	630	800
		10	530	670	850
		12	560	710	900
45	90	3	355	450	550
		4	400	500	630
		8	530	670	850
		9	560	710	900
		10	560	710	900
		12	630	800	1000
		14	670	850	1060
		16	710	900	1120
		18	750	950	1180

二、梯形螺纹的标记

梯形螺纹的标记由螺纹特征代号、尺寸代号、旋向代号、公差带代号、旋合长度代号组成。梯形螺纹的螺纹特征代号是“Tr”，其标记示例见表 4-19。

表 4-19 梯形螺纹的标记示例

种类	螺纹特征代号	标记示例	螺旋副标记示例	附注
单线	Tr	Tr40×7-7h-L 示例说明： Tr—梯形螺纹 40—公称直径 7—螺距 7h—外螺纹中径和顶径公差带代号 L—长旋合长度	Tr40×14(P7)-7H/7e 示例说明： 7H—内螺纹公差带代号 7e—外螺纹公差带代号	1)单线螺纹的尺寸用“公称直径×螺距”表示，多线螺纹的尺寸用“公称直径×导程(螺距)”表示 2)右旋不标旋向代号，左旋用 LH 表示 3)旋合长度有长旋合长度 L、中等旋合长度 N 和短旋合长度 S 三种，其中中等旋合长度 N 不标 4)在公差带代号中，前者为中径公差带代号，后者为顶径公差带代号，两者相同时则只标一个 5)螺纹副的公差带代号中，前者为内螺纹公差带代号，后者为外螺纹公差带代号，中间用“/”隔开
多线		Tr24×10(P5)LH-7H 示例说明： Tr—梯形螺纹 24—公称直径 10—导程 5—螺距 LH—左旋 7H—内螺纹中径和顶径公差带代号		

实训 4-3 用三针法测量梯形螺纹

实训准备：三针、公法线千分尺、梯形螺杆。

量具：公法线千分尺。

和外径千分尺相似，公法线千分尺也是利用螺旋副原理来工作的。它主要用于测量齿轮公法线的长度，也可以用于精度较高螺纹的测量。应用公法线千分尺可以对弧形尺架上两盘形测量面之间的距离进行测量。常用公法线千分尺的外形结构如图 4-29 所示，其使用和读数方法和外径千分尺相同。

一、实训任务

测量梯形螺杆（图 4-30）梯形螺纹的中径，其螺纹标记为 Tr40×10-7e。

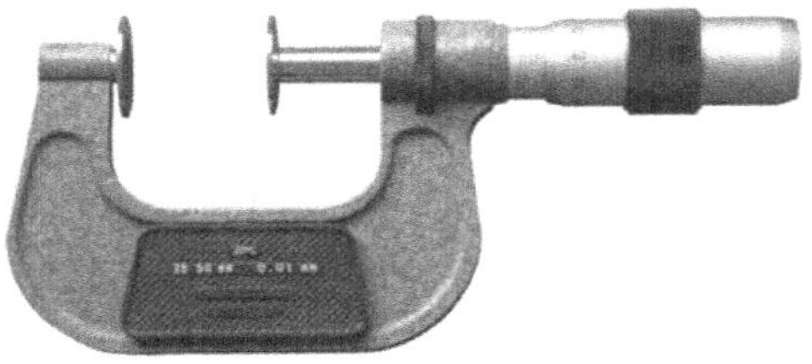

图 4-29 常用公法线千分尺的外形结构

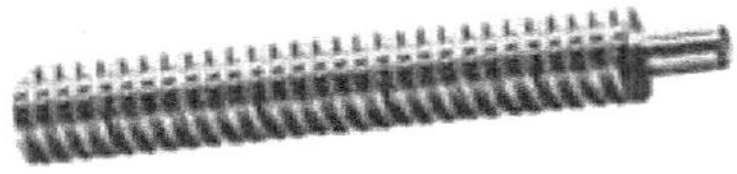

图 4-30 梯形螺杆

二、任务分析

由螺纹代号可知被检测螺纹为梯形外螺纹，公称直径 40mm，螺距 10mm，中径公差带代号是 7e。

1）利用表 4-15 中的公式计算得公称尺寸：$d_2=d-0.5P=40\text{mm}-0.5\times10\text{mm}=35\text{mm}$。

2）查表 4-17 得中径公差：$T_{d2}=0.400\text{mm}$。

3）查表 4-16 得中径基本偏差——上极限偏差：$es=-0.150\text{mm}$。

4）计算下极限偏差：$ei=es-T_{d2}=-0.150\text{mm}-0.400\text{mm}=-0.550\text{mm}$。

所以，该梯形螺纹中径尺寸应为 $35_{-0.550}^{-0.150}\text{mm}$，即中径尺寸介于 34.450～34.850mm 之间才为合格。

因为梯形螺杆传动精度要求高，所以采用三针和公法线千分尺测量。

三、实训步骤

1. 测量

1）根据螺纹公称直径（40mm），选取测量范围是 25～50mm 的公法线千分尺。

2）根据梯形螺纹的螺距选用最佳量针。梯形螺纹标准量针直径见表 4-20。

查表 4-20 可知，测量该梯形螺纹应选用标准直径为 5.150mm 的量针。

3）清理三针的测量面和被测螺纹的牙槽，擦净公法线千分尺测量面，校正公法线千分尺零位。

表 4-20　梯形螺纹标准量针直径　（单位：mm）

螺距 P	量针直径 d_0	螺距 P	量针直径 d_0	螺距 P	量针直径 d_0	螺距 P	量针直径 d_0
2	1.008	6	3.106	12	6.212	24	12.423
3	1.553	8	4.120	16	8.282	32	16.565
4	2.050	10	5.150	20	10.358	40	20.706
5	2.595						

4）如图 4-31 所示，把三根量针放入螺纹牙槽中，其中两根放在同侧相邻的沟槽里，另一根放在对面与之相对应的中间沟槽内。旋转公法线千分尺微分筒，使两端测头与三针接触，直到发出三声“咯咯”声，读出并记录数值 M。

5）在同一横截面与上次测量方向垂直处再次测量，读取并记录测出数值。

6）再选取若干测量截面（如 4 个），按上述方法测量并记录数值。

7）测量完毕，整理清洁实训仪器。

2. 测量报告

1）数据处理。取每一测量截面上两次测得数值 M 的平均值带入公式 $d_2=M-4.864d_0+1.866P$ 计算得到该测量截面上的实测中径。保证整体长度上中径误差值都在允许的范围内方为合格产品。

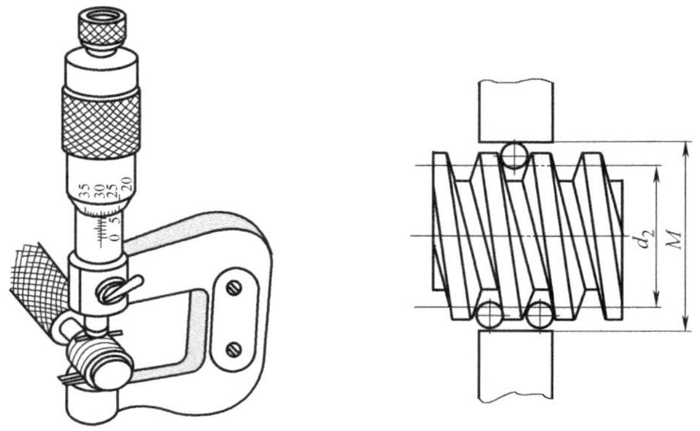

图 4-31　三针法测量梯形螺纹中径

2）设计一测量报告单，记录测量结果并处理数据做出结论。

第五单元
表面结构要求及其测量

学习目标

（1）能读懂零件图上表面结构的标记。

（2）会用粗糙度显微镜测量表面粗糙度值。

（3）会用比较法测量表面粗糙度值。

基本知识

完工零件的表面看起来非常光滑，实际上存在多项误差。为提高零件的使用性能和寿命，必须对零件的表面加工质量提出要求，即提出表面结构要求。

一、表面结构的基本概念

零件实际表面的轮廓是由粗糙度轮廓、波纹度轮廓和原始轮廓叠加而成的。零件的表面结构特征就是粗糙度轮廓特征、波纹度轮廓特征和原始轮廓特征的统称。

1. 粗糙度轮廓特征

由于加工过程中刀具和零件间的摩擦、工艺系统的高频振动等因素的影响，经过机械加工之后的零件表面，总是存在具有较小间距的峰、谷组成的微量高低不平的痕迹，称为粗糙度轮廓，如图 5-1 所示。这些峰、谷的高低程度和间距状况构成零件表面的微观几何形状误差，称为表面粗糙度。

2. 波纹度轮廓特征

在加工过程中，由于机床-刀具-工件系统的强迫振动、刀具进给的不规则和回转质量的不平衡等原因，在零件表面留下的波距较大、随机的或接近周期形式的痕迹成分，形成波纹度轮廓。具有波纹度轮廓的零件表面特性称为表面波纹度。

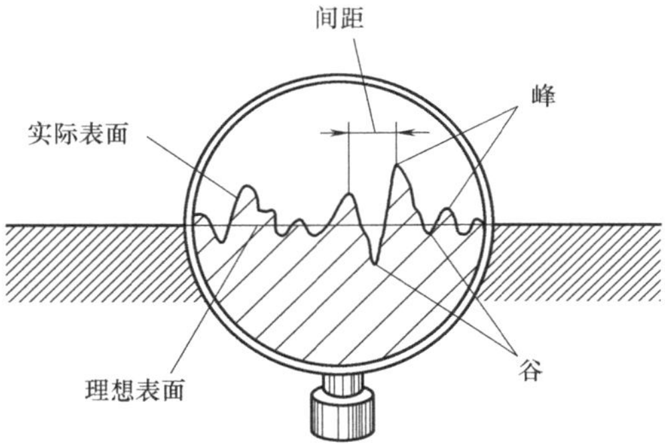

图 5-1　零件表面的放大情况

3. 原始轮廓特征

原始轮廓是忽略了粗糙度轮廓和波纹度轮廓之后的总的轮廓。它具有的宏观几何形状特征称为表面形状误差。形状误差一般是由机床、夹具等本身所具有的形状误差引起的。

4. 表面粗糙度、表面波纹度和表面形状误差的划分

表面粗糙度反映的是零件表面形状的微观特征，表面形状误差表述的则是零件几何要素的宏观特征，介于两者之间的是表面波纹度，如图 5-2 所示。

表面粗糙度、表面波纹度和表面形状误差可以按照波距 λ 和波高 h 之比来划分：一般比值大于 1000 为表面形状误差，小于 40 为表面粗糙度，介于两者之间的为表面波纹度。也可以按照波距的大小来划分：波距 λ 大于 10mm 的为表面形状误差，小于 1mm 的为表面粗糙度，介于两者之间的为表面波纹度。

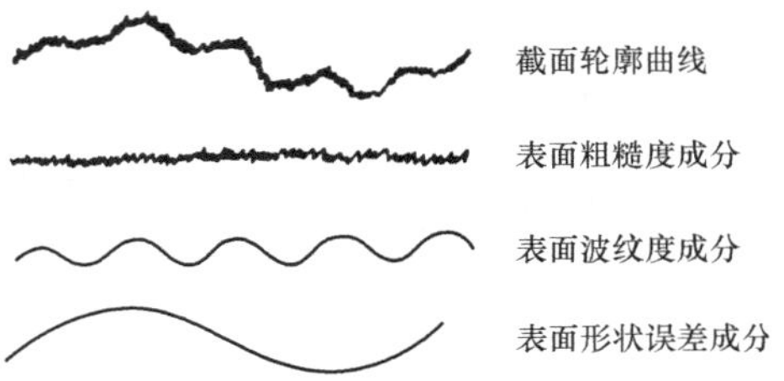

图 5-2 零件表面的几何形状总误差

为保证满足零件的表面功能要求，为产品设计和生产提供依据，我国制定了相应的表面结构国家标准。我国现行表面结构国家标准主要有：

GB/T 3505—2009《产品几何技术规范（GPS） 表面结构 轮廓法 术语、定义及表面结构参数》

GB/T 1031—2009《产品几何技术规范（GPS） 表面结构 轮廓法 表面粗糙度参数及其数值》

GB/T 131—2006《产品几何技术规范（GPS） 技术产品文件中表面结构的表示法》

二、表面结构对零件使用性能的影响

表面结构对机械零件的摩擦、磨损、配合性质、疲劳强度、接触刚度等都有显著影响。表面粗糙度会对零件的使用性能产生如下影响：

1. 对摩擦和磨损的影响

零件实际表面越粗糙，摩擦系数、摩擦阻力就越大，相互运动的表面磨损就越快。

2. 对配合性质的影响

表面粗糙度会影响配合性质的可靠性和稳定性。对间隙配合，会因表面峰尖在工作过程中很快磨损而使间隙增大；对过盈配合，粗糙表面轮廓的波峰在装配时被挤平，实际有效过盈减小，降低了连接强度。

3. 对疲劳强度的影响

零件表面越粗糙，微观凹谷就越深，越易产生应力集中，零件的疲劳强度就越低。尤其在交变应力的作用下，零件发生疲劳损坏的可能性会大大提高。

4. 对接触刚度的影响

零件表面越粗糙，两表面间的实际接触面积就越小，单位面积受力就越大，受到外力时易产生接触变形，接触刚度变低，影响机器的工作精度和抗振性。

5. 对耐蚀性的影响

粗糙的表面易使腐蚀性物质附着于零件表面的微观凹谷处，且向零件表层渗透，加剧零件表面的锈蚀。

此外，表面粗糙度对零件结合面的密封性能、流体阻力、外观质量和表面涂层的质量等都有一定的影响。

三、评定表面结构的基本参数

评定表面结构的参数分为轮廓参数、图形参数和支承率曲线参数共三组，其中轮廓参数有表面粗糙度轮廓（*R* 轮廓）参数、波纹度轮廓（*W* 轮廓）参数、原始轮廓（*P* 轮廓）参数。在所有的参数中，最常用的是表面粗糙度轮廓参数中的两个高度参数：轮廓算术平均偏差 Ra 和轮廓最大高度 Rz。

1. 表面轮廓

表面轮廓是指一个指定平面与实际表面相交所得的轮廓线，如图 5-3 所示。按相截方向不同，分为横向表面轮廓和纵向表面轮廓。在评定表面粗糙度时，除非特别指明，通常指横向表面轮廓，即与加工纹理方向垂直的轮廓。

2. 取样长度 *lr*

取样长度是用于判别具有表面粗糙度特征的一段基准线长度，如图 5-4 所示。为了削弱和剔除表面波纹度和表面形状误差对表面粗糙度测量结果的影响，使测量结果能较好反映表面粗糙度的实际情况，必须有一个合理的取样长度。国家标准规定，按表面粗糙度数值选取相应的取样长度，见表 5-1。

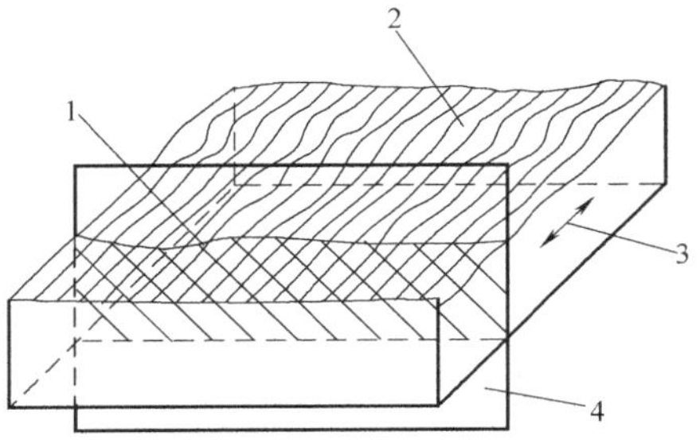

图 5-3　表面轮廓

1—横向表面轮廓　2—实际表面
3—加工纹理方向　4—指定平面

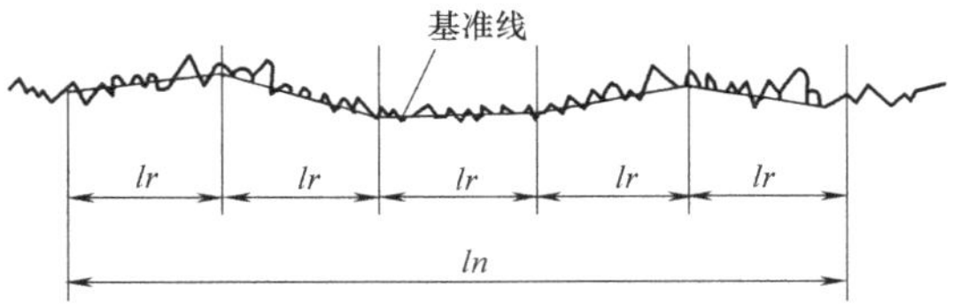

图 5-4　取样长度和评定长度

表 5-1　取样长度与评定长度推荐值（GB/T 1031—2009）

Ra/μm	Rz/μm	lr/mm	ln/mm
≥0.008～0.02	≥0.025～0.10	0.08	0.4
≥0.02～0.10	≥0.10～0.50	0.25	1.25
≥0.10～2.0	≥0.50～10.0	0.8	4.0
≥2.0～10.0	≥10.0～50.0	2.5	12.5
≥10.0～80	≥50.0～320	8.0	40.0

3. 评定长度 *ln*

评定长度是评定轮廓表面粗糙度所必需的一段长度，如图 5-4 所示。由于零件各部分的表面粗糙度不一定均匀，在一个取样长度上往往不能合理地反映被测表面粗糙度特性，为了较充分和客观地反映被测表面的表面粗糙度，需取几个取样长度，测量后取其平均值作为测量结果。标准推荐 $ln=5lr$。评定长度的具体数值也应按表面粗糙度的评定参数对应选取，见

表 5-1。

4. 基准线

为了评定表面粗糙度参数，需要沿表面轮廓走向规定一条划分轮廓的参考线，这条线称为基准线，即基准线是评定表面粗糙度数值大小的一条参考线。通常以轮廓的算术平均中线 m 作为基准线。轮廓的算术平均中线是指在取样长度内用一条假想线将实际轮廓分成上下两部分，使上下两部分面积 F_i 与 F'_i 之和相等，这条假想线 m 就是被测实际要素的轮廓算术平均中线，如图 5-5 所示。其数学表达式为

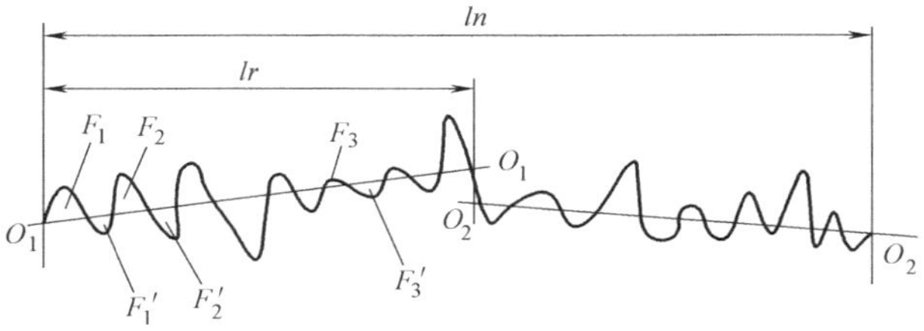

图 5-5 轮廓的算术平均中线

$$\sum_{i=1}^{n} F_i = \sum_{i=1}^{n} F'_i$$

5. 表面粗糙度的评定参数

(1) 轮廓算术平均偏差 Ra 轮廓算术平均偏差是指在取样长度 lr 内，被测轮廓上各点至基准线距离的算术平均值，如图 5-6 所示。其数学表达式为

$$Ra = \frac{1}{n}(y_1 + y_2 + \cdots + y_n)$$

式中 y_1、y_2、…、y_n——轮廓上各点至基准线的距离。

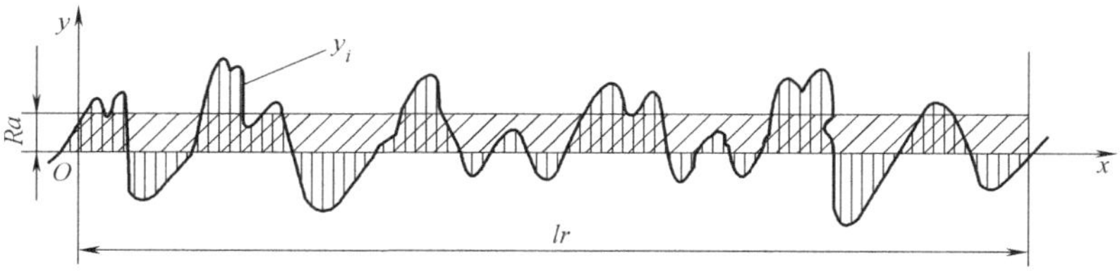

图 5-6 轮廓算术平均偏差 Ra

Ra 值越大，则表面越粗糙。Ra 值一般用电动轮廓仪进行测量。Ra 参数的测量点较多，能充分反映零件实际表面微观的不平程度，且可以用电动轮廓仪方便地进行测量，因而被国家标准定为优先选用参数，在生产中广泛采用。国家标准规定的 Ra 数值系列及补充系列值见表 5-2 和表 5-3，其中表 5-2 为优先选用的 Ra 值。

表 5-2 轮廓算术平均偏差 Ra 的系列数值 （单位：μm）

Ra	0.012 0.025 0.05 0.1	0.2 0.4 0.8 1.6	3.2 6.3 12.5 25	50 100

表 5-3 轮廓算术平均偏差 *Ra* 的补充系列数值 （单位：μm）

Ra	0.008	0.125	2.0	32
	0.010	0.160	2.5	40
	0.016	0.25	4.0	63
	0.200	0.32	5.0	80
	0.032	0.50	8.0	
	0.040	0.63	10.0	
	0.063	1.00	16.0	
	0.080	1.25	20	

（2）轮廓最大高度 *Rz* 轮廓最大高度是指在一个取样长度 *lr* 内，轮廓的最大峰高和最大谷深之和，如图 5-7 所示。国家标准规定的 *Rz* 数值见表 5-4。测得的 *Rz* 值越大，则表面越粗糙。*Rz* 数值一般用光切显微镜进行测量。

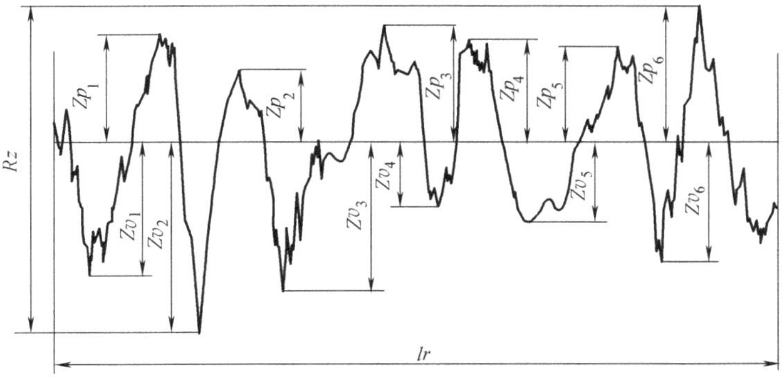

图 5-7 轮廓最大高度 *Rz*

表 5-4 轮廓最大高度 *Rz* 的数值 （单位：μm）

Rz	0.025	0.4	6.3	100	1600
	0.05	0.8	12.5	200	
	0.1	1.6	25	400	
	0.2	3.2	50	800	

四、表面结构的表示方法

GB/T 131—2006 规定了表面结构要求在图样上的表示方法，表面结构要求用表面结构的代号标注在图样上。

1. 表面结构符号

表面结构符号及其意义见表 5-5。

表 5-5 表面结构符号及其意义

符号	意义
	基本图形符号。表示未指定工艺方法的表面，用于简化代号标注，没有补充说明时不能单独使用

（续）

符号	意义
	扩展图形符号。表示表面是用去除材料的方法获得，如通过机械加工获得的表面
	扩展图形符号。表示表面是用不去除材料方法获得或是保持上道工序形成的表面
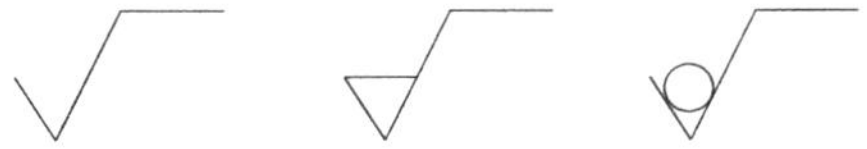	完整图形符号。在上述三个符号的长边上可加一横线，用于标注表面结构的补充信息
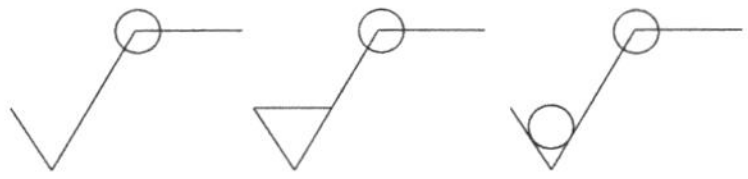	加一小圆符号。在上述三个符号上可加一小圆，表示对投影图上封闭的轮廓线所表示的表面具有相同的表面结构要求

2. 表面结构代号

在表面结构符号的基础上，注上表面结构参数数值和其他有关的规定项目后就组成了表面结构代号。表面结构参数数值及其有关规定在符号中注写的位置，如图 5-8 所示，注写的内容见表 5-6。

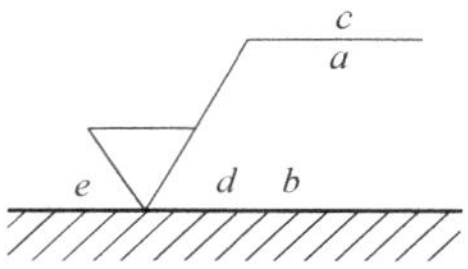

图 5-8　表面结构代号的表示方法

表 5-6　表面结构代号注写的内容

位置	注写的内容
a	注写表面结构的单一要求（第一表面结构要求）
a 和 *b*	注写表面结构的两个或多个要求（两个或多个表面结构要求）
c	注写加工方法、表面处理、涂层或其他加工工艺要求等，如车、磨、镀等
d	注写表面加工纹理方向符号，如“=”、“X”“M”等，遇到时可查阅 GB/T 131—2006
e	注写加工余量，单位为 mm

在表面结构代号中，参数数值和取样长度是两项基本要求，其中，取样长度按国家标准选取时可省略标注。其他项目应根据需要确定是否标注。表面结构参数标注示例及其含义见表 5-7。

表 5-7　表面结构参数标注示例及其含义

序号	示例	含　义	备　注
1	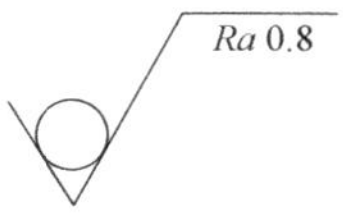	表示不允许去除材料，单项上限值，算术平均偏差为 0.8μm，16%规则（默认）	位置 *a* 处只标有参数代号和数值，其数值为极限值，默认 16%规则（参数的实测值中可以有少于 16%的实测值超过规定值） 参数代号和极限值之间留有空格

（续）

序号	示例	含　义	备　注
2	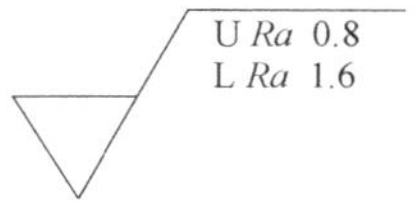	表示去除材料，双向极限值。上限值：算术平均偏差为 0.8μm，16%规则（默认）；下限值：算术平均偏差为 1.6μm，16%规则（默认）	U 和 L 分别表示上限值和下限值；若为单项上限值，可不标“U”；若为单项下限值，应加注“L”；若为双向极限要求，在不致引起误解时，也可不标“U”和“L”
3	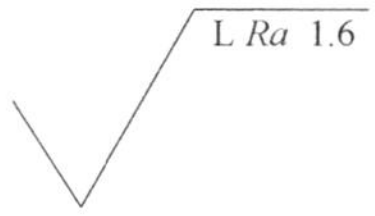	表示任意加工方法，单项下限值，算术平均偏差为 1.6μm，16%规则（默认）	
4	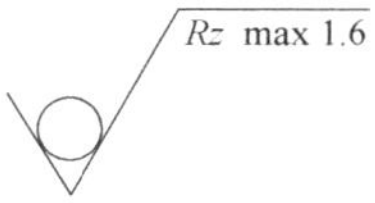	表示不允许去除材料，单项上限值，轮廓最大高度的最大值为 1.6μm，最大规则	代号中标注 max，表示参数数值为最大规则的极限值（最大规则：所有的实测值都不能超过规定值）
5	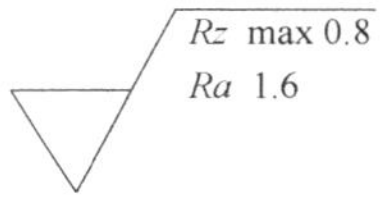	表示去除材料，双向极限值。上限值：算术平均偏差为 0.8μm，最大规则；下限值：算术平均偏差为 1.6μm，16%规则（默认）	

3. 表面结构在图样上的标记

在图样上，表面结构代号一般标注在可见轮廓线、尺寸界线或其延长线上，也可以标注在引出线上；符号的尖端必须从材料外指向加工表面；代号中的数字和符号的注写方向应与尺寸数字方向一致，如图 5-9 所示。

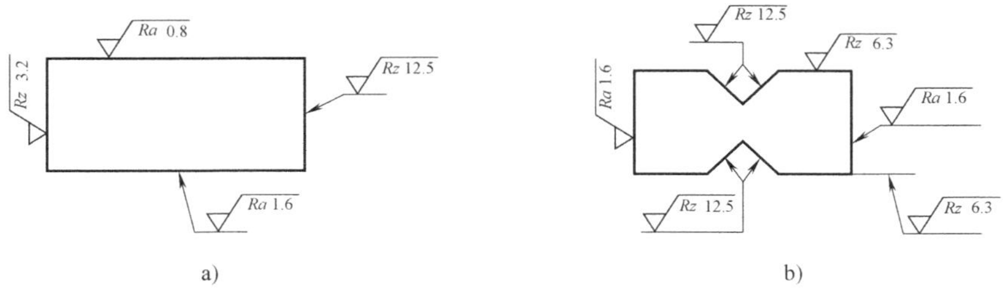

图 5-9　表面结构在图样上的标记

如果在工件的多数（包括全部）表面有相同的表面结构要求，则其表面结构要求可统一标注在图样的标题栏附近。此时（除全部表面有相同要求的情况外），在表面结构要求的符号后面应加注括弧，括弧内给出无任何其他标注的基本符号（图 5-10a）或不同的表面结构要求（图 5-10b）。

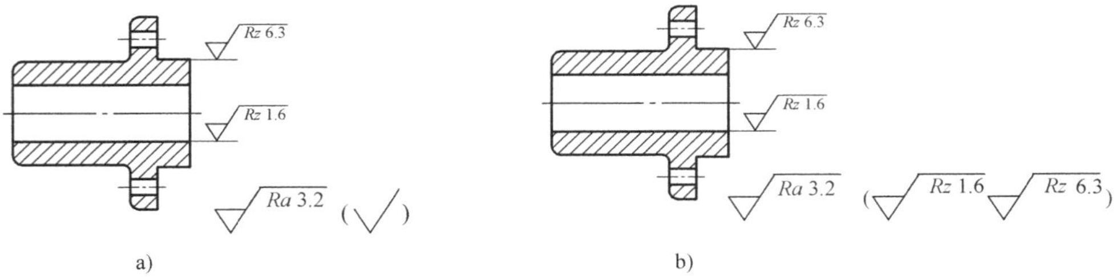

图 5-10 大多数表面有相同的表面结构要求时的简化标注

思 考 题

1. 什么是表面粗糙度？它对产品性能有何影响？

2. 什么是取样长度和评定长度？

3. 评定表面粗糙度参数时，为什么要规定取样长度？标准评定长度等于几个连续的标准取样长度？

4. 将表面结构代号标注在图 5-11 上，要求：

1）用任何方法加工圆柱面 ϕd_3，Ra 上限值为 3. 2μm。

2）用去除材料的方法获得孔 ϕd_1，Ra 上限值为 3. 2μm。

3）用去除材料的方法获得表面 A，Rz 上限值为 3. 2μm。

4）其余表面用去除材料的方法获得，Ra 上限值为 25μm。

5. 识读图 5-12 所示零件中的表面结构。

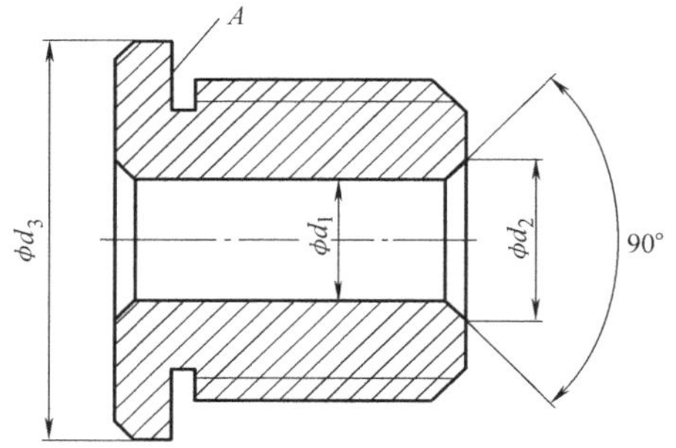

图 5-11 表面结构代号标注

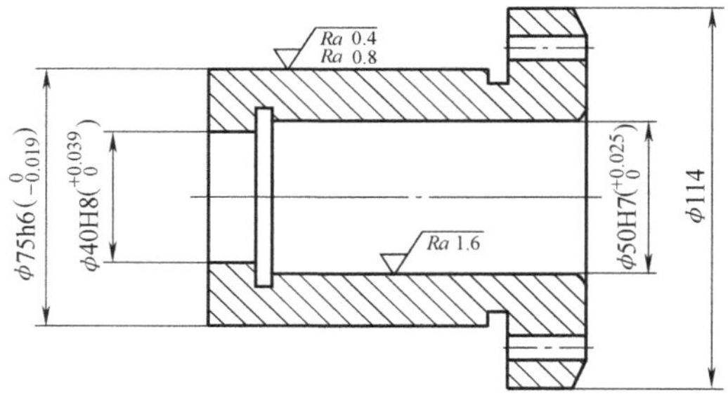

图 5-12 识读表面结构

实训 5-1 用光切显微镜测量表面粗糙度值

实训准备： 光切显微镜、粗糙度比较样块、轴（图 5-13）。

量仪： 光切显微镜。

1. 光切显微镜

光切显微镜是根据“光切法原理”制成的光学仪器，通常适合于测量表面粗糙度 Rz 值在 0. 8~100μm 范围内的

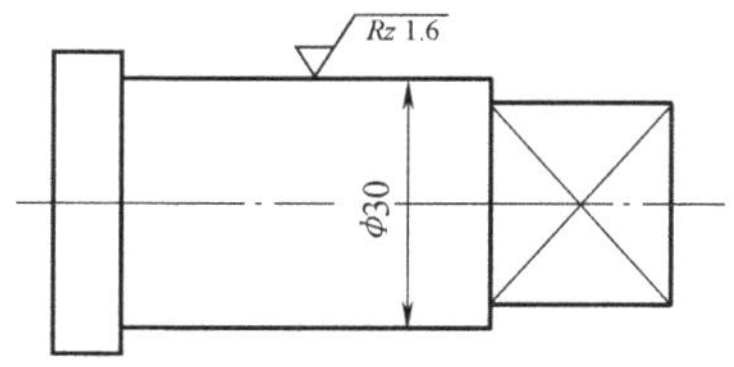

图 5-13 轴

零件，其测量范围取决于选用的物镜放大倍数。光切显微镜的主要性能见表 5-8。光切显微镜的外形如图 5-14 所示。

表 5-8　光切显微镜的主要性能

物镜放大倍数	总放大倍数	视场直径/mm	系数 E/(μm/格)	测量范围/μm
60	510	0.3	0.16	≥0.8~1.6
30	260	0.6	0.29	≥1.6~6.3
14	120	1.3	0.63	≥6.3~20
7	60	2.5	1.28	≥20~80

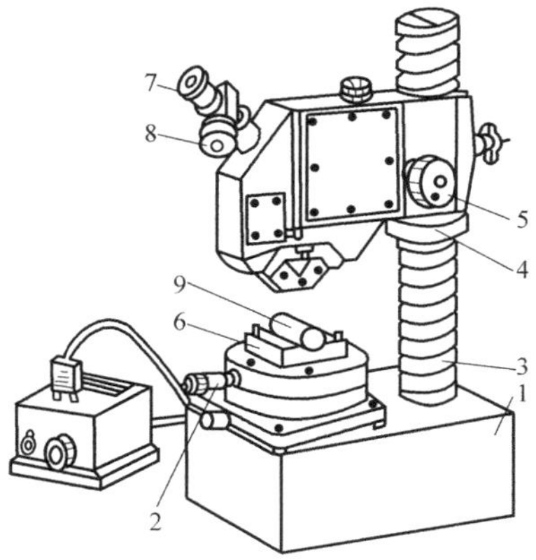

a)

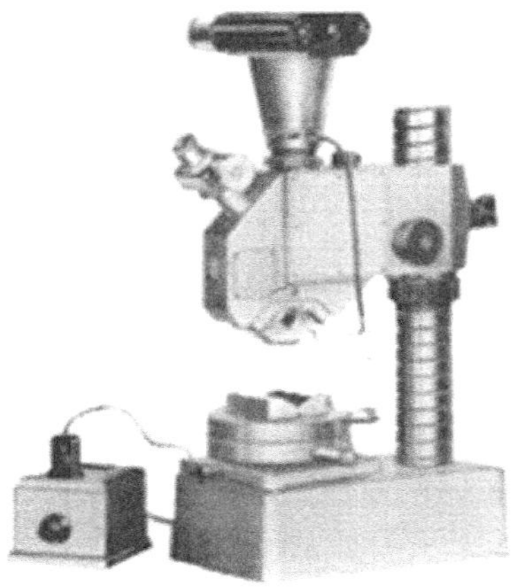

b)

图 5-14　光切显微镜的外形

1—底座　2—横向移动千分尺　3—立柱　4—升降螺母　5—微调手轮　6—工作台
7—可调视度目镜　8—可调“十”字线千分尺筒　9—被测零件

2. 光切显微镜的工作原理

光切显微镜的工作原理如图 5-15 所示。在图 5-15a 中，P_1、P_2 阶梯面表示被测表面的不平，其阶梯高度为 h。A 为一扁平光束，当它从 45°方向投射在阶梯表面上时，就被折射成 S_1 和 S_2 两段，经 B 方向反射后，可在显微镜内看到 S_1 和 S_2 两段光带的放大像 S_1'和 S_2'，如

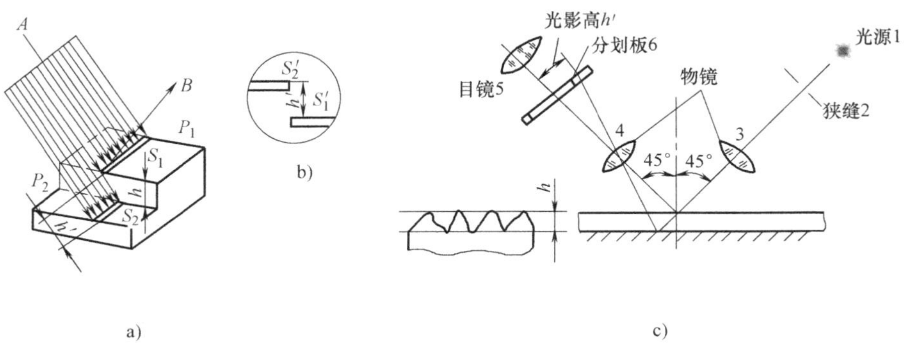

a)　　c)

图 5-15　光切显微镜的工作原理

图 5-15b 所示；同样 S_1 和 S_2 之间距离也被放大为 S_1' 和 S_2' 之间的距离 h'，只要用目镜 5 测出 h' 值，就可以根据放大关系算出 h 值。

用光切显微镜测量表面粗糙度值时，如图 5-15c 所示，由光源 1 发出的光线经狭缝 2（绿色挡板）及物镜 3 形成一扁平的光束，此光束以 45°方向投射到被测表面而形成一条绿色的光带，光带边缘的形状即为被测零件在 45°截面的轮廓。光带经反射后，通过显微镜的物镜 4 成像于目镜 5 前的分划板 6 上。目镜中看到的影像是与被测表面成 45°方向截面上的轮廓曲线，并经观测目镜放大了 M 倍，故实际的表面粗糙度最大高度 h 与影像 h' 的关系为

$$h=\frac{h'\cos45°}{M}$$

由图 5-16 可见，测微器中的十字线与测微器读数方向成 45°，当用十字线中的任一直线与影像峰、谷相切来测量波高时，波高 $h'=h''\cos45°$（h''为测微器两次读数的差值），代入上式中，被测表面的粗糙度最大高度为

$$h=\frac{h''\cos45°\cos45°}{M}=\frac{1}{2M}h''$$

令 $\frac{1}{2M}=E$（E 为与物镜放大倍数有关的系数），则 $h=Eh''$。物镜放大倍数 M 与系数 E 按被测表面粗糙度数值依据表 5-8 进行选择。

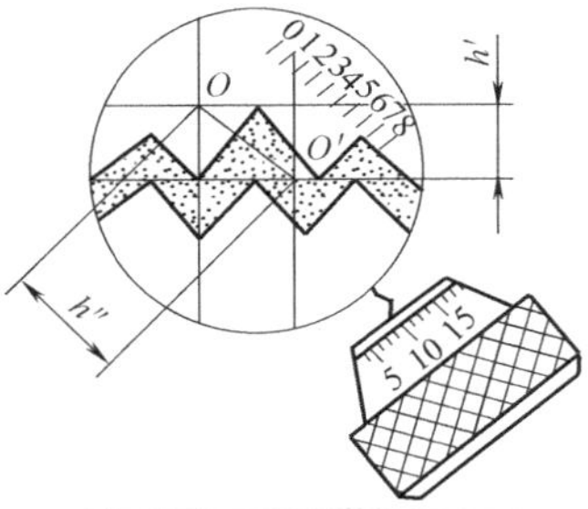

图 5-16　测微器中的十字线与测微器读数方向

一、实训任务

测量图 5-13 所示轴零件 $\phi30$mm 圆柱表面粗糙度 Rz 值，并判断其合格性。

二、任务分析

此轴 $\phi30$mm 圆柱表面粗糙度 Rz 值要求为 1.6μm，适合用光切显微镜测量。

三、实训步骤

1. 测量

1）清洁轴，检查显微镜。如显微镜的透镜需要清洁，应使用棉棒、纱布、柔软的刷子等比较柔软的东西，同时注意做到轻、柔、慢、缓。如有油迹、指纹等较顽固的污迹，可以用干净的软棉布、棉花棒、镜头纸等蘸上无水酒精轻轻地擦去。

2）按图样要求或用比较法估计被测表面粗糙度数值，按照表 5-8 选择放大倍数为 30 倍的物镜安装在仪器上。

3）将轴安置在工作台上的 V 形槽中，松开工作台锁紧螺钉，转动工作台，使得轴加工痕迹与光带方向平行，拧紧工作台锁紧螺钉。

4）通过变压器接通电源。

5）调整仪器（图 5-14）。

① 粗调节。松开横臂锁紧螺钉，转动升降螺母 4，使横臂缓慢下降到靠近轴表面（不能接触），直到能从目镜中观察到被测表面轮廓的绿色光带，然后锁紧横臂锁紧螺钉。

② 细调节。缓慢往复转动微调手轮 5，使目镜中光带处于最狭窄、轮廓影像最清晰状态，并位于视场中央。

6）松开目镜锁紧螺钉，转动目镜千分尺 8，使目镜中十字线中的水平线与光带大致平行，并将目镜锁紧。

7）根据被测表面粗糙度 Rz 数值，根据表 5-1 选取取样长度（0.8mm）和评定长度（4.0mm）。

8）在取样长度范围之内，旋转目镜千分尺的刻度套筒（图 5-17a），使目镜中十字线水平线与光带轮廓较清晰一边边缘的最高点相切（图 5-17b），记下刻度套筒的读数；再使十字线水平线与光带轮廓较清晰一边边缘的最低点相切（图 5-17c），同样记下刻度套筒的读数；两次读数的差值即为测量值 h''。

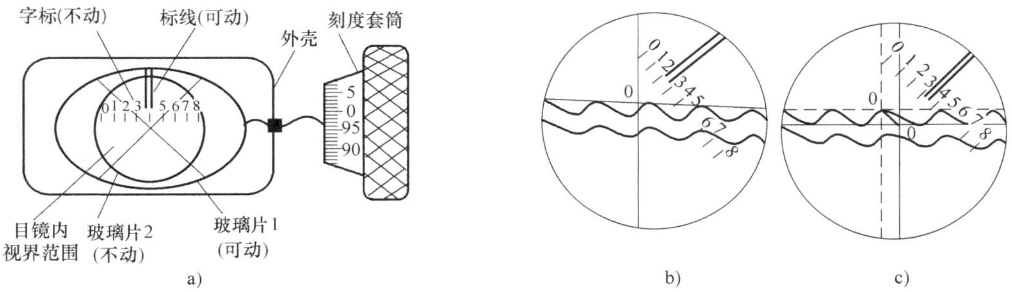

图 5-17　目镜视场

9）纵向移动工作台，在评定长度范围之内，按步骤 8）重复测量和记数。

10）将显微镜清洗擦拭干净，按规定保存好。注意：显微镜在长时间不使用的情况下，应用塑料罩盖好，并储放在干燥的地方防尘防霉；应将物镜和目镜保存在干燥器之类的容器中，并放些干燥剂；应定期在显微镜的有关部位加注中性润滑油脂。

2. 测量报告

1）数据处理。从表 5-8 中查出系数 E，根据公式 $h=Eh''$计算出每次测量的结果 Rz，以其平均数作为最后的测量结果。

2）结合以前所用测查报告单，记录自己的测量结果并处理数据做出结论。

技能拓展：其他表面粗糙度值测量方法

1. 比较法测量表面粗糙度值

表面粗糙度比较样块（也称为标准样块）是检查零件表面粗糙度值的一种比对量具。使用时，以样块工作面的表面粗糙度为标准，凭触觉（如手摸）或视觉（可借助放大镜、比较显微镜等）与待检查的零件表面进行比对，从而判别被检查表面的表面粗糙度值是否合乎要求。这是一种定性的检测方法。

在用比较样块对零件表面进行比较时，所选用的样块和被测表面的加工方法必须相同。同时样块的材料、形状、表面色泽等应尽可能地与被检查零件一致。判断的准则是根据零件加工痕迹的深浅来决定被测表面粗糙度值是否符合工艺要求。当被测表面的加工痕迹深浅程度相当或者小于样块工作面加工痕迹深度时，则被测表面粗糙度值一般不大于样块的标记公称值。

比较法测量表面粗糙度值虽简便、快速、经济实用，但只能定性测量，无法得到表面粗糙度的定量值。比较法要求检验者具有丰富的实践经验。因此，比较法用于具有一般而不是严格要求的表面粗糙度的零件表面。

2. 用干涉显微镜测量表面粗糙度值

干涉显微镜是干涉仪和显微镜的组合，用光波干涉原理来测量被测表面粗糙度值。干涉显微镜具有高放大倍数和高鉴别率，一般用于测量 0.025~0.08μm 的 Rz 值。目前，它是一种高精度的表面粗糙度测量仪器。

（1）干涉显微镜的结构　图 5-18 所示为干涉显微镜的结构。它的外壳是箱体。箱体内安装光学系统；箱体前上部伸出目镜 14，其上装有目镜千分尺；箱体两边有各种调整用的手轮；箱体的上部是工作台 4，它可水平移动、转动和上下移动。对小零件，将被测表面向下放在工作台上测量；对大零件，可将仪器倒立放在零件的被测表面上进行测量。

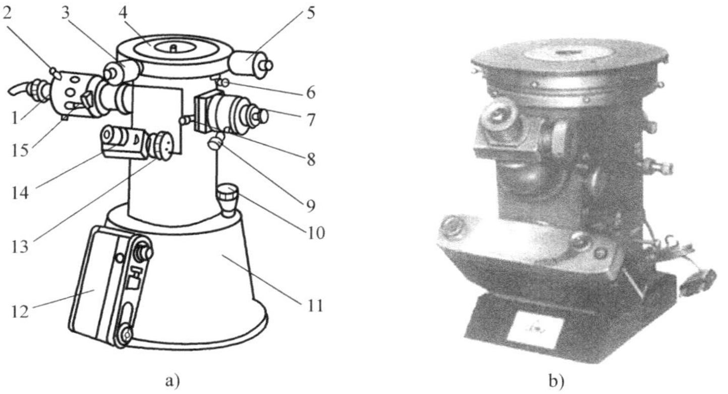

图 5-18　干涉显微镜的结构

1—光源部件　2—光源调节螺钉　3、5—工作台移动千分尺　4—工作台　6—工作台固定螺钉　7—仪器调修用手柄　8—转动遮光板用手柄　9—调整干涉条纹用手柄　10—调焦旋钮　11—底座　12—照相机　13—测微目镜调节手轮　14—目镜　15—滤光片移动手柄

（2）干涉显微镜的工作原理　用干涉显微镜测量时，其工作原理如图 5-19 所示。由光源 1 发出的光线，经聚光滤色组 2 聚光和滤色，再经反射镜 3 转向，通过光阑 4、5 和物镜 6，投射于分光镜 7 的半透明半反射膜后，分成两路光束。一路光束透过分光镜 7 和补偿镜 10、物镜 11 射向零件被测表面 P_2，经 P_2 反射后原路返回，再射在分光镜上，射向观察目镜 16。另一路光束由分光镜 7 反射，经滤光片 8、物镜 9 射向标准反射镜 P_1，再由 P_1 反射也经原路返回，透过分光镜，射向观察目镜 16。由于同一光源分为两路的相干光束之间有光程差，相遇后便产生干涉，在目镜 16 中可观察到产生于分划板 15 上的明暗相间的干涉条纹。如果被测表面是理想表面，则干涉条纹为一组等距离的平行条纹线；如果被测表面存在微观不平，则形成弯曲条纹，其弯曲程度随微观平面度的高度发生变化，如图 5-20 所示。用测量装置分别测出弯曲度 a 和相邻两条干涉条纹的距离 b，根据光波干涉原理，Rz 的计算公式为

$$Rz=\frac{\lambda a}{2b}$$

式中 λ——光波波长（μm）。

该仪器附有照相装置，可将成像于平面玻璃 P_3 上的干涉条纹拍下，进行测量计算。

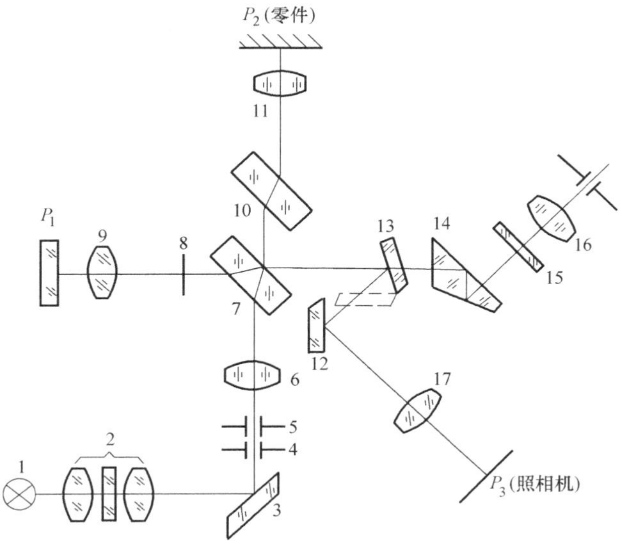

图 5-19 干涉显微镜的工作原理

1—光源 2—聚光滤色组 3—反射镜 4、5—光阑 6、9、11、17—物镜 7—分光镜 8—滤光片 10—补偿镜 12、13、14—折射镜 15—分划板 16—目镜

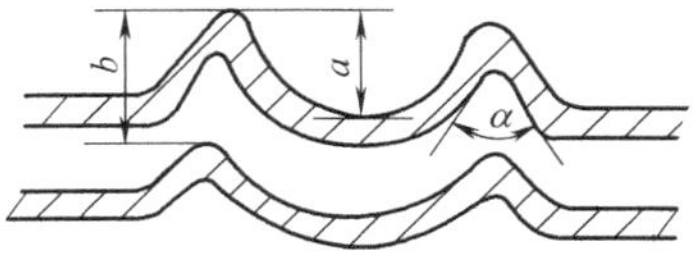

图 5-20 干涉条纹

（3）测量步骤（图 5-18）

1）将被测零件放在仪器工作台 4 上，被测表面向下对着物镜头，接通电源。

2）将转动遮光板用手柄 8 转至箭头朝上的位置，以切断通向物镜的光线。

3）转动调焦旋钮 10，使目镜内观察到被测表面的清晰加工痕迹影像，然后将转动遮光板用手柄 8 转至箭头水平指向的方向，再微调调焦旋钮 10，视场内即出现干涉条纹。

4）绕自身轴线旋转调整干涉条纹用手柄 9，调节干涉条纹宽度，使之在目镜视场内为 2~3mm 左右。再将调整干涉条纹用手柄 9 绕光轴旋转，调节干涉条纹方向，使之垂直于加工痕迹。

5）旋转测微目镜调节手轮 13，使十字线的水平线与干涉条纹轮廓中线平行。干涉条纹的间隔宽度 b 应取三个不同位置的平均值。

6）在同一干涉条纹上测量最高点与最低点的值，读数之差为 Rz'，则轮廓最大高度

$$Rz=\frac{Rz'}{b}\times\frac{\lambda}{2}$$

其中 λ 的值，应根据选用光色不同以及干涉显微镜的说明书确定。

7）在评定长度内，依次测量五个取样长度内的 Rz，并求出平均值作为测得值，若不超出允许值，则可判断该表面粗糙度值合格。

实训 5-2　用电动轮廓仪测量表面粗糙度值

实训准备： 电动轮廓仪、轴套（图 5-21）。

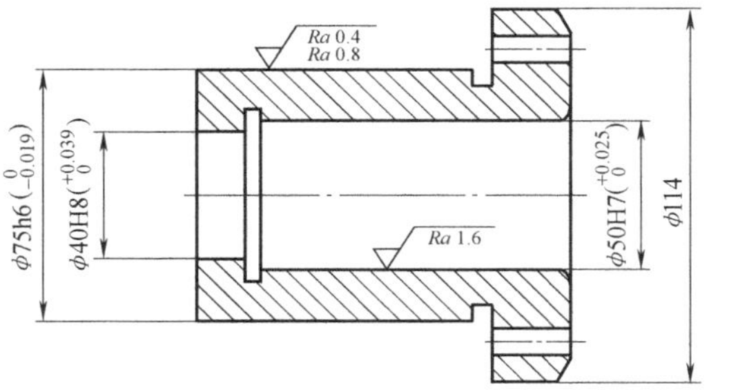

图 5-21　轴套

量仪： 电动轮廓仪。

1. 电动轮廓仪

电动轮廓仪是触针式仪器，即通过仪器的触针与被测表面的滑移进行测量，属于接触测量。其主要优点是可以直接测量某些难以测量到的零件表面，如孔、槽等的表面粗糙度值，又能直接按某种评定标准读数或是描绘出表面轮廓曲线的形状，且测量速度快，结果可靠，操作方便。

电动轮廓仪配有各种附件，以适应平面、内外圆柱面、锥面、球面、沟槽等形状表面的测量。电动轮廓仪常用来测量平面、外圆柱面和 ϕ6mm 以上内孔的表面粗糙度 Ra 值，测量范围一般为 0.025～6.3μm。

电动轮廓仪的结构如图 5-22 所示。

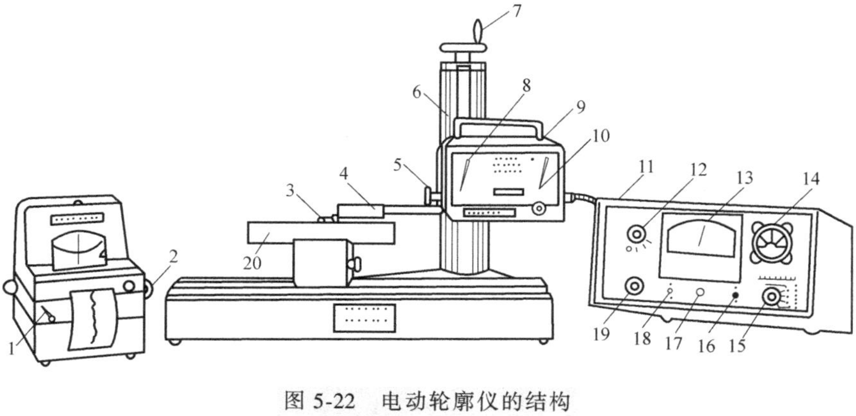

图 5-22　电动轮廓仪的结构

1—记录器开关　2、10—变速手柄　3—触针　4—传感器　5—螺钉　6—立柱　7—手轮　8—起动手柄　9—驱动箱　11—电器箱　12、15—旋钮　13—平均表　14—指零表　16—电源开关　17—指示灯　18—选择开关　19—调零旋钮　20—被测零件

2. 电动轮廓仪的工作原理

图 5-23 所示为电动轮廓仪的工作原理。传感器测杆上装有金刚石触针，其针尖与被测表面接触。当传感器在驱动箱的拖动下，沿被测表面匀速移动时，被测表面轮廓上的峰谷起伏使金刚石触针上下移动，进而使测量电桥输出一个与触针位移成正比的电压信号。经过一定的电子线路，就可以由平均表（*Ra* 值指示表）读出被测表面的 *Ra* 值，也可以根据从记录器得到的被测表面记录图形加以数学计算来获得该表面的 *Ra* 值或 *Rz* 值。

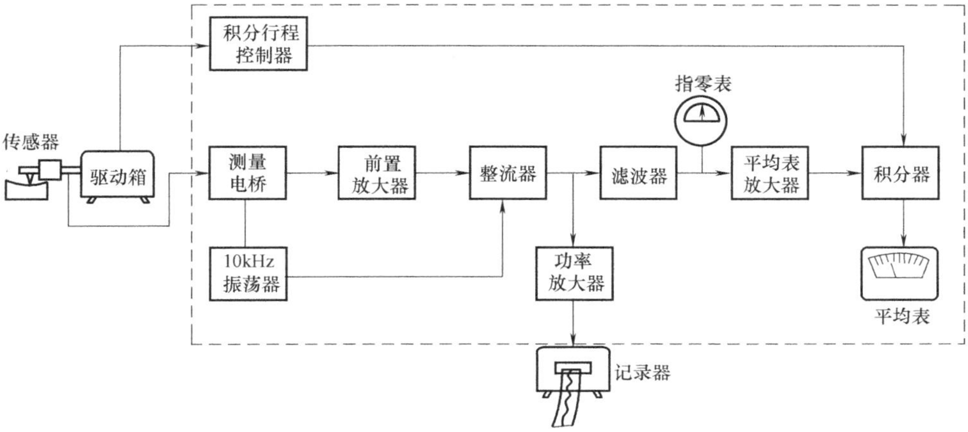

图 5-23 电动轮廓仪的工作原理

一、实训任务

测量图 5-21 所示轴套零件 ϕ75mm 外圆柱表面和 ϕ50mm 内圆柱表面的粗糙度 *Ra* 值，并判断其合格性。

二、任务分析

两处的粗糙度 *Ra* 值要求介于 0.025~6.3μm 之间，我们选用电动轮廓仪测量。

三、实训步骤

1. 测量

1）清洁轴套。

2）摆好仪器，接好电源线、传感器和驱动箱的控制线。如图 5-22 所示，将驱动箱 9 可靠地安装在立柱 6 的横臂上；把传感器 4 插入驱动箱并锁紧；把驱动箱上的起动手柄 8 转到左边“返回”位置；打开电源开关 16，指示灯 17 照亮，把电动轮廓仪预热 10min 左右。

3）调整仪器。

① 选档。根据样板注明的粗糙度等级选择相应的放大倍数和取样长度，（见表 5-9）。

② 调零。调整“调零”旋钮，使表针停在零点。

③ 粗校。测量样板的表面粗糙度值，如指示值与样板标记值不符，可调“粗校”电位器，调好并等驱动箱上的指示灯熄灭后再进行测量，若仍不符，则再调，直至指示值与标记值近似。

④ 精校。粗校后指示值已与样板标记值近似，调“精校”电位器，使表针指向样板标记值处。

表 5-9 垂直放大倍数和取样长度选择表

被测表面的表面粗糙度参数 $Ra/\mu m$	用平均表读数时各参数的选择			用记录器记录图形时放大倍数的选择
	放大倍数	取样长度 lr/mm	有效行程 L/mm	
0. 025	100000	0. 25	2	20000~100000
0. 050	50000	0. 25	2	10000~50000
0. 10	20000~50000	0. 25	2	10000~50000
0. 20	10000~20000	0. 25	2	5000~20000
0. 40	5000~10000	0. 8	4	2000~10000
0. 80	2000~5000	0. 8	4	2000~5000
1. 60	1000~2000	0. 8	4	500~2000
3. 2	500~1000	2. 5	7	500~1000
6. 3	500	2. 5	7	500~1000

4）摆好轴套，使仪器触针尖端与被测表面加工纹理方向垂直。

5）开始测量。电动轮廓仪有两种测量方式：读表方式测量、记录方式测量。

第一种测量方式（读表方式测量）的测量步骤（下面叙述中涉及的序号参考图 5-22）：

① 将电器箱 11 上的测量方式选择开关 18 拨到“读表”位置，把驱动箱 9 上的变速手柄 10 转到“Ⅱ”位置。

② 估计被测表面粗糙度值（可用表面粗糙度比较样块对比测量），转动电器箱 11 上的旋钮 12 和 15，选择放大倍数和取样长度。

③ 松开螺钉 5，转动手轮 7 移动驱动箱 9，使传感器 4 上的导头和触针 3 接触被测表面，直至指零表 14 的指针处于该表刻度盘上两条红带之间，然后锁紧螺钉 5。

④ 将起动手柄 8 转到右边“起动”位置，使传感器 4 在被测表面上移动，平均表（*Ra* 值指示表）13 的指针开始转动，最后停在某一位置上，则此处的示值即为被测表面的 *Ra* 值。将起动手柄 8 转回到左边，准备下一次测量。

⑤ 校核垂直放大倍数和取样长度。根据表 5-9，若测得的 *Ra* 值所对应的放大倍数和取样长度与事先选择的不符，则需重新选择放大倍数和取样长度进行测量。

第二种测量方式（记录方式测量）的测量步骤（下面叙述中涉及的序号参考图 5-22）：

记录方式测量是利用电动轮廓仪的记录装置，描绘粗糙度轮廓曲线的放大图，再计算出 *Ra* 或 *Rz* 值。

① 将测量方式选择开关 18 拨到“记录”位置，把变速手柄 10 转到“I”位置，把电器箱 11 上的旋钮 15 转到有效行程长度为 40mm 的位置。

② 根据粗略估计的被测表面的表面粗糙度参数 *Ra* 值范围和表 5-9，用旋钮 12 选择垂直放大倍数 M_y，用记录器上的变速手柄 2 选择水平放大倍数 M_x（即排纸速度），这时要考虑便于按测量所得的记录图形进行计算。当计算 *Ra* 值时该图形应较疏，当计算 *Rz* 值时该图形应较密。

③ 利用手轮 7 移动驱动箱 9，使传感器 4 上的导头和触针 3 与被测表面接触，直至记录笔尖大致位于记录纸中间位置，然后用电器箱 11 上的调零旋钮 19 调整记录笔，使它处于理想位置。打开记录器开关 1，将起动手柄 8 转到右边“起动”位置，即开始测量。触针 3 运动，则记录笔画图。

④ 若需停止记录，则将记录器开关 1 脱开。若需传感器 4 停止工作，则把起动手柄 8 转回到左边。

6）测量完毕后，切断电源，整理仪器。

2. 测量报告

1）数据处理。采用记录方式测量时，得到的是描绘粗糙度轮廓曲线的放大图，需要通过计算才能得到 Ra 或 Rz 值。

① 轮廓算术平均偏差 Ra 值的计算。如图 5-24 所示，在记录纸的 x 方向（水平方向）将记录图形按取样长度 lr 和水平放大倍数 M_x 分段，即在记录纸上截取 $l_1=l_2=l_3=l_4=M_x lr$。在每个 $M_x lr$ 范围内，根据记录图形所示轮廓走向目估中线方向，确定计算时的参考轴 oo'，如图 5-25 所示。按照一个峰与相邻一个谷的间隔内至少包含 5 个点的评定要求，将 ox 轴等分为 n 段，然后相应等分 oo'轴，量取从 oo'轴至记录图形上各点的垂直距离 h_i（mm）。计算 h_i 的平均值 a，即

$$a=\frac{1}{n}\sum_{i=1}^{n}h_i$$

再按 a 作平行于 oo'轴的中线 mm'。因此，记录轮廓上各点至中线 mm'的距离 $y_i=h_i-a$。被测表面 Ra 值按下式计算，即

$$Ra=\frac{1000\sum_{i=1}^{n}|y_i|}{M_y n}$$

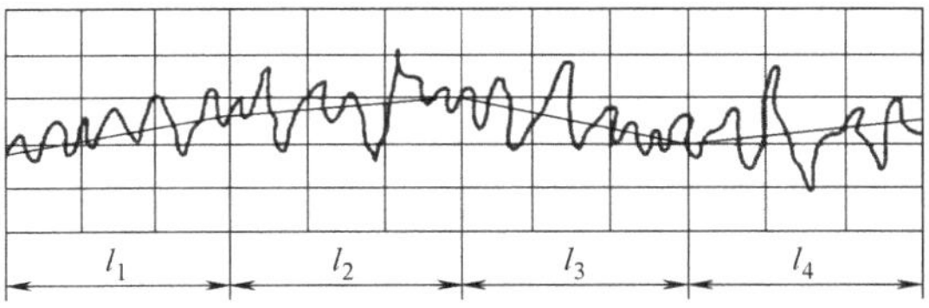

图 5-24 记录图形分段

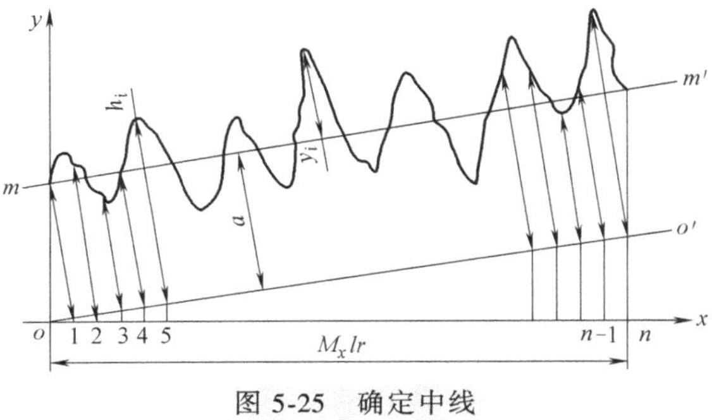

图 5-25 确定中线

② 轮廓最大高度 Rz 值的计算。如图 5-26 所示，按前述方法确定参考轴 oo'后，从上述各点至 oo'轴的距离 h_i 中选取最大值 h_{max} 与最小值 h_{min}，按下式计算 Rz 值，即

$$Rz=1000(h_{max}-h_{min})/M_y$$

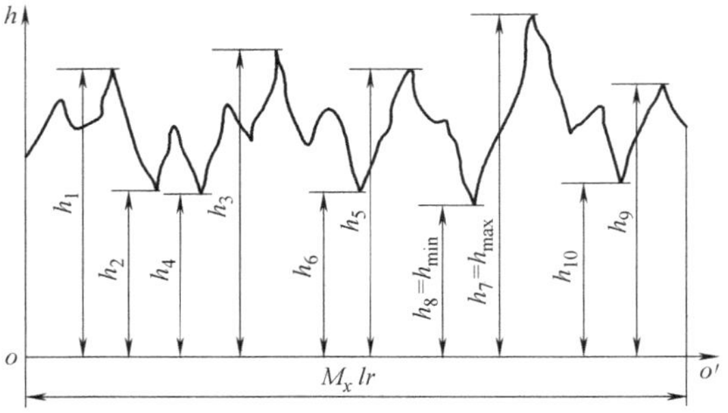

图 5-26 选取最高点和最低点

2）按测量报告单的填写要求填写并整理数据，给出表面粗糙度值是否合格的结论。

第六单元

质量控制

学习目标

（1）树立生产中过程质量控制的意识。

（2）掌握绘制和分析直方图的方法。

（3）会计算生产过程的工序能力指数并判断工序能力。

（4）会使用控制图判断生产过程的稳定性。

第一节　绘制并分析直方图

基本知识

一、质量控制概述

1. 质量控制的基本原理

质量管理的一项主要工作是通过收集和整理与生产质量有关的数据，利用不同的分析方法从中找出生产质量波动的规律，进而分析生产质量波动的原因，采取相应的措施使生产质量的波动控制在允许的范围以内，消除异常波动，从而保证生产质量。把体现产品质量的实际特性值与相关标准（设计要求达到的目标值）进行比较，并对出现的差异或异常现象进行分析并采取相应措施进行纠正，从而使工序处于可控状态，这一过程称为质量控制。质量控制工作大致可以分为以下七个步骤：

1）选择控制对象。

2）选择需要监测的体现产品质量的特性值。

3）确定规格标准，详细说明质量特性。

4）选定能准确测量该特性值的检测工具和检测手段。

5）进行实际检测并做好数据记录。

6）分析数据，找出实际质量与相关标准存在差异的原因。

7）制定并采取相应的纠正措施。

当采取相应的纠正措施后，仍然要对过程进行监测，使过程保持在新的控制水准上。一旦出现新的影响因子，还需要测量数据，分析原因，进行纠正，因此这七个步骤形成了一个封闭的工作流程，称为反馈环。

在质量控制中，最关键的是质量控制系统的设计和质量控制技术的选用。

2. 质量控制系统

在进行质量控制时，需要对要控制的生产过程、质量检测点、检测人员、检测类型和数量等几个方面进行决策，这些决策构成了一个完整的质量控制系统。

（1）过程分析　一切质量管理工作都必须从工作过程本身开始。在进行质量控制前，必须分析生产该产品的相关过程。一个大的过程可能包括许多小的过程，通过采用流程图分析方法对这些过程进行描述和分解，以确定影响产品质量的关键环节。

（2）质量检测点确定　在确定需要控制的每一个过程后，就要找到每一个过程中需要检测的关键点。一个过程的检测点一般都有很多个，每一项检测都会增加产品的成本，所以要在最容易出现质量问题的地方进行检测。典型的检测点如下：

1）生产前的外购原材料检测。即通过检测保证原材料的质量。

2）生产过程中的产品检测。典型的生产中检测要安排在不可逆的操作过程之前或高附加值操作之前。因为这些操作一旦进行，将严重影响产品质量并可能造成较大的损失。例如：产品在电镀或涂装前需要检测，以避免缺陷被电镀或涂装掩盖。这些检测一般由操作者本人完成。生产中的检测还能判断生产过程是否处于受控状态，若检测结果表明质量波动较大，就需要及时采取措施纠正。

3）生产后的成品检测。为了在交付顾客前修正产品的缺陷，需要在产品入库或发送前进行检测。

（3）检测类型和数量　检测有全检和抽样检测两种。确定检测数量的指导原则之一是比较不合格品造成的损失和检测成本。假设有一批 500 件产品，产品不合格率为 2%，每个不合格品造成的维修费、赔偿费等成本为 100 元，则如果不对这批产品进行检验的话，总损失为 $500 \times 2\% \times 100$ 元 = 1000 元。若这批产品的检测费低于 1000 元，就可以采取全检。当然，除了成本因素，还要考虑其他因素。如涉及人身安全的产品，就需要进行 100% 检测。而对破坏性检测则采用抽样检测。

（4）检测人员　检测人员的确定可采用操作工人和专职检测人员相结合的原则，通常由操作工人完成大部分检测任务。

3. 质量控制技术

质量控制技术包括两大类：抽样检测和过程质量控制。抽样检测应用于采购或验收，而过程质量控制应用于对生产过程进行质量管理。

抽样检测通常是指在生产前对原材料的检测或生产后对成品的检测，根据检测结果决定是否接受该批原材料或产品。

过程质量控制是指在生产过程中设置检测点对产品样本进行检测，以判断该生产过程是否符合预定标准。在生产过程中，零件加工尺寸（或其他质量特性）的波动是不可避免的，它是由人、机器、材料、方法和环境等基本因素的波动影响所致。波动可分为正常波动和异常波动两种。正常波动是偶然性因素（不可避免因素，如机床开动时的轻微振动等）造成的，它对产品质量影响较小，在技术上难以消除，在经济上也不值得消除。异常波动是由系统因素（异常因素，如车刀磨损等）造成的，它对产品质量影响很大，但能够采取措施避免和消除。过程质量控制的目的就是消除、避免异常波动，使工序处于正常波动状态。

现代的质量管理工作是以数理统计技术及现代化管理方法作为基本手段的。为了有效地对生产过程中产品质量进行监测和控制，1924 年休哈特提出了统计过程控制（Statistical Process Control，SPC）的基本原理和方法。此后，经过几十年的发展，过程质量控制技术已经广泛地应用到质量管理中，并在实践中产生了许多新的技术工具，如直方图、相关图、排列图和因果图等“QC 七种工具”以及关联图、系统图等“新 QC 七种工具”。

这些技术工具都是系统地收集生产过程与产品质量有关的数据，并用统计方法对数据进行整理、加工和分析，进而画出各种图表，找出质量变化的规律和原因，进而在加工过程中保证对加工质量的控制。

二、直方图

在机械制造行业，现代化大生产要求实施标准化作业。在标准化作业状态下，企业判断各生产工序的产品质量是否处于稳定状态，最常用的方法就是对产品的若干关键尺寸设置质量检测点，然后收集生产过程中的数据，绘制出关键尺寸的质量分布直方图，计算产品工序能力指数并对工序能力进行分析，查明影响质量稳定的因素，从而提出提高工序能力、保证生产稳定的具体措施，最终保证产品质量的稳定。

1. 直方图的概念

将杂乱无章的数据进行整理，在坐标轴上把数据的分布状态用一系列等宽不等高的竖条表示出来（图 6-1），其中，竖条的宽度表示数据范围的间隔，高度表示在给定间隔内数据的数目（频数），这样画出的图称为直方图。利用直方图进行数据统计分析的技术就是直方图法。利用直方图可以得到大量有关过程的质量信息，如数据分析的特性值、工序能力指数、不合格率。

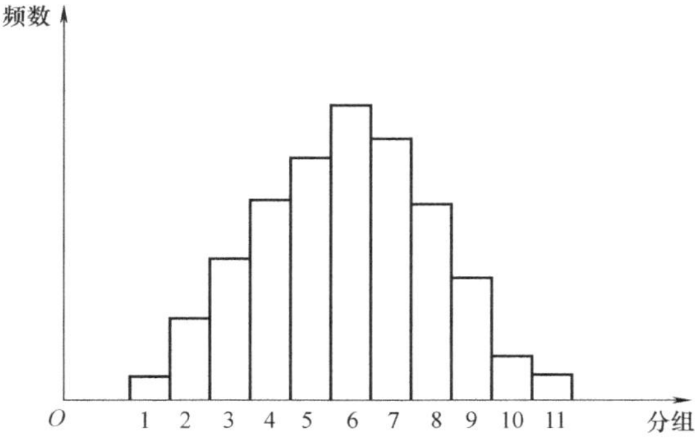

图 6-1 直方图

2. 直方图的图形分析

为全面获得信息，应对直方图进行图形分析，常用的分析法有图形形状分析和对照标准直方图分析。

（1）图形形状分析 利用直方图分析产品质量的稳定性时，首先要判断直方图的形态是否正常。如果直方图形态失常，要分析其原因，并采取相应的措施，消除质量问题。常见的直方图形态见表 6-1。

表 6-1 常见的直方图形态

直方图类型	图示	直方图特点	意　义
正常形（对称型）	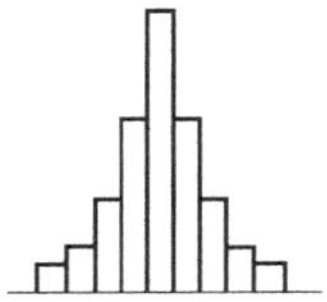	中间高，两边低，左右基本对称	说明工序处于稳定的正常状态

（续）

直方图类型	图示	直方图特点	意　义
孤岛型	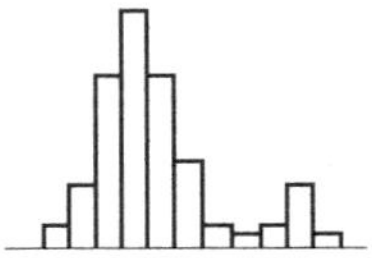	在远离主分布的地方出现小的直方形，犹如孤岛	孤岛型直方图说明在生产过程中短时间内有异常因素在起作用，使加工条件发生变化。例如：原材料的混杂、操作疏忽或短时间内有不熟练的工人替班等
偏向型	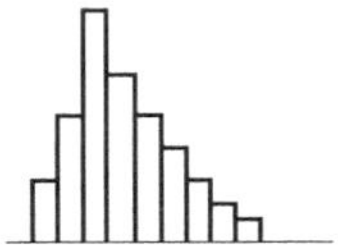	顶峰偏向一侧，形成不对称形状	偏向型直方图的出现，往往是由于工人操作意识的偏差所造成的，如加工孔往往偏向下极限偏差，而加工轴往往偏向上极限偏差
双峰型	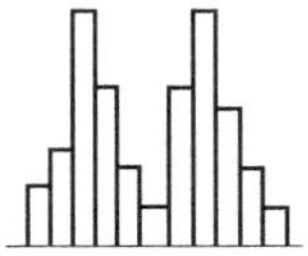	直方图的图形出现两个高峰	双峰型直方图的数据来自两个总体，如两批材料制成的产品、两种设备加工的产品或两种工艺方法制造的产品混合在一起所取得的数据
平顶型	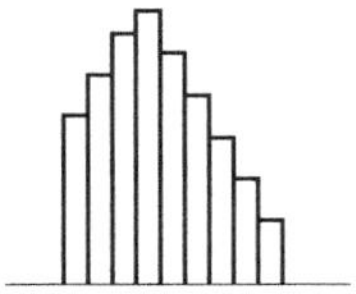	直方图呈现平顶形，完全不符合正态分布的规律	平顶型直方图，往往是由于生产过程中有缓慢变化着的因素在起主导作用。例如：刀具的磨损、操作者的疲劳等
锯齿型	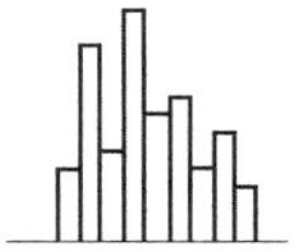	直方图内的各直方形大量出现高度上的参差不齐，但整个图形从总体看来还保持中间高、两边低、左右基本对称的形状	锯齿型直方图一般说来，生产过程中没有显著的异常因素起主导作用，是由于作直方图时分组过多或测量时仪表误差过大所造成

（2）对照标准直方图分析　如果直方图形态正常，就要把实际绘制的直方图和标准直方图进行比较，以评定当前工序对标准要求的满足程度。与标准比较的几种常见的直方图见表 6-2。

表 6-2　与标准比较的几种常见的直方图

直方图形态	图示	直方图特点	工序状态	调整措施
理想型	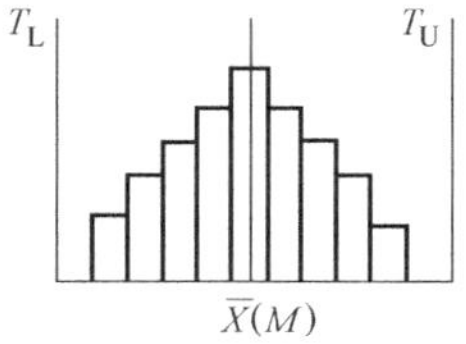	加工质量特性值的实际分布中心与质量标准中心重合，两边还有一定余地	工序处于理想的稳定状态	保持现状，继续监控生产过程
偏向型	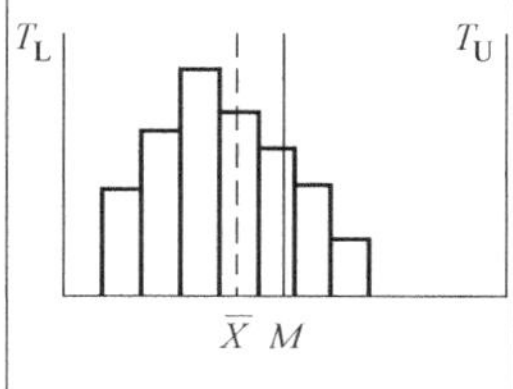	加工质量特性值的实际分布中心偏向质量标准中心的一边	加工质量特性值可能超出质量标准的极限而出现不合格品	调整工艺，按中位公差组织生产，使加工质量特性值的实际分布中心与质量标准中心重合

（续）

直方图形态	图示	直方图特点	工序状态	调整措施
富余型	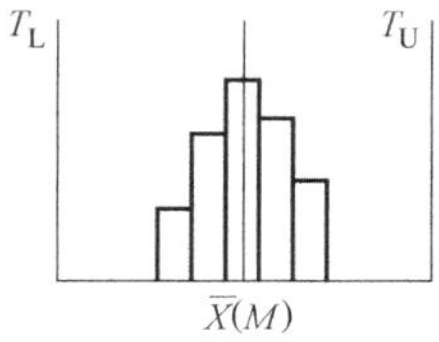	加工质量特性值的实际分布中心与质量标准中心重合，两边富余太多	工序能力过高，加工精度过高，生产成本高	调整工艺，放宽加工精度要求，从而降低生产成本
无富余型	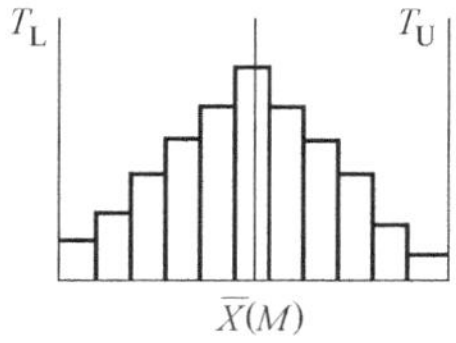	加工质量特性值的实际分布中心与质量标准中心重合，但两边无余地	生产过程中即使出现小的波动也极有可能生产出不合格品	调整工艺，提高加工精度要求
陡壁型	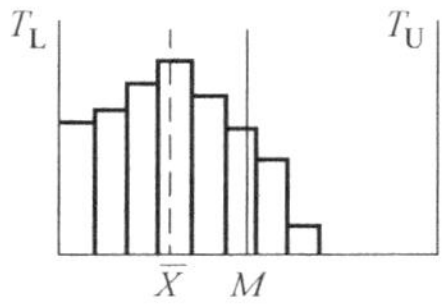	加工质量特性值的实际分布中心严重偏离质量标准中心，一边无余地，另一边则富余太多	生产已出现不合格品	调整工艺，使加工质量特性值的实际分布中心与质量标准中心重合
能力不足型	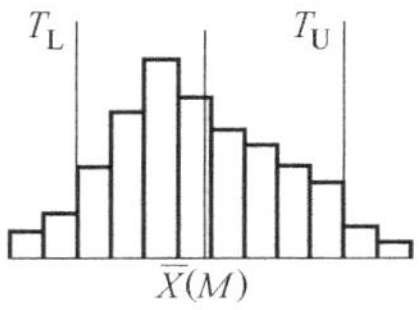	加工质量特性值的实际分布范围完全超出了质量标准的范围	工序能力不足，不合格品较多	调整工艺，提高加工精度要求

注：T_U 为质量特性值的上极限偏差，T_L 为质量特性值的下极限偏差，$\overline{X}$ 为质量特性值的实际分布中心，M 为质量标准中心（公差分布中心）。

思 考 题

1. 质量控制有哪些环节？
2. 直方图的形态有哪几种？
3. 比较标准直方图，质量分布直方图有哪几种情况？

实训 6-1 绘制并分析轴径直方图

一、实训任务

某设备上有一轴，对其直径有较严格的质量要求，其尺寸为 $\phi42^{+0.51}_{+0.26}$mm。现在生产中设置一检测点监控该尺寸的生产质量，测得 100 个数据（见表 6-3，绘制直方图的样本一般不能少于 100 个）。请绘制该轴径的质量分布直方图，并对其进行分析。

表 6-3 轴径尺寸数据表

样本号	直径/mm								
1~10	42.37	42.34	42.38	42.33	42.31	42.32	42.28	42.34	42.33	42.34
11~20	42.35	42.36	42.39	42.31	42.31	42.37	42.30	42.35	42.35	42.31
21~30	42.29	42.36	42.30	42.33	42.35	42.34	42.34	42.34	42.39	42.30
31~40	42.35	42.36	42.30	42.33	42.31	42.32	42.35	42.35	42.32	42.38
41~50	42.32	42.37	42.34	42.36	42.33	42.31	42.37	42.36	42.33	42.34
51~60	42.36	42.33	42.38	42.44	42.32	42.35	42.34	42.36	42.29	42.31
61~70	42.38	42.39	42.31	42.30	42.36	42.33	42.39	42.36	42.32	42.33
71~80	42.40	42.35	42.37	42.35	42.38	42.37	42.36	42.38	42.31	42.34
81~90	42.29	42.41	42.27	42.41	42.32	42.35	42.37	42.36	42.33	42.36
91~100	42.31	42.33	42.35	42.35	42.38	42.40	42.34	42.31	42.35	42.35

二、任务分析

根据直方图判断加工质量，在绘制出直方图后，先要对直方图做出类型判断，再与标准直方图对比，进而判断出加工工艺是否满足质量要求。如不能满足质量要求，则要进一步分析造成质量问题的原因，确定改进措施。

现实工作中，一般采用各种数据处理系统（软件）在计算机上来绘制直方图。这里，为说明问题，我们仍然采用手工方法来绘制直方图。

三、实训步骤

1. 绘制直方图

1）从收集的数据中找出最大值 X_{max} 和最小值 X_{min}。此处，$X_{max}=42.44$mm，$X_{min}=42.27$mm。

2）确定数据组的极差 R。

极差 R 就是数据组的最大值 X_{max} 与最小值 X_{min} 的差，即 $R=X_{max}-X_{min}$。此处，

$$R=X_{max}-X_{min}=42.44\text{mm}-42.27\text{mm}=0.17\text{mm}$$

3）确定组距 h 和数据分组组数 K。组距 h 即每组数据的宽度。显然，组距 h 和数据分组组数 K 是同时确定的，即有 $R=hK$。

一般情况下，组距为测量单位的 1 倍、2 倍或 5 倍。这里的测量单位为 0.01mm，组距可以选择 0.01mm、0.02mm 或 0.05mm。极差 $R=0.17$mm，则可以选择的数据分组组数 K 有：

$$K=0.17/0.01=17$$

$$\text{或 } K=0.17/0.02=8.5$$

$$\text{或 } K=0.17/0.05=3.4$$

同时，还要参考数据的多少来选择数据分组组数 K。数据越多，分组就可以越多，反之分组也就越少。由于正态分布的直方图是对称图形，所以 K 值一般应取奇数。数据分组组数 K 的选择范围见表 6-4。此处，我们拟定 $K=9$。

表 6-4 数据分组组数 K 的选择范围

数据数(n)	<50	50~100	100~250	>250
组数(K)	5~7	6~10	7~15	10~30

综合可选择的组距和组数的选择范围，我们确定组数 $K=9$，组距 $h=0.02$mm。

4）确定各组的界限（即分组组界）和组中值 x。各组的界限一般从第一组开始依次计算得出。根据有关规定，第一组的下组界一般确定为 X_{min}-测量单位×0.5，其上组界就是下组界加上一个组距；第二组的上组界、下组界就是第一组的上组界、下组界再加上一个组距，以此类推这样，各组的界限和组中值 x 见表 6-5。

表 6-5 各组的界限和组中值 x

组号	组界/mm	组中值 x/mm	频数 f	fx/mm
1	42.265~42.285	42.275	2	84.55
2	42.285~42.305	42.295	8	338.36
3	42.305~42.325	42.315	18	761.67
4	42.325~42.345	42.335	22	931.37
5	42.345~42.365	42.355	27	1143.585
6	42.365~42.385	42.375	14	593.25
7	42.385~42.405	42.395	6	254.37
8	42.405~42.425	42.415	2	84.83
9	42.425~42.445	42.435	1	42.435
	合计		100	4234.42

5）统计各组数据出现的频数 f。频数就是数据落在各组组界内的次数。例如：此处的 100 个直径数据中，介于第一组组界 42.265~42.285mm 之间的数据有 42.28mm、42.27mm 两个，则第一组的频数为 2。其他各组的频数见表 6-5。

6）计算数据的平均值 $\overline{X}$。数据的平均值即所收集数据的平均数值。

当样本总数 $n \leqslant 30$ 时，一般用“直接法”计算，即

$$\overline{X}=\frac{X_1+X_2+X_3+\cdots+X_n}{n}$$

当样本总数 $n>30$，且已对数据分组的情况下，一般用“加权法”计算，即

$$\overline{X}=\frac{f_1x_1+f_2x_2+f_3x_3+\cdots+f_nx_n}{f_1+f_2+f_3+\cdots+f_n}=\sum fx/\sum f$$

此处，用“加权法”计算，先计算出各组的 fx，求出 $\sum fx$，见表 6-5，得到 $\overline{X}=42.3442$mm。

7）计算质量标准中心 M。质量标准中心，即公差分布中心，用 M 表示，即

$$M=\frac{T_L+T_U}{2}$$

此处，$M=\frac{T_L+T_U}{2}=\frac{42.26\text{mm}+42.51\text{mm}}{2}=42.385\text{mm}$。

8）绘制直方图。在平面直角坐标系内，选取适当的比例，以检测点质量特性值（此处的轴径）为横坐标，以频数为纵坐标，画出轴径的质量分布直方图，如图 6-2 所示。为便于后续分析，在直方图中，要画出轴径的上极限偏差 T_U、下极限偏差 T_L、样本数据平均值 $\overline{X}$ 和质量标准中心（公差分布中心）M。

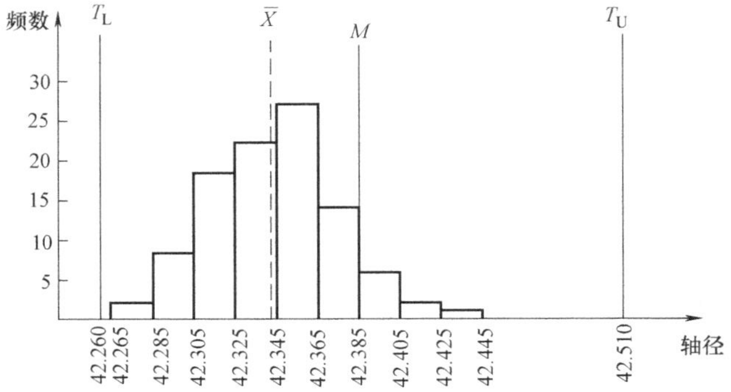

图 6-2 轴径的质量分布直方图

2. 分析直方图

（1）判断直方图的类型 对照表 6-1，该轴径直方图属于正常型，说明工序处于稳定的正常状态。

（2）分析直方图的形态 对照表 6-2，该轴径直方图属于偏向型，且实际轴径明显偏向下极限偏差，直方图左侧余地很小，右侧富余很多。按目前工艺继续生产，轴径有可能超出其下极限偏差而出现不合格品。应调整工艺，按中位公差组织生产，使轴径实际数据分布中心与质量标准中心重合。

第二节 判断工序能力

基本知识

一、工序能力和工序能力指数

质量分布直方图只能直观地反映产品质量是否符合质量要求，而不能反映产品质量符合质量要求的程度，即不能反映工序保证产品质量的能力。

为了定量地反映工序保证产品质量的能力，人们引入了工序能力和工序能力指数的概念。工序能力是指处于稳定生产状态下的实际加工能力，即在人员、机器、原材料、工艺方法、测量和环境充分标准化并处于稳定状态时，工序所表现出的保证产品质量的能力。需要指出的是，在非稳定生产状态下所测得的工序能力是没有任何意义的。

不论任何生产过程，产品质量总是分散地存在着。工序能力越高，则产品质量特性值的分散就越小；反之，工序能力越低，则产品质量特性值的分散就越大。工序能力用字母 B 来表示，通常用实际生产质量特性值的 6 倍的标准差（标准差 σ，又称为均方差）作为其大小。工序能力只说明了工序能够达到的质量水平，但是该工序所达到的这个质量水平是否满足了质量标准的要求，仅从它本身还难以看出。因此，还需要把工序能力和质量标准要求相比较，才能反映工序能力满足产品技术要求（质量标准）的程度，这个参数就称为工序能力指数。即工序能力指数就是质量标准要求和工序能力的比值，它反映了生产质量符合质量标准要求的程度。工序能力指数也称为工艺能力指数或过程能力指数。

质量标准要求就是用标准公差来表示，即 $T=T_U-T_L$。

工序能力指数一般用字母 C_p 表示，其基本计算公式为

$$C_p=\frac{T}{B}=\frac{T_U-T_L}{6\sigma}$$

要判断生产的工序能力，就需要计算出工序能力指数，并据此对影响生产工序能力的因素进行分析和必要的改进。

二、工序能力指数的计算

上述对工序能力指数的分析，前提条件是质量标准中心 M 和实际加工质量特性值的分布中心 μ 重合，但实际生产中并非如此。同时，质量标准的出现形式也有双向公差和单向公差之分。所以，计算工序能力指数时，有时需要对基本计算公式进行修正，见表 6-6。

双向公差也称为双向偏差，是指质量标准（公差）既有上限（T_U）要求也有下限（T_L）要求。此时计算工序能力指数，要区分质量标准中心 M 和实际加工质量特性值的分布中心 μ 是否重合两种情况。

单向公差也称为单向偏差，是指质量标准（公差）只有上限要求或只有下限要求。此时计算工序能力指数，就要区分开质量标准是上限要求还是下限要求。

表 6-6　工序能力指数的计算方法

类型	双向公差		单向公差	
	M 和 μ 重合	M 和 μ 不重合	给出上极限偏差 T_U	给出下极限偏差 T_L
图示	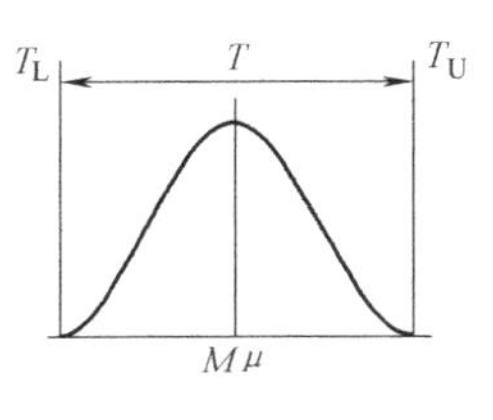	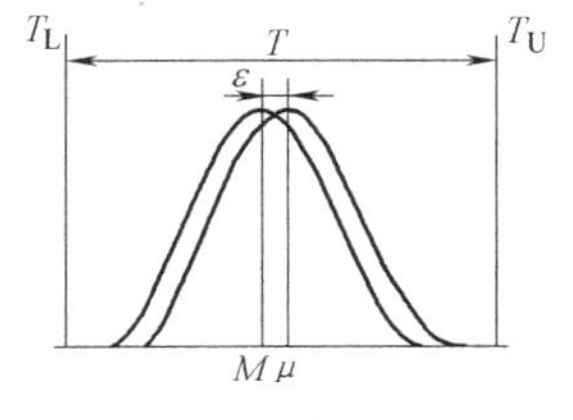	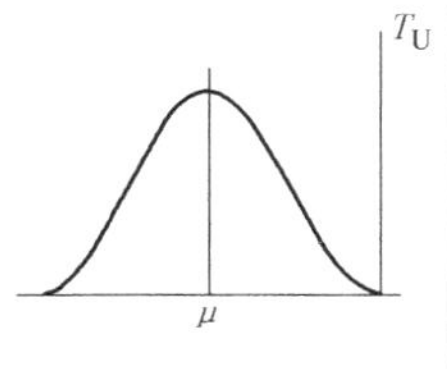	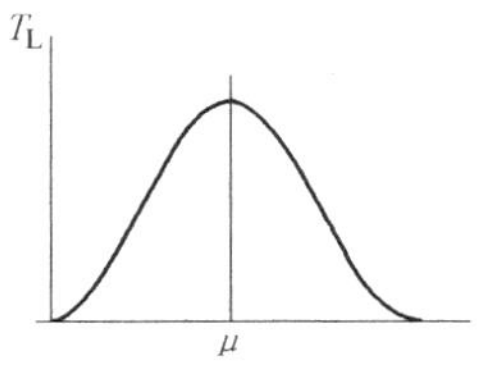
计算公式	$C_p=\frac{T_U-T_L}{6\sigma}$	$C_{pk}=\frac{T-2\varepsilon}{6\sigma}=\frac{T_U-T_L-2\varepsilon}{6\sigma}$	$C_{p上}=\frac{T_U-\mu}{3\sigma}$	$C_{p下}=\frac{\mu-T_L}{3\sigma}$

注：ε 为 μ 对 M 的绝对偏移量，$\varepsilon=|\mu-M|$。

三、工序能力分析与处置

工序能力对产品质量而言至关重要，工序能力大，生产过程稳定，产品质量变化就小；反之，工序能力小，生产过程波动大，出现不合格品的机会就多。一般根据工序能力指数的大小来判断工序能力并采取相应的处置措施，见表 6-7。

表 6-7 工序能力分析与处置

工序能力指数 C_p	工序能力	处置
$C_p \geqslant 1.67$	工序能力过高	加工能力过剩，可用于贵重零件加工；对于一般零件可使用更经济的工艺方法或放宽检测；对于非关键零件可以不检测
$1.67 > C_p \geqslant 1.33$	充足	一般不会出现不合格品，可以用于重要工序，对于一般工序可以放宽检测
$1.33 > C_p \geqslant 1.00$	尚可	一般可用，但可能会出现不合格品，需要用控制图进行严密观察，以防出现较大的波动；注意检测
$1.00 > C_p \geqslant 0.67$	不足	有不合格品，需要分析造成波动较大的原因，并采取相应的改进措施；另外，要加强产品检测力度
$0.67 > C_p$	严重不足	经常出现不合格品，应对工序进行大幅度调整；对已经生产出来的产品要进行全检

思 考 题

1. 什么是工序能力？
2. 什么是工序能力指数？它有什么意义？
3. 某零件内径尺寸为 $\phi 50_{-0.020}^{+0.040}$mm，从加工这种零件的生产线上抽取了 200 个进行检测，得到 $\overline{X}=50.010$mm，$S=0.008$，试计算工序能力指数。

实训 6-2 判断工序能力

一、实训任务

在实训“绘制并分析轴径直方图”中，我们得到的结论是：实际轴径明显偏向下极限偏差，直方图左侧余地很小，右侧富余很多。按目前工艺继续生产，轴径有可能超出其下极限偏差而出现不合格品。那么，其工序能力究竟怎么样呢？请通过计算来判断。

二、任务分析

在计算工序能力指数时，要用到标准差 σ 和实际加工质量特性值的分布中心 μ。

标准差 σ 是指测量点全部产品的标准差 σ，即母体标准差 σ。由于我们不是对全部产品的某一质量特性值都进行测量，所以也就得不到母体标准差 σ，而只能用样本（如实训 6-1 中的 100 个轴径就是样本）标准差 s 来代替母体标准差 σ 计算工序能力，即 $\sigma \approx s$。

同样的道理，我们也得不到母体质量特性值的分布中心 μ，只能用样本平均值 $\overline{X}$ 来代替母体质量特性值的分布中心 μ。

三、实训步骤

1. 区分工序类型

从直方图（图 6-2）可以看出，本生产工序有双向公差要求，且质量标准中心 M 和实际加工质量特性值的分布中心 μ 不重合，所以工序能力指数的计算公式为

$$C_{pk}=\frac{T-2\varepsilon}{6\sigma}=\frac{T_U-T_L-2\varepsilon}{6\sigma}$$

式中，质量特性值的分布中心 μ 与质量标准中心 M 的偏移量 $\varepsilon=|\mu-M|\approx|\overline{X}-M|$。

2. 计算绝对偏移量 ε

样本平均值 $\overline{X}$ 在实训“绘制并分析轴径直方图”中已经算出，$\overline{X}=42.3442\text{mm}$。

质量标准中心 $M=42.385\text{mm}$。

所以，$\varepsilon\approx|\overline{X}-M|=|42.3442\text{mm}-42.385\text{mm}|=0.0408\text{mm}$。

3. 计算标准差 s

当样本总数 $n\leqslant30$ 时，一般用“直接法”计算，计算公式为

$$s=\sqrt{\frac{\sum(x-\overline{X})^2}{n-1}}$$

对于已制成频数分布表的大样本资料，可利用频数分布表，采用“加权法”计算标准差，计算公式为

$$s=\sqrt{\frac{\sum f(x-\overline{X})^2}{\sum f-1}}=\sqrt{\frac{\sum fx^2-(\sum fx)^2/\sum f}{\sum f-1}}$$

为便于计算，我们先列出表 6-8。

表 6-8　轴径分组数据分布及相关计算

组号	组界/mm	组中值 x/mm	频数 f	fx/mm	fx^2/mm^2
1	42.265~42.285	42.275	2	84.55	3574.351
2	42.285~42.305	42.295	8	338.36	14310.94
3	42.305~42.325	42.315	18	761.67	32230.07
4	42.325~42.345	42.335	22	931.37	39429.55
5	42.345~42.365	42.355	27	1143.585	48436.54
6	42.365~42.385	42.375	14	593.25	25138.97
7	42.385~42.405	42.395	6	254.37	10784.02
8	42.405~42.425	42.415	2	84.83	3598.064
9	42.425~42.445	42.435	1	42.435	1800.729
	合计		100	4234.42	179303.2

此处，

$$s=\sqrt{\frac{\sum fx^2-(\sum fx)^2/\sum f}{\sum f-1}}=\sqrt{\frac{179303.2-(4234.42)^2/100}{100-1}}\text{mm}=0.03\text{mm}$$

4. 计算工序能力指数

$$C_{pk}=\frac{T_U-T_L-2\varepsilon}{6s}=\frac{42.51\text{mm}-42.26\text{mm}-2\times0.0408\text{mm}}{6\times0.03\text{mm}}=0.9356$$

5. 分析工序能力

对照表 6-7 可以看出，该工序能力不足，会有不合格品出现。

第三节　绘制并分析控制图

基本知识

一、控制图概述

统计过程控制 SPC 是进行在线质量控制的一种基本方法。其基本理论认为，产品质量特性的波动是出现质量问题的根源，质量波动具有统计规律性，利用控制图可以区分质量波动是由偶然因素还是系统因素引起的，即通过控制图可以发现异常，再通过过程控制与诊断理论可以找出异常的原因并予以排除。SPC 方法是保持生产线稳定，减少质量波动的有力工具。SPC 中的主要工具是控制图。

控制图主要用于分析判断生产过程的稳定性，及时发现生产过程中的异常现象，查明生产设备和工艺装备的实际精度，为评定产品质量、确定改进措施提供依据。换句话说，应用控制图可以对工序过程状态进行分析、预测、判断、监控和改进。

控制图的种类很多，其基本样式如图 6-3 所示。横坐标为样本序号，纵坐标为产品质量特性值，图 6-3 上三条平行线分别为：实线 CL——中心线，虚线 UCL——上控制界限线，虚线 LCL——下控制界限线。在生产过程中，定时抽取样本，把测得的数据点（或者是经处理后的有关数点）逐一描在控制图中，并用直线段连接各点，以便看出点的变化趋势。如果数据点落在两条控制界限线之间，且排列无缺陷，则表明生产工序正常，过程处于控制状态；否则，若点落在 UCL 与 LCL 之外或在 UCL 与 LCL 之间的排列不随机，则表明生产工序发生异常，需要对工序采取措施，加强管理，使生产工序恢复正常。

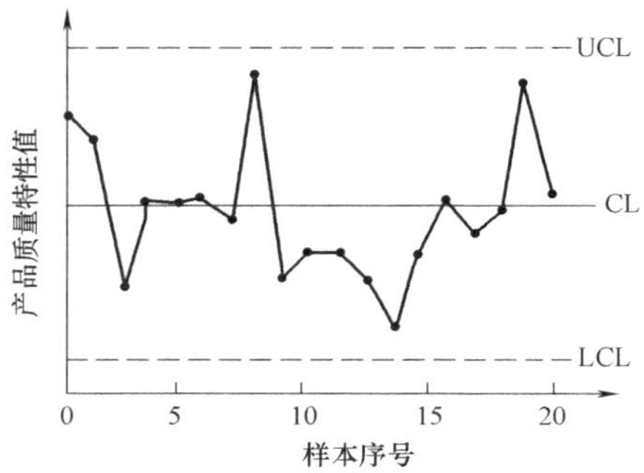

图 6-3　控制图的基本样式

二、控制图的基本原理和形成

1. 控制图的基本原理

我们假定产品的质量标准为 μ，如果只存在偶然性因素的影响，没有系统性偏差，则随机抽取一件产品，其质量特征值 x_i 应该满足

$$x_i \sim N(\mu, \sigma^2), i=1,2,\cdots,n$$

根据正态分布原理，$x_i \in [\mu-3\sigma, \mu+3\sigma]$ 的概率为 99.73%。这就是说，如果生产过程是正常稳定的，不存在系统性因素影响，那么产品的质量特性值超出 $[\mu-3\sigma, \mu+3\sigma]$ 范围的可能性为 0.27%，是一个小概率事件。小概率事件发生的可能性很小，通常在少数试验中是不可能出现的，一旦出现了，我们就有理由认为生产过程有系统性因素在起作用。这一理论被称为 3σ 原则。控制图就是根据 3σ 原则来作用的。

2. 控制图的形成

根据控制图的基本原理，可以确定出控制图的控制界限：质量标准 μ 为中心线（CL）；$\mu+3\sigma$ 为上控制界限（UCL）；$\mu-3\sigma$ 为下控制界限（LCL），如图 6-4 所示。

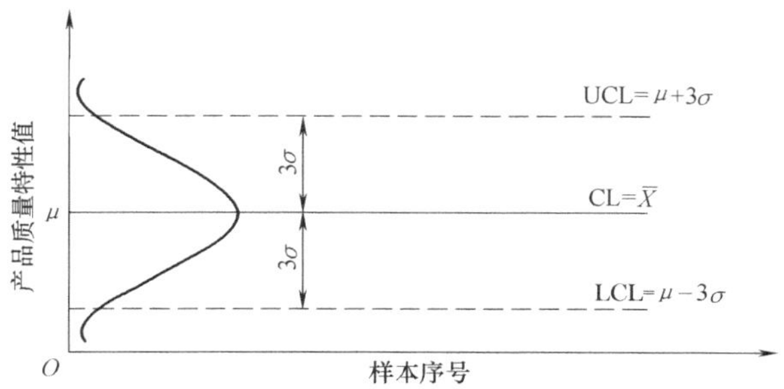

图 6-4 控制界限的构成

需要注意的是，上述 μ 和 σ 都是泛指常规控制图的一般情况，实际应用时需要针对具体情况加以确定。例如：若欲控制过程的不合格品率 p，则上述的 μ 和 σ 成为：μ_p 和 σ_p，即统计量 p 的 μ 与 σ。

三、分析用控制图和控制用控制图

按用途的不同，控制图可分为分析用控制图和控制用控制图。

应用控制图进行过程质量控制被划分为分析和监控两个阶段。在这两个阶段所使用的控制图分别被称为分析用控制图和控制用控制图。在企业的实际应用中，对于每个控制项目，都必须经过这两个阶段。

在分析阶段，首先要按照标准要求进行生产准备，确保生产是在人、机器、材料、方法和环境等因素均无异常的情况下进行，然后用生产过程收集的数据计算控制界限，制作成分析用控制图（也可以选择直方图工具）。对分析用控制图进行分析后，若生产过程处于统计控制状态（也称为统计稳态，即工序处于稳定状态，其数据的分布大致符合正态分布）且满足质量要求，即工序能力达到了设定标准，则可以把分析用控制图转为控制用控制图；若经过分析后发现生产过程没有达到统计控制状态，则必须寻找原因实施改进，并重新进行生产准备及上述分析，直到实现生产过程处于统计控制状态的目标，然后进入监控阶段。

监控阶段的主要工作是应用控制用控制图进行生产日常监控。此时控制图的控制界限已经根据分析阶段的结果而确定，把生产过程的数据点及时绘制到控制图上，并密切观察控制图，控制图中点的波动情况可以显示出生产过程受控或失控。如果发现失控，必须寻找原因并尽快消除其影响。

我们说质量管理“始于控制图，终于控制图”。“始于控制图”是指对生产过程的分析从应用分析用控制图对工序进行分析开始，“终于控制图”就是指对工序的分析结束，最终建立了控制用控制图。

四、计量型控制图和计数型控制图

按数据性质的不同，控制图可分为计量型控制图和计数型控制图。

计量型控制图是指控制图的数据均属于由量具实际测量而得到的，如长度、直径、重量、浓度等特性。而计数型控制图是以不合格品数、不合格品率、缺陷数等质量特性值作为研究和控制的对象，其作用和计量型控制图相同，目的是分析和控制生产工序的稳定性，预防不合格品的发生，保证产品质量。常用的控制图类型见表6-9。

表 6-9 常用的控制图类型

类型	控制图代号	控制图名称	特点	适用场合
计量型控制图	$\overline{X}$-R	平均值-极差控制图	判断效果好，计算量大；应用最多	大批量生产
	$\tilde{X}$-R	中位数-极差控制图	计算简单，判断效果较差	大批量生产
	X-R_S	单值-移动极差控制图	应用简便，能及时判断工序的状态；不易发现工序分布中心的变化	每次只能得到一个数据，或希望尽快发现异常的场合
计数型控制图	P_n	不合格品数控制图	计算简单，操作工人易于理解；较常用	样本容量相等
	P	不合格品率控制图	计算量大，控制线凹凸不平	样本容量不等
	c	缺点数控制图	计算简单，操作工人易于理解；较常用	样本容量相等
	u	单位缺点数控制图	计算量大，控制线凹凸不平	样本容量不等

五、控制图的观察分析

由于控制图是按“3σ”原则构造的，当生产过程处于控制状态时，只有0.27%的极小可能使测量数据点跑到控制界限以外。为此，对控制图有如下判断原则：生产过程处于稳定的控制状态时，必须同时满足下列两个条件：第一，控制图上的点全都在控制界限以内，即没有点出界；第二，界限内的点排列正常。

1. 控制图的正常状态

在符合表6-10所规定的条件下，认为工序处于正常状态。

表 6-10 控制图的正常状态

分析用控制图	控制用控制图
1)连续25点中没有一点在界限外；连续35点中最多一点在界限外；连续100点中最多有两点在界限外 2)点在控制界限内随机波动，无明显的规则或顺序性 3)多数点在中心线附近，少数点在控制界限线的附近	1)点落在控制界限内(或界限上) 2)点在控制界限内随机波动，无明显的规则或顺序性 3)多数点在中心线附近，少数点在控制界限线的附近

2. 控制图异常现象的判断

在稳定的控制状态下，点在控制界限内随机波动，没有明显的规律性和顺序性，且多数点在中心线附近，只有少数点散落在控制界限线附近。这样，生产过程处于失控状态的明显特征就有两种情况：一、有一部分点超出控制界限；二、没有点出界，但点排列和分布异常。为了方便对控制图的分析，往往把控制区等分为六个区，每个区宽1σ，六个区从上到下分别标记为A、B、C、C、B、A，如图6-5所示。控制图异常现象的判断见表6-11。

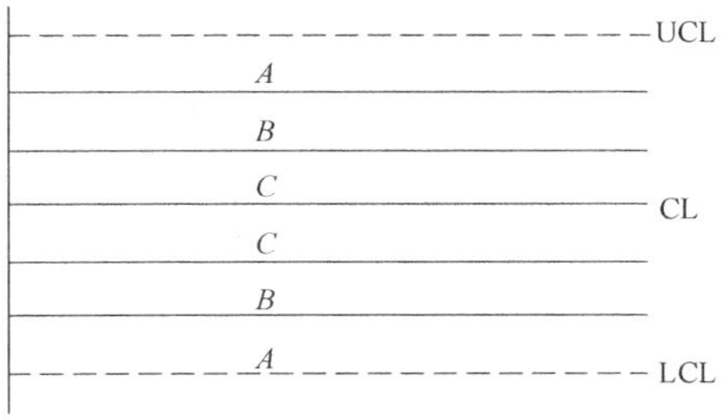

图 6-5 控制图的分区

表 6-11 控制图异常现象的判断

控制图特征		控制图示例	判断与处理
有一点或数点超出控制界限		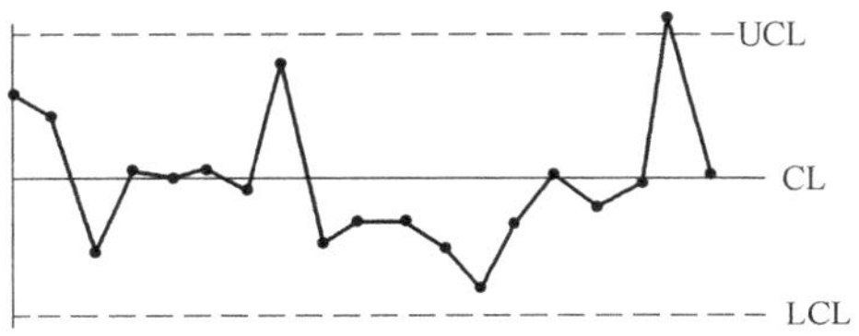	对于控制用控制图，应判断为工序失控，应立即检查原因，予以纠正
出现多点在中心线的同一侧	连续多点在中心线的同一侧	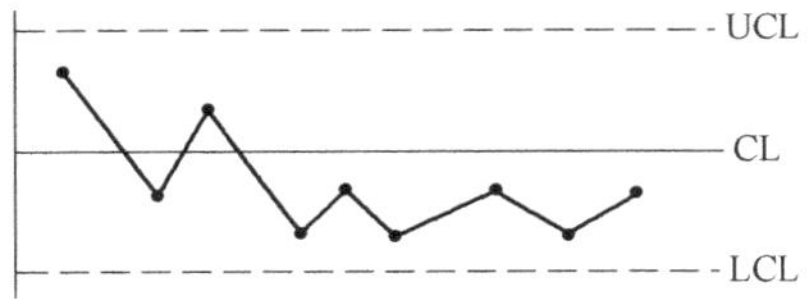	出现 5 点链时，应注意过程的变化；出现 6 点链时，应开始调查原因；出现 7 点链时，判断过程为异常，需采取措施
	连续 11 点中至少有 10 点位于同侧或连续 14 点至少有 12 点位于同侧或连续 17 点至少有 14 点位于同侧或连续 20 点至少有 16 点位于同侧	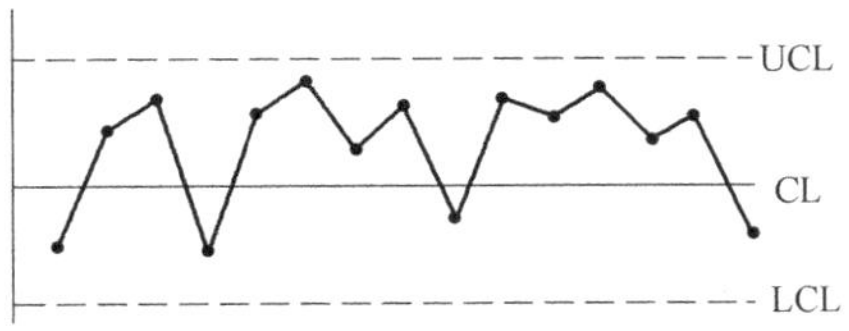	判断过程为异常，需采取措施
连续 7 点呈上升或下降趋势		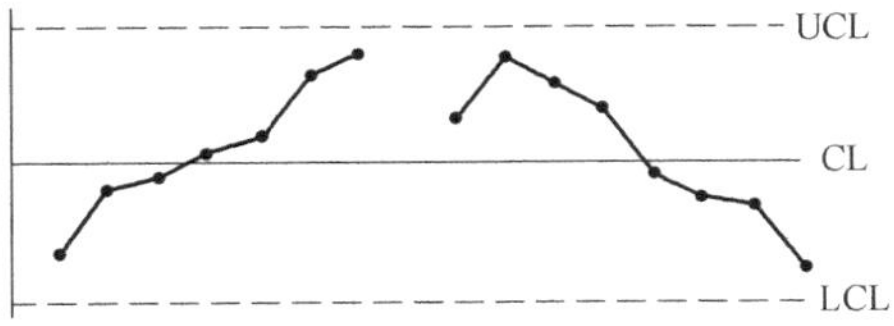	工序有失控倾向，应立即查明原因，予以纠正
多点靠近控制界限	连续 3 点中有 2 点在 *A* 区；连续 7 点中至少有 3 点在 *A* 区；连续 10 点中至少有 4 点在 *A* 区	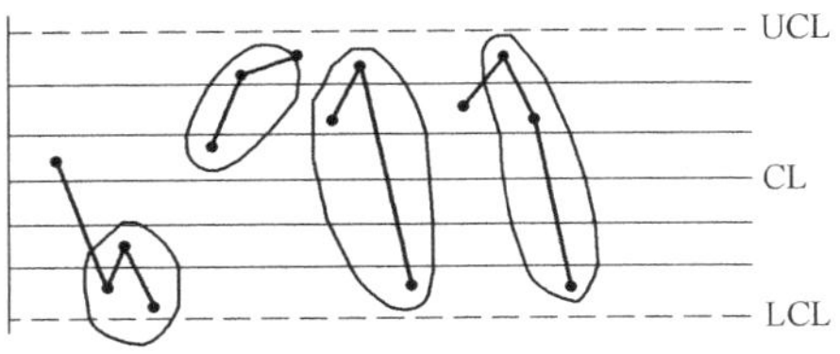	控制不当，生产过程异常，将有不合格品产生；应立即查明原因，予以纠正

（续）

控制图特征	控制图示例	判断与处理
点排列显示周期性变动	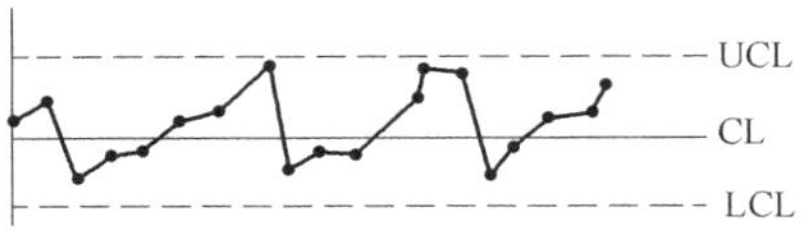	存在周期性变动的因素，使工序处于失控状态，应及时查明原因，予以消除
点分布的水平位置渐变	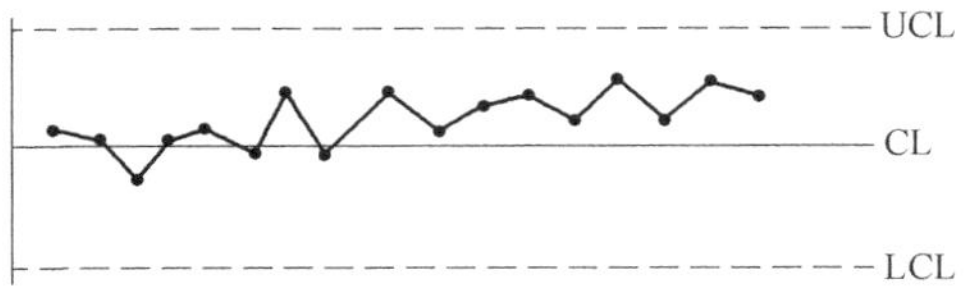	点的水平位置逐渐变化，偏离受控状态，说明有系统性原因影响，应及时查明，并采取措施加以消除
点分布的水平突变	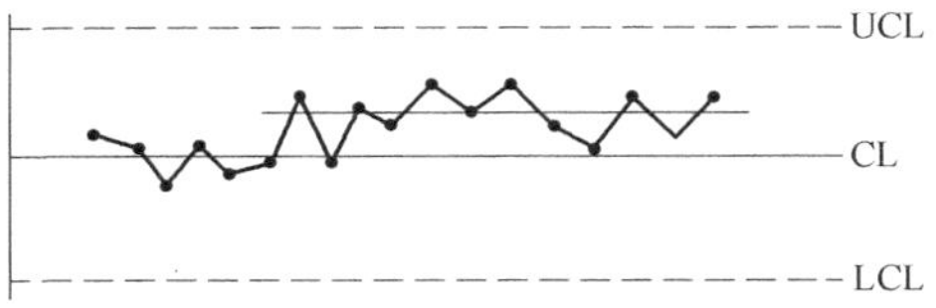	点分布的水平位置突然变化，应查明系统性原因，采取纠正措施，使其恢复受控状态
数据点的离散度变大	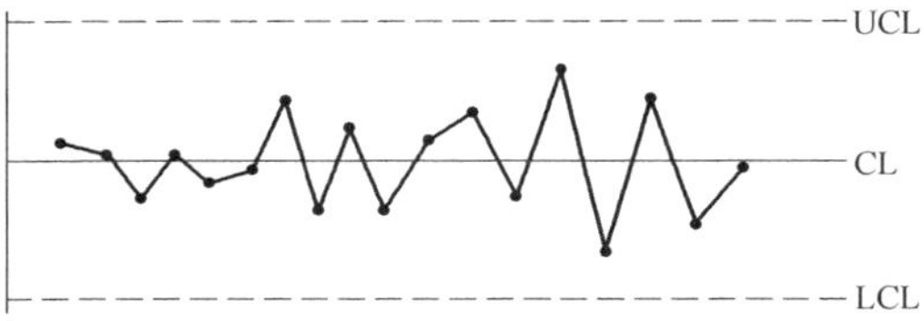	工序能力变差，应查明系统性原因，采取纠正措施
点集中在中心线附近	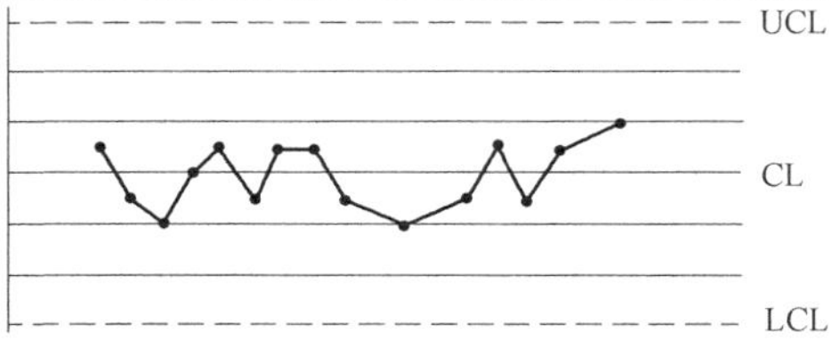	生产过程异常，工序能力过高；采取纠正措施，降低生产成本

当根据控制图判断工序处于失控状态时，应查明系统性原因，采取纠正措施改进生产。

思 考 题

1. 分析用控制图和控制用控制图的作用是什么？
2. 简述控制图的种类？

实训 6-3 绘制并分析控制图

一、实训任务

某十字轴中四个轴的外径尺寸要求均为 $\phi 28_{-0.021}^{0}$ mm，该尺寸属于关键尺寸，生产过程中需要对该尺寸进行控制。请采用控制图的统计方法对十字轴的生产过程进行分析和控制，实时掌握生产过程动态。

二、任务分析

这里，需要控制的质量特性值是十字轴的外径，由于直径是可测量的连续变量，属于可计量的值，因此选择计量型控制图来对该产品的生产过程进行分析和控制。

对于计量型数据而言，$\overline{X}$-R（平均值-极差控制图）是最常用、最基本的控制图。平均值-极差控制图是平均值控制图（$\overline{X}$ 图）和极差控制图（R 图）联合使用的一种控制图：$\overline{X}$ 图用于观察平均值分布的变化，判断生产过程是否处于或保持在所要求的受控状态；R 图用于观察分布的分散情况或变异度的变化，判断生产过程的极差是否处于或保持在所要求的受控状态；$\overline{X}$-R 图将两者联合运用，用于观察分布的变化。

我们本文选择 $\overline{X}$-R 控制图对十字轴轴径尺寸进行控制。

三、实训步骤

1. 收集数据

为了控制十字轴的质量，每隔 1h 从生产过程中抽取一件十字轴，分别测量其四个轴的外径值（x_1，x_2，x_3，x_4）作为一组样本数量为 4 的样本，共抽 30 组（一般应不少于 25 组），形成 30 组样本，记录下实测数据（这里，我们以表 6-12 所列数据为例）。

表 6-12 十字轴轴径样本数据 （单位：mm）

组号	测量值				$\overline{X}$	R
	x_1	x_2	x_3	x_4		
1	27.995	27.985	27.990	27.984	27.989	0.011
2	27.997	27.990	27.988	27.985	27.990	0.012
3	27.998	27.995	27.990	27.984	27.992	0.014
4	27.985	27.990	27.995	27.982	27.988	0.013
5	27.995	27.985	27.988	27.981	27.987	0.014
6	27.988	27.995	27.995	27.998	27.994	0.010
7	27.995	27.997	27.990	27.985	27.992	0.012
8	27.994	27.990	27.988	27.995	27.992	0.007
9	27.992	27.995	27.988	27.985	27.990	0.010
10	28.000	27.995	27.990	28.000	27.996	0.010
11	27.995	27.995	27.990	27.985	27.992	0.010
12	27.998	27.995	27.998	27.990	27.995	0.008
13	27.992	27.990	27.985	27.982	27.987	0.010
14	28.000	27.990	27.985	27.982	27.989	0.018
15	27.998	27.995	27.990	27.982	27.991	0.016
16	28.000	27.995	27.990	27.988	27.993	0.012

（续）

组号	测量值				$\overline{X}$	R
	x_1	x_2	x_3	x_4		
17	27.992	27.994	27.985	27.982	27.988	0.012
18	27.995	27.995	27.992	27.990	27.993	0.005
19	27.998	27.995	27.998	27.992	27.996	0.006
20	27.996	27.995	27.994	27.992	27.994	0.004
21	28.000	27.995	27.998	27.990	27.996	0.010
22	27.992	27.990	27.988	27.986	27.989	0.006
23	27.985	27.985	27.992	27.980	27.986	0.012
24	27.995	27.985	27.980	27.980	27.985	0.015
25	27.985	27.982	27.990	27.985	27.986	0.008
26	27.998	27.995	27.990	27.988	27.993	0.010
27	27.995	27.990	27.995	27.984	27.991	0.011
28	27.995	27.994	27.990	27.990	27.992	0.005
29	27.998	27.995	27.990	27.988	27.993	0.010
30	27.994	27.990	27.992	27.986	27.991	0.008
总平均值 $\overline{\overline{X}}$ 和极差均值 $\overline{R}$					27.991	0.010

2. 计算每组的样本平均值 $\overline{X}$ 和极差 R

将计算结果填入表 6-12 中。

3. 计算样本总平均值 $\overline{\overline{X}}$ 和极差均值 $\overline{R}$

此处，$\overline{\overline{X}}=27.991\text{mm}$，$\overline{R}=0.010\text{mm}$。

4. 计算 $\overline{X}$ 图的控制界限和 R 图的控制界限

计量型控制图控制界限的计算公式见表 6-13。

表 6-13 计量型控制图控制界限的计算公式（摘自 GB/T 4091—2001）

统计量	标准值未给定		标准值给定	
	中心线	UCL 或 LCL	中心线	UCL 或 LCL
$\overline{X}$	$\overline{\overline{X}}$	$\overline{\overline{X}}\pm A_2\overline{R}$ 或 $\overline{\overline{X}}\pm A_3\overline{s}$	X_0 或 μ	$X_0\pm A\sigma_0$
R	$\overline{R}$	$D_3\overline{R}$、$D_4\overline{R}$	R_0 或 $D_2\sigma_0$	$D_1\sigma_0$，$D_2\sigma_0$
s	$\overline{s}$	$B_3\overline{s}$、$B_4\overline{s}$	s_0 或 $c_4\sigma_0$	$B_5\sigma_0$，$B_6\sigma_0$

注：X_0、R_0、s_0、μ、σ_0 均为给定的标准值。

计算公式中的控制界限系数也要从国家标准中查出，见表 6-14。

表 6-14 控制界限系数表（部分）（摘自 GB/T 4091—2001）

子组中观测个数 n	控制界限系数						
	A	A_2	A_3	D_1	D_2	D_3	D_4
2	2.121	1.880	2.659	0.000	3.686	0.000	3.267
3	1.732	1.023	1.954	0.000	4.358	0.000	2.574

（续）

子组中观测个数 n	控制界限系数						
	A	A_2	A_3	D_1	D_2	D_3	D_4
4	1.500	0.729	1.628	0.000	4.698	0.000	2.282
5	1.342	0.577	1.427	0.000	4.918	0.000	2.114

此处，$n=4$，由表 6-14 可知：$A_2=0.729$，$D_3=0$，$D_4=2.282$。

$\overline{X}$ 图的控制界限为

$$UCL(\overline{X})=\overline{\overline{X}}+A_2\overline{R}=27.991\text{mm}+0.729\times0.010\text{mm}=27.998\text{mm}$$

$$CL(\overline{X})=\overline{\overline{X}}=27.991\text{mm}$$

$$LCL(\overline{X})=\overline{\overline{X}}-A_2\overline{R}=27.991\text{mm}-0.729\times0.010\text{mm}=27.984\text{mm}$$

R 图的控制界限为

$$UCL(R)=D_4\overline{R}=2.282\times0.010\text{mm}=0.022\text{mm}$$

$$CL(R)=\overline{R}=0.010\text{mm}$$

$$LCL(R)=D_3\overline{R}=0.000\times0.010\text{mm}=0\text{mm}$$

5. 绘制控制图

根据各样本的平均值和极差在控制图上描点，得到十字轴外径尺寸的平均值-极差（$\overline{X}$-R）控制图，如图 6-6 所示。

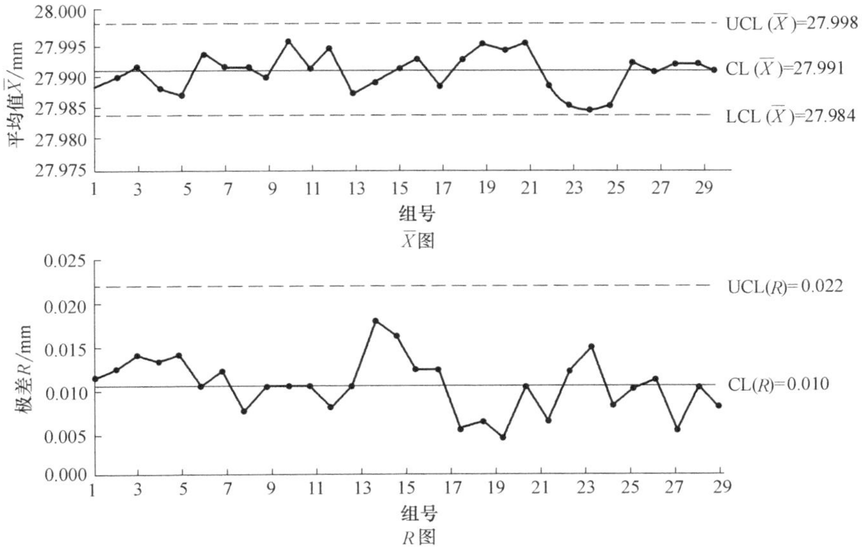

图 6-6 十字轴外径尺寸的平均值-极差（$\overline{X}$-R）控制图

6. 控制图的分析与判断

观察十字轴外径尺寸的 $\overline{X}$-R 图，图中的点都没有越出控制界限，且都随机地分布在中心线的两侧附近，越接近上下控制界限，点越少，但 $\overline{X}$ 图中的第 23、24、25 点比较接近下控制界限，意味着生产过程中有异常情况，应该从人员、设备、原材料、生产工艺、环境条件等方面研究出现这种状况的原因。

例如：如果经过分析判断是由于操作工人的疏忽而造成磨削量过大，导致这三件产品的外径值偏小，这时就要对操作人员加强教育，增强其质量意识。

附　　录

附录 A　轴的基本偏差数值（摘自 GB/T 1800.1—2009）　　（单位：μm）

公称尺寸/mm		基本偏差数值																
		上极限偏差(es)												下极限偏差(ei)				
大于	至	所有标准公差等级												IT5 和 IT6	IT7	IT8	IT4～IT7	≤IT3 >IT7
		a	b	c	cd	d	e	ef	f	fg	g	h	js	j			k	
—	3	-270	-140	-60	-34	-20	-14	-10	-6	-4	-2	0	偏差 = ± $\frac{IT_n}{2}$（式中 IT_n 是 IT 数值）	-2	-4	-6	0	0
3	6	-270	-140	-70	-46	-30	-20	-14	-10	-6	-4	0		-2	-4		+1	0
6	10	-280	-150	-80	-56	-40	-25	-18	-13	-8	-5	0		-2	-5		+1	0
10	14	-290	-150	-95		-50	-32		-16		-6	0		-3	-6		+1	0
14	18																	
18	24	-300	-160	-110		-65	-40		-20		-7	0		-4	-8		+2	0
24	30																	
30	40	-310	-170	-120		-80	-50		-25		-9	0		-5	-10		+2	0
40	50	-320	-180	-130														
50	65	-340	-190	-140		-100	-60		-30		-10	0		-7	-12		+2	0
65	80	-360	-200	-150														
80	100	-380	-220	-170		-120	-72		-36		-12	0		-9	-15		+3	0
100	120	-410	-240	-180														
120	140	-460	-260	-200		-145	-85		-43		-14	0		-11	-18		+3	0
140	160	-520	-280	-210														
160	180	-580	-310	-230														
180	200	-660	-340	-240		-170	-100		-50		-15	0		-13	-21		+4	0
200	225	-740	-380	-260														
225	250	-820	-420	-280														
250	280	-920	-480	-300		-190	-110		-56		-17	0		-16	-26		+4	0
280	315	-1050	-540	-330														
315	355	-1200	-600	-360		-210	-125		-62		-18	0		-18	-28		+4	0
355	400	-1350	-680	-400														
400	450	-1500	-760	-440		-230	-135		-68		-20	0		-20	-32		+5	0
450	500	-1650	-840	-480														
500	560					-260	-145		-76		-22	0					0	0
560	630																	
630	710					-290	-160		-80		-24	0					0	0
710	800																	
800	900					-320	-170		-86		-26	0					0	0
900	1000																	
1000	1120					-350	-195		-98		-28	0					0	0
1120	1250																	
1250	1400					-390	-220		-110		-30	0					0	0
1400	1600																	
1600	1800					-430	-240		-120		-32	0					0	0
1800	2000																	
2000	2240					-480	-260		-130		-34	0					0	0
2240	2500																	
2500	2800					-520	-290		-145		-38	0					0	0
2800	3150																	

（续）

公称尺寸/mm		基本偏差数值													
		下极限偏差(ei)													
大于	至	所有标准公差等级													
		m	n	p	r	s	t	u	v	x	y	z	za	zb	zc
—	3	+2	+4	+6	+10	+14		+18		+20		+26	+32	+40	+60
3	6	+4	+8	+12	+15	+19		+23		+28		+35	+42	+50	+80
6	10	+6	+10	+15	+19	+23		+28		+34		+42	+52	+67	+97
10	14	+7	+12	+18	+23	+28		+33		+40		+50	+64	+90	+130
14	18								+39	+45		+60	+77	+108	+150
18	24	+8	+15	+22	+28	+35		+41	+47	+54	+63	+73	+98	+136	+188
24	30						+41	+48	+55	+64	+75	+88	+118	+160	+218
30	40	+9	+17	+26	+34	+43	+48	+60	+68	+80	+94	+112	+148	+200	+274
40	50						+54	+70	+81	+97	+114	+136	+180	+242	+325
50	65	+11	+20	+32	+41	+53	+66	+87	+102	+122	+144	+172	+226	+300	+405
65	80				+43	+59	+75	+102	+120	+146	+174	+210	+274	+360	+480
80	100	+13	+23	+37	+51	+71	+91	+124	+146	+178	+214	+258	+335	+445	+585
100	120				+54	+79	+104	+144	+172	+210	+256	+310	+400	+525	+690
120	140	+15	+27	+43	+63	+92	+122	+170	+202	+248	+300	+365	+470	+620	+800
140	160				+65	+100	+134	+190	+228	+280	+340	+415	+535	+700	+900
160	180				+68	+108	+146	+210	+252	+310	+380	+465	+600	+780	+1000
180	200	+17	+31	+50	+77	+122	+166	+236	+284	+350	+425	+520	+670	+880	+1150
200	225				+80	+130	+180	+258	+310	+385	+470	+575	+740	+960	+1250
225	250				+84	+140	+196	+284	+340	+425	+520	+640	+820	+1050	+1350
250	280	+20	+34	+56	+94	+158	+218	+315	+385	+475	+580	+710	+920	+1200	+1550
280	315				+98	+170	+240	+350	+425	+525	+650	+790	+1000	+1300	+1700
315	355	+21	+37	+62	+108	+190	+268	+390	+475	+590	+730	+900	+1150	+1500	+1900
355	400				+114	+208	+294	+435	+530	+660	+820	+1000	+1300	+1650	+2100
400	450	+23	+40	+68	+126	+232	+330	+490	+595	+740	+920	+1100	+1450	+1850	+2400
450	500				+132	+252	+360	+540	+660	+820	+1000	+1250	+1600	+2100	+2600
500	560	+26	+44	+78	+150	+280	+400	+600							
560	630				+155	+310	+450	+660							
630	710	+30	+50	+88	+175	+340	+500	+740							
710	800				+185	+380	+560	+840							
800	900	+34	+56	+100	+210	+430	+620	+940							
900	1000				+220	+470	+680	+1050							
1000	1120	+40	+66	+120	+250	+520	+780	+1150							
1120	1250				+260	+580	+840	+1300							
1250	1400	+48	+78	+140	+300	+640	+940	+1450							
1400	1600				+330	+720	+1050	+1600							
1600	1800	+58	+92	+170	+370	+820	+1200	+1850							
1800	2000				+400	+920	+1350	+2000							
2000	2240	+68	+110	+195	+440	+1000	+1500	+2300							
2240	2500				+460	+1100	+1650	+2500							
2500	2800	+76	+135	+240	+550	+1250	+1900	+2900							
2800	3150				+580	+1400	+2100	+3200							

注：1. 公称尺寸小于或等于 1mm 时，基本偏差 a 和 b 均不采用。

2. 公差带 js7 ~ js11，若 IT_n 值数是奇数，则取偏差 = $\pm\frac{IT_n - 1}{2}$。

附录 B　轴的极限偏差数值（摘自 GB/T 1800.2—2009）　　　　（单位：μm）

公称尺寸/mm		公差带														
		a					b					c				
大于	至	9	10	11	12	13	9	10	11	12	13	8	9	10	11	12
—	3	-270 -295	-270 -310	-270 -330	-270 -370	-270 -410	-140 -165	-140 -180	-140 -200	-140 -240	-140 -280	-60 -74	-60 -85	-60 -100	-60 -120	-60 -160
3	6	-270 -300	-270 -318	-270 -345	-270 -390	-270 -450	-140 -170	-140 -188	-140 -215	-140 -260	-140 -320	-70 -88	-70 -100	-70 -118	-70 -145	-70 -190
6	10	-280 -316	-280 -338	-280 -370	-280 -430	-280 -500	-150 -186	-150 -208	-150 -240	-150 -300	-150 -370	-80 -102	-80 -116	-80 -138	-80 -170	-80 -230
10 14	14 18	-290 -333	-290 -360	-290 -400	-290 -470	-290 -560	-150 -193	-150 -220	-150 -260	-150 -330	-150 -420	-95 -122	-95 -138	-95 -165	-95 -205	-95 -275
18 24	24 30	-300 -352	-300 -384	-300 -430	-300 -510	-300 -630	-160 -212	-160 -244	-160 -290	-160 -370	-160 -490	-110 -143	-110 -162	-110 -194	-110 -240	-110 -320
30	40	-310 -372	-310 -410	-310 -470	-310 -560	-310 -700	-170 -232	-170 -270	-170 -330	-170 -420	-170 -560	-120 -159	-120 -182	-120 -220	-120 -280	-120 -370
40	50	-320 -382	-320 -420	-320 -480	-320 -570	-320 -710	-180 -242	-180 -280	-180 -340	-180 -430	-180 -570	-130 -169	-130 -192	-130 -230	-130 -290	-130 -380
50	65	-340 -414	-340 -460	-340 -530	-340 -640	-340 -800	-190 -264	-190 -310	-190 -380	-190 -490	-190 -650	-140 -186	-140 -214	-140 -260	-140 -330	-140 -440
65	80	-360 -434	-360 -480	-360 -550	-360 -660	-360 -820	-200 -274	-200 -320	-200 -390	-200 -500	-200 -660	-150 -196	-150 -224	-150 -270	-150 -340	-150 -450
80	100	-380 -467	-380 -520	-380 -600	-380 -730	-380 -920	-220 -307	-220 -360	-220 -440	-220 -570	-220 -760	-170 -224	-170 -257	-170 -310	-170 -390	-170 -520
100	120	-410 -497	-410 -550	-410 -630	-410 -760	-410 -950	-240 -327	-240 -380	-240 -460	-240 -590	-240 -780	-180 -234	-180 -267	-180 -320	-180 -400	-180 -530
120	140	-460 -560	-460 -620	-460 -710	-460 -860	-460 -1090	-260 -360	-260 -420	-260 -510	-260 -660	-260 -890	-200 -263	-200 -300	-200 -360	-200 -450	-200 -600
140	160	-520 -620	-520 -680	-520 -770	-520 -920	-520 -1150	-280 -380	-280 -440	-280 -530	-280 -680	-280 -910	-210 -273	-210 -310	-210 -370	-210 -460	-210 -610
160	180	-580 -680	-580 -740	-580 -830	-580 -980	-580 -1210	-310 -410	-310 -470	-310 -560	-310 -710	-310 -940	-230 -293	-230 -330	-230 -390	-230 -480	-230 -630
180	200	-660 -775	-660 -845	-660 -950	-660 -1120	-660 -1380	-340 -455	-340 -525	-340 -630	-340 -800	-340 -1060	-240 -312	-240 -355	-240 -425	-240 -530	-240 -700
200	225	-740 -855	-740 -925	-740 -1030	-740 -1200	-740 -1460	-380 -495	-380 -565	-380 -670	-380 -840	-380 -1100	-260 -332	-260 -375	-260 -445	-260 -550	-260 -720
225	250	-820 -935	-820 -1005	-820 -1110	-820 -1280	-820 -1540	-420 -535	-420 -605	-420 -710	-420 -880	-420 -1140	-280 -352	-280 -395	-280 -465	-280 -570	-280 -740
250	280	-920 -1050	-920 -1130	-920 -1240	-920 -1440	-920 -1730	-480 -610	-480 -690	-480 -800	-480 -1000	-480 -1290	-300 -381	-300 -430	-300 -510	-300 -620	-300 -820
280	315	-1050 -1180	-1050 -1260	-1050 -1370	-1050 -1570	-1050 -1860	-540 -670	-540 -750	-540 -860	-540 -1060	-540 -1350	-330 -411	-330 -460	-330 -540	-330 -650	-330 -850
315	355	-1200 -1340	-1200 -1430	-1200 -1560	-1200 -1770	-1200 -2090	-600 -740	-600 -830	-600 -960	-600 -1170	-600 -1490	-360 -449	-360 -500	-360 -590	-360 -720	-360 -930
355	400	-1350 -1490	-1350 -1580	-1350 -1710	-1350 -1920	-1350 -2240	-680 -820	-680 -910	-680 -1040	-680 -1250	-680 -1570	-400 -489	-400 -540	-400 -630	-400 -760	-400 -970
400	450	-1500 -1655	-1500 -1750	-1500 -1900	-1500 -2130	-1500 -2470	-760 -915	-760 -1010	-760 -1160	-760 -1390	-760 -1730	-440 -537	-440 -595	-440 -690	-440 -840	-440 -1070
450	500	-1650 -1805	-1650 -1900	-1650 -2050	-1650 -2280	-1650 -2620	-840 -995	-840 -1090	-840 -1240	-840 -1470	-840 -1810	-480 -577	-480 -635	-480 -730	-480 -880	-480 -1110

公称尺寸/mm		公差														
		d					e					f				
大于	至	7	8	9	10	11	6	7	8	9	10	5	6	7	8	9
—	3	-20 -30	-20 -34	-20 -45	-20 -60	-20 -80	-14 -20	-14 -24	-14 -28	-14 -39	-14 -54	-6 -10	-6 -12	-6 -16	-6 -20	-6 -31
3	6	-30 -42	-30 -48	-30 -60	-30 -78	-30 -105	-20 -28	-20 -32	-20 -38	-20 -50	-20 -68	-10 -15	-10 -18	-10 -22	-10 -28	-10 -40
6	10	-40 -55	-40 -62	-40 -76	-40 -98	-40 -130	-25 -34	-25 -40	-25 -47	-25 -61	-25 -83	-13 -19	-13 -22	-13 -28	-13 -35	-13 -49
10	14	-50 -68	-50 -77	-50 -93	-50 -120	-50 -160	-32 -43	-32 -50	-32 -59	-32 -75	-32 -102	-16 -24	-16 -27	-16 -34	-16 -43	-16 -59
14	18															
18	24	-65 -86	-65 -98	-65 -117	-65 -149	-65 -195	-40 -53	-40 -61	-40 -73	-40 -92	-40 -124	-20 -29	-20 -33	-20 -41	-20 -53	-20 -72
24	30															
30	40	-80 -105	-80 -119	-80 -142	-80 -180	-80 -240	-50 -66	-50 -75	-50 -89	-50 -112	-50 -150	-25 -36	-25 -41	-25 -50	-25 -64	-25 -87
40	50															
50	65	-100 -130	-100 -146	-100 -174	-100 -220	-100 -290	-60 -79	-60 -90	-60 -106	-60 -134	-60 -180	-30 -43	-30 -49	-30 -60	-30 -76	-30 -104
65	80															
80	100	-120 -155	-120 -174	-120 -207	-120 -260	-120 -340	-72 -94	-72 -107	-72 -126	-72 -159	-72 -212	-36 -51	-36 -58	-36 -71	-36 -90	-36 -123
100	120															
120	140	-145 -185	-145 -208	-145 -245	-145 -305	-145 -395	-85 -110	-85 -125	-85 -148	-85 -185	-85 -245	-43 -61	-43 -68	-43 -83	-43 -106	-43 -143
140	160															
160	180															
180	200	-170 -216	-170 -242	-170 -285	-170 -355	-170 -460	-100 -129	-100 -146	-100 -172	-100 -215	-100 -285	-50 -70	-50 -79	-50 -96	-50 -122	-50 -165
200	225															
225	250															
250	280	-190 -242	-190 -271	-190 -320	-190 -400	-190 -510	-110 -142	-110 -162	-110 -191	-110 -240	-110 -320	-56 -79	-56 -88	-56 -108	-56 -137	-56 -186
280	315															
315	355	-210 -267	-210 -299	-210 -350	-210 -440	-210 -570	-125 -161	-125 -182	-125 -214	-125 -265	-125 -355	-62 -87	-62 -98	-62 -119	-62 -151	-62 -202
355	400															
400	450	-230 -293	-230 -327	-230 -385	-230 -480	-230 -630	-135 -175	-135 -198	-135 -232	-135 -290	-135 -385	-68 -95	-68 -108	-68 -131	-68 -165	-68 -223
450	500															

（续）

带

g					h												
4	5	6	7	8	1	2	3	4	5	6	7	8	9	10	11	12	13
-2 -5	-2 -6	-2 -8	-2 -12	-2 -16	0 -0.8	0 -1.2	0 -2	0 -3	0 -4	0 -6	0 -10	0 -14	0 -25	0 -40	0 -60	0 -100	0 -140
-4 -8	-4 -9	-4 -12	-4 -16	-4 -22	0 -1	0 -1.5	0 -2.5	0 -4	0 -5	0 -8	0 -12	0 -18	0 -30	0 -48	0 -75	0 -120	0 -180
-5 -9	-5 -11	-5 -14	-5 -20	-5 -27	0 -1	0 -1.5	0 -2.5	0 -4	0 -6	0 -9	0 -15	0 -22	0 -36	0 -58	0 -90	0 -150	0 -220
-6 -11	-6 -14	-6 -17	-6 -24	-6 -33	0 -1.2	0 -2	0 -3	0 -5	0 -8	0 -11	0 -18	0 -27	0 -43	0 -70	0 -110	0 -180	0 -270
-7 -13	-7 -16	-7 -20	-7 -28	-7 -40	0 -1.5	0 -2.5	0 -4	0 -6	0 -9	0 -13	0 -21	0 -33	0 -52	0 -84	0 -130	0 -210	0 -330
-9 -16	-9 -20	-9 -25	-9 -34	-9 -48	0 -1.5	0 -2.5	0 -4	0 -7	0 -11	0 -16	0 -25	0 -39	0 -62	0 -100	0 -160	0 -250	0 -390
-10 -18	-10 -23	-10 -29	-10 -40	-10 -50	0 -2	0 -3	0 -5	0 -8	0 -13	0 -19	0 -30	0 -46	0 -74	0 -120	0 -190	0 -300	0 -460
-12 -22	-12 -27	-12 -34	-12 -47	-12 -66	0 -2.5	0 -4	0 -6	0 -10	0 -15	0 -22	0 -35	0 -54	0 -87	0 -140	0 -220	0 -350	0 -540
-14 -26	-14 -32	-14 -39	-14 -54	-14 -77	0 -3.5	0 -5	0 -8	0 -12	0 -18	0 -25	0 -40	0 -63	0 -100	0 -160	0 -250	0 -400	0 -630
-15 -29	-15 -35	-15 -44	-15 -61	-15 -87	0 -4.5	0 -7	0 -10	0 -14	0 -20	0 -29	0 -46	0 -72	0 -115	0 -185	0 -290	0 -460	0 -720
-17 -33	-17 -40	-17 -49	-17 -69	-17 -98	0 -6	0 -8	0 -12	0 -16	0 -23	0 -32	0 -52	0 -81	0 -130	0 -210	0 -320	0 -520	0 -810
-18 -36	-18 -43	-18 -54	-18 -75	-18 -107	0 -7	0 -9	0 -13	0 -18	0 -25	0 -36	0 -57	0 -89	0 -140	0 -230	0 -360	0 -570	0 -890
-20 -40	-20 -47	-20 -60	-20 -83	-20 -117	0 -8	0 -10	0 -15	0 -20	0 -27	0 -40	0 -63	0 -97	0 -155	0 -250	0 -400	0 -630	0 -970

公称尺寸/mm		公差															
		j			js												
大于	至	5	6	7	1	2	3	4	5	6	7	8	9	10	11	12	13
—	3	—	+4 −2	+6 −4	±0.4	±0.6	±1	±1.5	±2	±3	±5	±7	±12	±20	±30	±50	±70
3	6	+3 −2	+6 −2	+8 −4	±0.5	±0.75	±1.25	±2	±2.5	±4	±6	±9	±15	±24	±37	±60	±90
6	10	+4 −2	+7 −2	+10 −5	±0.5	±0.75	±1.25	±2	±3	±4.5	±7	±11	±18	±29	±45	±75	±110
10	14	+5 −3	+8 −3	+12 −6	±0.6	±1	±1.5	±2.5	±4	±5.5	±9	±13	±21	±35	±55	±90	±135
14	18																
18	24	+5 −4	+9 −4	+13 −8	±0.75	±1.25	±2	±3	±4.5	±6.5	±10	±16	±26	±42	±65	±105	±165
24	30																
30	40	+6 −5	+11 −5	+15 −10	±0.75	±1.25	±2	±3.5	±5.5	±8	±12	±19	±31	±50	±80	±125	±195
40	50																
50	65	+6 −7	+12 −7	+18 −12	±1	±1.5	±2.5	±4	±6.5	±9.5	±15	±23	±37	±60	±95	±150	±230
65	80																
80	100	+6 −9	+13 −9	+20 −15	±1.25	±2	±3	±5	±7.5	±11	±17	±27	±43	±70	±110	±175	±270
100	120																
120	140	+7 −11	+14 −11	+22 −18	±1.75	±2.5	±4	±6	±9	±12.5	±20	±31	±50	±80	±125	±200	±315
140	160																
160	180																
180	200	+7 −13	+16 −13	+25 −21	±2.25	±3.5	±5	±7	±10	±14.5	±23	±36	±57	±92	±145	±230	±360
200	225																
225	250																
250	280	+7 −16	±16	±26	±3	±4	±6	±8	±11.5	±16	±26	±40	±65	±105	±160	±260	±405
280	315																
315	355	+7 −18	±18	+29 −28	±3.5	±4.5	±6.5	±9	±12.5	±18	±28	±44	±70	±115	±180	±285	±445
355	400																
400	450	+7 −20	±20	+31 −32	±4	±5	±7.5	±10	±13.5	±20	±31	±48	±77	±125	±200	±315	±485
450	500																

（续）

带														
k					m					n				
4	5	6	7	8	4	5	6	7	8	4	5	6	7	8
+3 0	+4 0	+6 0	+10 0	+14 0	+5 +2	+6 +2	+8 +2	+12 +2	+16 +2	+7 +4	+8 +4	+10 +4	+14 +4	+18 +4
+5 +1	+6 +1	+9 +1	+13 +1	+18 0	+8 +4	+9 +4	+12 +4	+16 +4	+22 +4	+12 +8	+13 +8	+16 +8	+20 +8	+26 +8
+5 +1	+7 +1	+10 +1	+16 +1	+22 0	+10 +6	+12 +6	+15 +6	+21 +6	+28 +6	+14 +10	+16 +10	+19 +10	+25 +10	+32 +10
+6 +1	+9 +1	+12 +1	+19 +1	+27 0	+12 +7	+15 +7	+18 +7	+25 +7	+34 +7	+17 +12	+20 +12	+23 +12	+30 +12	+39 +12
+8 +2	+11 +2	+15 +2	+23 +2	+33 0	+14 +8	+17 +8	+21 +8	+29 +8	+41 +8	+21 +15	+24 +15	+28 +15	+36 +15	+48 +15
+9 +2	+13 +2	+18 +2	+27 +2	+39 0	+16 +9	+20 +9	+25 +9	+34 +9	+48 +9	+24 +17	+28 +17	+33 +17	+42 +17	+56 +17
+10 +2	+15 +2	+21 +2	+32 +2	+46 0	+19 +11	+24 +11	+30 +11	+41 +11		+28 +20	+33 +20	+39 +20	+50 +20	
+13 +3	+18 +3	+25 +3	+38 +3	+54 0	+23 +13	+28 +13	+35 +13	+48 +13		+33 +23	+38 +23	+45 +23	+58 +23	
+15 +3	+21 +3	+28 +3	+43 +3	+63 0	+27 +15	+33 +15	+40 +15	+55 +15		+39 +27	+45 +27	+52 +27	+67 +27	
+18 +4	+24 +4	+33 +4	+50 +4	+72 0	+31 +17	+37 +17	+46 +17	+63 +17		+45 +31	+51 +31	+60 +31	+77 +31	
+20 +4	+27 +4	+36 +4	+56 +4	+81 0	+36 +20	+43 +20	+52 +20	+72 +20		+50 +34	+57 +34	+66 +34	+86 +34	
+22 +4	+29 +4	+40 +4	+61 +4	+89 0	+39 +21	+46 +21	+57 +21	+78 +21		+55 +37	+62 +37	+73 +37	+94 +37	
+25 +5	+32 +5	+45 +5	+68 +5	+97 0	+43 +23	+50 +23	+63 +23	+86 +23		+60 +40	+67 +40	+80 +40	+103 +40	

公称尺寸/mm		公差														
		p					r					s				
大于	至	4	5	6	7	8	4	5	6	7	8	4	5	6	7	8
—	3	+9 +6	+10 +6	+12 +6	+16 +6	+20 +6	+13 +10	+14 +10	+16 +10	+20 +10	+24 +10	+17 +14	+18 +14	+20 +14	+24 +14	+28 +14
3	6	+16 +12	+17 +12	+20 +12	+24 +12	+30 +12	+19 +15	+20 +15	+23 +15	+27 +15	+33 +15	+23 +19	+24 +19	+27 +19	+31 +19	+37 +19
6	10	+19 +15	+21 +15	+24 +15	+30 +15	+37 +15	+23 +19	+25 +19	+28 +19	+34 +19	+41 +19	+27 +23	+29 +23	+32 +23	+38 +23	+45 +23
10	14	+23 +18	+26 +18	+29 +18	+36 +18	+45 +18	+28 +23	+31 +23	+34 +23	+41 +23	+50 +23	+33 +28	+36 +28	+39 +28	+46 +28	+55 +28
14	18															
18	24	+28 +22	+31 +22	+35 +22	+43 +22	+55 +22	+34 +28	+37 +28	+41 +28	+49 +28	+61 +28	+41 +35	+44 +35	+48 +35	+56 +35	+68 +35
24	30															
30	40	+33 +26	+37 +26	+42 +26	+51 +26	+65 +26	+41 +34	+45 +34	+50 +34	+59 +34	+73 +34	+50 +43	+54 +43	+59 +43	+68 +43	+82 +43
40	50															
50	65	+40 +32	+45 +32	+51 +32	+62 +32	+78 +32	+49 +41	+54 +41	+60 +41	+71 +41	+87 +41	+61 +53	+66 +53	+72 +53	+83 +53	+99 +53
65	80						+51 +43	+56 +43	+62 +43	+73 +43	+89 +43	+67 +59	+72 +59	+78 +59	+89 +59	+105 +59
80	100	+47 +37	+52 +37	+59 +37	+72 +37	+91 +37	+61 +51	+66 +51	+73 +51	+86 +51	+105 +51	+81 +71	+86 +71	+93 +71	+106 +71	+125 +71
100	120						+64 +54	+69 +54	+76 +54	+89 +54	+108 +54	+89 +79	+94 +79	+101 +79	+114 +79	+133 +79
120	140	+55 +43	+61 +43	+68 +43	+83 +43	+100 +43	+75 +63	+81 +63	+88 +63	+103 +63	+126 +63	+104 +92	+110 +92	+117 +92	+132 +92	+155 +92
140	160						+77 +65	+83 +65	+90 +65	+105 +65	+128 +65	+112 +100	+118 +100	+125 +100	+140 +100	+163 +100
160	180						+80 +68	+86 +68	+93 +68	+108 +68	+131 +68	+120 +108	+126 +108	+133 +108	+148 +108	+171 +108
180	200	+64 +50	+70 +50	+79 +50	+96 +50	+122 +50	+91 +77	+97 +77	+106 +77	+123 +77	+149 +77	+136 +122	+142 +122	+151 +122	+168 +122	+194 +122
200	225						+94 +80	+100 +80	+109 +80	+126 +80	+152 +80	+144 +130	+150 +130	+159 +130	+176 +130	+202 +130
225	250						+98 +84	+104 +84	+113 +84	+130 +84	+156 +84	+154 +140	+160 +140	+169 +140	+186 +140	+212 +140
250	280	+72 +56	+79 +56	+88 +56	+108 +56	+137 +56	+110 +94	+117 +94	+126 +94	+146 +94	+175 +94	+174 +158	+181 +158	+190 +158	+210 +158	+239 +158
280	315						+114 +98	+121 +98	+130 +98	+150 +98	+179 +98	+186 +170	+193 +170	+202 +170	+222 +170	+251 +170
315	355	+80 +62	+87 +62	+98 +62	+119 +62	+151 +62	+126 +108	+133 +108	+144 +108	+165 +108	+197 +108	+208 +190	+215 +190	+226 +190	+247 +190	+279 +190
355	400						+132 +114	+139 +114	+150 +114	+171 +114	+203 +114	+226 +208	+233 +208	+244 +208	+265 +208	+297 +208
400	450	+88 +68	+95 +68	+108 +68	+131 +68	+165 +68	+146 +126	+153 +126	+166 +126	+189 +126	+223 +126	+252 +232	+259 +232	+272 +232	+295 +232	+329 +232
450	500						+152 +132	+159 +132	+172 +132	+195 +132	+229 +132	+272 +252	+279 +252	+292 +252	+315 +252	+349 +252

（续）

带

t				u				v			
5	6	7	8	5	6	7	8	5	6	7	8
				+22 +18	+24 +18	+28 +18	+32 +18				
				+28 +23	+31 +23	+35 +23	+41 +23				
				+34 +28	+37 +28	+43 +28	+50 +28				
				+41 +33	+44 +33	+51 +33	+60 +33				
								+47 +39	+50 +39	+57 +39	+66 +39
				+50 +41	+54 +41	+62 +41	+74 +41	+56 +47	+60 +47	+68 +47	+80 +47
+50 +41	+54 +41	+62 +41	+74 +41	+57 +48	+61 +48	+69 +48	+81 +48	+64 +55	+68 +55	+76 +55	+88 +55
+59 +48	+64 +48	+73 +48	+87 +48	+71 +60	+76 +60	+85 +60	+99 +60	+79 +68	+84 +68	+93 +68	+107 +68
+65 +54	+70 +54	+79 +54	+93 +54	+81 +70	+86 +70	+95 +70	+109 +70	+92 +81	+97 +81	+106 +81	+120 +81
+79 +66	+85 +66	+96 +66	+112 +66	+100 +87	+106 +87	+117 +87	+133 +87	+115 +102	+121 +102	+132 +102	+148 +102
+88 +75	+94 +75	+105 +75	+121 +75	+115 +102	+121 +102	+132 +102	+148 +102	+133 +120	+139 +120	+150 +120	+166 +120
+106 +91	+113 +91	+126 +91	+145 +91	+139 +124	+146 +124	+159 +124	+178 +124	+161 +146	+168 +146	+181 +146	+200 +146
+119 +104	+126 +104	+139 +104	+158 +104	+159 +144	+166 +144	+179 +144	+198 +144	+187 +172	+194 +172	+207 +172	+226 +172
+140 +122	+147 +122	+162 +122	+185 +122	+188 +170	+195 +170	+210 +170	+233 +170	+220 +202	+227 +202	+242 +202	+265 +202
+152 +134	+159 +134	+174 +134	+197 +134	+208 +190	+215 +190	+230 +190	+253 +190	+246 +228	+253 +228	+268 +228	+291 +228
+164 +146	+171 +146	+186 +146	+209 +146	+228 +210	+235 +210	+250 +210	+273 +210	+270 +252	+277 +252	+292 +252	+315 +252
+186 +166	+195 +166	+212 +166	+238 +166	+256 +236	+265 +236	+282 +236	+308 +236	+304 +284	+313 +284	+330 +284	+356 +284
+200 +180	+209 +180	+226 +180	+252 +180	+278 +258	+287 +258	+304 +258	+330 +258	+330 +310	+339 +310	+356 +310	+382 +310
+216 +196	+225 +196	+242 +196	+268 +196	+304 +284	+313 +284	+330 +284	+356 +284	+360 +340	+369 +340	+386 +340	+412 +340
+241 +218	+250 +218	+270 +218	+299 +218	+338 +315	+347 +315	+367 +315	+396 +315	+408 +385	+417 +385	+437 +385	+466 +385
+263 +240	+272 +240	+292 +240	+321 +240	+373 +350	+382 +350	+402 +350	+431 +350	+448 +425	+457 +425	+477 +425	+506 +425
+293 +268	+304 +268	+325 +268	+357 +268	+415 +390	+426 +390	+447 +390	+479 +390	+500 +475	+511 +475	+532 +475	+564 +475
+319 +294	+330 +294	+351 +294	+383 +294	+460 +435	+471 +435	+492 +435	+524 +435	+555 +530	+566 +530	+587 +530	+619 +530
+357 +330	+370 +330	+393 +330	+427 +330	+517 +490	+530 +490	+553 +490	+587 +490	+622 +595	+635 +595	+658 +595	+692 +595
+387 +360	+400 +360	+423 +360	+457 +360	+567 +540	+580 +540	+603 +540	+637 +540	+687 +660	+700 +660	+723 +660	+757 +660

（续）

公称尺寸/mm		公差带									
		x				y			z		
大于	至	5	6	7	8	6	7	8	6	7	8
—	3	+24 +20	+26 +20	+30 +20	+34 +20				+32 +26	+36 +26	+40 +26
3	6	+33 +28	+36 +28	+40 +28	+46 +58				+43 +35	+47 +35	+53 +35
6	10	+40 +34	+43 +34	+49 +34	+56 +34				+51 +42	+57 +42	+64 +42
10	14	+48 +40	+51 +40	+58 +40	+67 +40				+61 +50	+68 +50	+77 +50
14	18	+53 +45	+56 +45	+63 +45	+72 +45				+71 +60	+78 +60	+87 +60
18	24	+63 +54	+67 +54	+75 +54	+87 +54	+76 +63	+84 +63	+96 +63	+86 +73	+94 +73	+106 +73
24	30	+73 +64	+77 +64	+85 +64	+97 +64	+88 +75	+96 +75	+108 +75	+101 +88	+109 +88	+121 +88
30	40	+91 +80	+96 +80	+105 +80	+119 +80	+110 +94	+119 +94	+133 +94	+128 +112	+137 +112	+151 +112
40	50	+108 +97	+113 +97	+122 +97	+136 +97	+130 +114	+139 +114	+153 +114	+152 +136	+161 +136	+175 +136
50	65	+135 +122	+141 +122	+152 +122	+168 +122	+163 +144	+174 +144	+190 +144	+191 +172	+202 +172	+218 +172
65	80	+159 +146	+165 +146	+176 +146	+192 +146	+193 +174	+204 +174	+220 +174	+229 +210	+240 +210	+256 +210
80	100	+193 +178	+200 +178	+213 +178	+232 +178	+236 +214	+249 +214	+268 +214	+280 +258	+293 +258	+312 +258
100	120	+225 +210	+232 +210	+245 +210	+264 +210	+276 +254	+289 +254	+308 +254	+332 +310	+345 +310	+364 +310
120	140	+266 +248	+273 +248	+288 +248	+311 +248	+325 +300	+340 +300	+368 +300	+390 +365	+405 +365	+428 +365
140	160	+298 +280	+305 +280	+320 +280	+343 +280	+365 +340	+380 +340	+403 +340	+440 +415	+455 +415	+487 +415
160	180	+328 +310	+335 +310	+350 +310	+373 +310	+405 +380	+420 +380	+443 +380	+490 +465	+505 +465	+528 +465
180	200	+370 +350	+379 +350	+396 +350	+422 +350	+454 +425	+471 +425	+497 +425	+549 +520	+566 +520	+592 +520
200	225	+405 +385	+414 +385	+431 +385	+457 +385	+499 +470	+516 +470	+542 +470	+604 +575	+621 +575	+647 +575
225	250	+445 +425	+454 +425	+471 +425	+497 +425	+549 +520	+566 +520	+592 +520	+669 +640	+686 +640	+712 +640
250	280	+498 +475	+507 +475	+527 +475	+556 +475	+612 +580	+632 +580	+661 +580	+742 +710	+762 +710	+791 +710
280	315	+548 +525	+557 +525	+577 +525	+606 +525	+682 +650	+702 +650	+731 +650	+822 +790	+842 +790	+871 +790
315	355	+615 +590	+626 +590	+647 +590	+679 +590	+766 +730	+787 +730	+819 +730	+936 +900	+957 +900	+989 +900
355	400	+685 +660	+696 +660	+717 +660	+749 +660	+856 +820	+877 +820	+909 +820	+1036 +1000	+1057 +1000	+1089 +1000
400	450	+767 +740	+780 +740	+803 +740	+837 +740	+960 +920	+983 +920	+1017 +920	+1140 +1100	+1163 +1100	+1197 +1100
450	500	+847 +820	+860 +820	+883 +820	+917 +820	+1040 +1000	+1063 +1000	+1097 +1000	+1290 +1250	+1313 +1250	+1347 +1250

附录C 孔的基本偏差数值（摘自GB/T 1800.1—2009）

（单位：μm）

公称尺寸/mm		基本偏差																				
		下极限偏差(EI)												上极限偏差(ES)								
大于	至	所有标准公差等级												IT6	IT7	IT8	≤IT8	>IT8	≤IT8	>IT8	≤IT8	>IT8
		A	B	C	CD	D	E	EF	F	FG	G	H	JS	J			K		M		N	
—	3	+270	+140	+60	+34	+20	+14	+10	+6	+4	+2	0	偏差 $=\pm\frac{IT_n}{2}$（式中 IT_n 是IT数值）	+2	+4	+6	0	0	−2	−2	−4	−4
3	6	+270	+140	+70	+46	+30	+20	+14	+10	+6	+4	0		+5	+6	+10	−1+Δ		−4+Δ	−4	−8+Δ	0
6	10	+280	+150	+80	+56	+40	+25	+18	+13	+8	+5	0		+5	+8	+12	−1+Δ		−6+Δ	−6	−10+Δ	0
10	14	+290	+150	+95		+50	+32		+16		+6	0		+6	+10	+15	−1+Δ		−7+Δ	−7	−12+Δ	0
14	18																					
18	24	+300	+160	+110		+65	+40		+20		+7	0		+8	+12	+20	−2+Δ		−8+Δ	−8	−15+Δ	0
24	30																					
30	40	+310	+170	+120		+80	+50		+25		+9	0		+10	+14	+24	−2+Δ		−9+Δ	−9	−17+Δ	0
40	50	+320	+180	+130																		
50	65	+340	+190	+140		+100	+60		+30		+10	0		+13	+18	+28	−2+Δ		−11+Δ	−11	−20+Δ	0
65	80	+360	+200	+150																		
80	100	+380	+220	+170		+120	+72		+36		+12	0		+16	+22	+34	−3+Δ		−13+Δ	−13	−23+Δ	0
100	120	+410	+240	+180																		
120	140	+460	+260	+200		+145	+85		+43		+14	0		+18	+26	+41	−3+Δ		−15+Δ	−15	−27+Δ	0
140	160	+520	+280	+210																		
160	180	+580	+310	+230																		
180	200	+660	+340	+240		+170	+100		+50		+15	0		+22	+30	+47	−4+Δ		−17+Δ	−17	−31+Δ	0
200	225	+740	+380	+260																		
225	250	+820	+420	+280																		
250	280	+920	+480	+300		+190	+110		+56		+17	0		+25	+36	+55	−4+Δ		−20+Δ	−20	−34+Δ	0
280	315	+1050	+540	+330																		
315	355	+1200	+600	+360		+210	+125		+62		+18	0		+29	+39	+60	−4+Δ		−21+Δ	−21	−37+Δ	0
355	400	+1350	+680	+400																		
400	450	+1500	+760	+440		+230	+135		+68		+20	0		+33	+43	+66	−5+Δ		−23+Δ	−23	−40+Δ	0
450	500	+1650	+840	+480																		
500	560					+260	+145		+76		+22	0					0		−26		−44	
560	630																					
630	710					+290	+160		+80		+24	0					0		−30		−50	
710	800																					
800	900					+320	+170		+86		+26	0					0		−34		−56	
900	1000																					
1000	1120					+350	+195		+98		+28	0					0		−40		−66	
1120	1250																					
1250	1400					+390	+220		+110		+30	0					0		−48		−78	
1400	1600																					
1600	1800					+430	+240		+120		+32	0					0		−58		−92	
1800	2000																					
2000	2240					+480	+260		+130		+34	0					0		−68		−110	
2240	2500																					
2500	2800					+520	+290		+145		+38	0					0		−76		−135	
2800	3150																					

（续）

公称尺寸/mm		基本偏差数值													Δ值					
		上极限偏差(ES)																		
大于	至	≤IT7	标准公差等级大于IT7												标准公差等级					
		P~ZC	P	R	S	T	U	V	X	Y	Z	ZA	ZB	ZC	IT3	IT4	IT5	IT6	IT7	IT8
—	3	在大于IT7的相应数值上增加一个Δ值	-6	-10	-14		-18		-20		-26	-32	-40	-60	0	0	0	0	0	0
3	6		-12	-15	-19		-23		-28		-35	-42	-50	-80	1	1.5	1	3	4	6
6	10		-15	-19	-23		-28		-34		-42	-52	-67	-97	1	1.5	2	3	6	7
10	14		-18	-23	-28		-33		-40		-50	-64	-90	-130	1	2	3	3	7	9
14	18							-39	-45		-60	-77	-108	-150						
18	24		-22	-28	-35		-41	-47	-54	-63	-73	-98	-136	-188	1.5	2	3	4	8	12
24	30					-41	-48	-55	-64	-75	-88	-118	-160	-218						
30	40		-26	-34	-43	-48	-60	-68	-80	-94	-112	-148	-200	-274	1.5	3	4	5	9	14
40	50					-54	-70	-81	-97	-114	-136	-180	-242	-325						
50	65		-32	-41	-53	-66	-87	-102	-122	-144	-172	-226	-300	-405	2	3	5	6	11	16
65	80			-43	-59	-75	-102	-120	-146	-174	-210	-274	-360	-480						
80	100		-37	-51	-71	-91	-124	-146	-178	-214	-258	-335	-445	-585	2	4	5	7	13	19
100	120			-54	-79	-104	-144	-172	-210	-254	-310	-400	-525	-690						
120	140		-43	-63	-92	-122	-170	-202	-248	-300	-365	-470	-620	-800	3	4	6	7	15	23
140	160			-65	-100	-134	-190	-228	-280	-340	-415	-535	-700	-900						
160	180			-68	-108	-146	-210	-252	-310	-380	-465	-600	-780	-1000						
180	200		-50	-77	-122	-166	-236	-284	-350	-425	-520	-670	-880	-1150	3	4	6	9	17	26
200	225			-80	-130	-180	-258	-310	-385	-470	-575	-740	-960	-1250						
225	250			-84	-140	-196	-284	-340	-425	-520	-640	-820	-1050	-1350						
250	280		-56	-94	-158	-218	-315	-385	-475	-580	-710	-920	-1200	-1550	4	4	7	9	20	29
280	315			-98	-170	-240	-350	-425	-525	-650	-790	-1000	-1300	-1700						
315	355		-62	-108	-190	-268	-390	-475	-590	-730	-900	-1150	-1500	-1900	4	5	7	11	21	32
355	400			-114	-208	-294	-435	-530	-660	-820	-1000	-1300	-1650	-2100						
400	450		-68	-126	-232	-330	-490	-595	-740	-920	-1100	-1450	-1850	-2400	5	5	7	13	23	34
450	500			-132	-252	-360	-540	-660	-820	-1000	-1250	-1600	-2100	-2600						
500	560		-78	-150	-280	-400	-600													
560	630			-155	-310	-450	-660													
630	710		-88	-175	-340	-500	-740													
710	800			-185	-380	-560	-840													
800	900		-100	-210	-430	-620	-940													
900	1000			-220	-470	-680	-1050													
1000	1120		-120	-250	-520	-780	-1150													
1120	1250			-260	-580	-840	-1300													
1250	1400		-140	-300	-640	-940	-1450													
1400	1600			-330	-720	-1050	-1600													
1600	1800		-170	-370	-820	-1200	-1850													
1800	2000			-400	-920	-1350	-2000													
2000	2240		-195	-440	-1000	-1500	-2300													
2240	2500			-460	-1100	-1650	-2500													
2500	2800		-240	-550	-1250	-1900	-2900													
2800	3150			-580	-1400	-2100	-3200													

注：1. 公称尺寸小于或等于1mm时，基本偏差A和B及大于IT8的N均不采用。

2. JS的数值：对于IT7~IT11，若IT_n的数值是奇数，则取偏差 = $\pm\frac{IT_n-1}{2}$。

3. 对于小于或等于IT8的K、M、N和小于或等于IT7的P~ZC，所需Δ值从表内右侧选取。

附录 D　孔的极限偏差数值（摘自 GB/T 1800.2—2009）　　　（单位：μm）

公称尺寸/mm		A				B				C				
大于	至	9	10	11	12	9	10	11	12	8	9	10	11	12
—	3	+295	+310	+330	+370	+165	+180	+200	+240	+74	+85	+100	+120	+160
		+270	+270	+270	+270	+140	+140	+140	+140	+60	+60	+60	+60	+60
3	6	+300	+318	+345	+390	+170	+188	+215	+260	+88	+100	+118	+145	+190
		+270	+270	+270	+270	+140	+140	+140	+140	+70	+70	+70	+70	+70
6	10	+316	+338	+370	+430	+186	+208	+240	+300	+102	+116	+138	+170	+230
		+280	+280	+280	+280	+150	+150	+150	+150	+80	+80	+80	+80	+80
10	14	+333	+360	+400	+470	+193	+220	+260	+330	+122	+138	+165	+205	+275
14	18	+290	+290	+290	+290	+150	+150	+150	+150	+95	+95	+95	+95	+95
18	24	+352	+384	+430	+510	+212	+244	+290	+370	+143	+162	+194	+240	+320
24	30	+300	+300	+300	+300	+160	+160	+160	+160	+110	+110	+110	+110	+110
30	40	+372	+410	+470	+560	+232	+270	+330	+420	+159	+182	+220	+280	+370
		+310	+310	+310	+310	+170	+170	+170	+170	+120	+120	+120	+120	+120
40	50	+382	+420	+480	+570	+242	+280	+340	+430	+169	+192	+230	+290	+380
		+320	+320	+320	+320	+180	+180	+180	+180	+130	+130	+130	+130	+130
50	65	+414	+460	+530	+640	+264	+310	+380	+490	+186	+214	+260	+330	+440
		+340	+340	+340	+340	+190	+190	+190	+190	+140	+140	+140	+140	+140
65	80	+434	+480	+550	+660	+274	+320	+390	+500	+196	+224	+270	+340	+450
		+360	+360	+360	+360	+200	+200	+200	+200	+150	+150	+150	+150	+150
80	100	+467	+520	+600	+730	+307	+360	+440	+570	+224	+257	+310	+390	+520
		+380	+380	+380	+380	+220	+220	+220	+220	+170	+170	+170	+170	+170
100	120	+497	+550	+630	+760	+327	+380	+460	+590	+234	+267	+320	+400	+530
		+410	+410	+410	+410	+240	+240	+240	+240	+180	+180	+180	+180	+180
120	140	+560	+620	+710	+860	+360	+420	+510	+660	+263	+300	+360	+450	+600
		+460	+460	+460	+460	+260	+260	+260	+260	+200	+200	+200	+200	+200
140	160	+620	+680	+770	+920	+380	+440	+530	+680	+273	+310	+370	+460	+610
		+520	+520	+520	+520	+280	+280	+280	+280	+210	+210	+210	+210	+210
160	180	+680	+740	+830	+980	+410	+470	+560	+710	+293	+330	+390	+480	+630
		+580	+580	+580	+580	+310	+310	+310	+310	+230	+230	+230	+230	+230
180	200	+775	+845	+950	+1120	+455	+525	+630	+800	+312	+355	+425	+530	+700
		+660	+660	+660	+600	+340	+340	+340	+340	+240	+240	+240	+240	+240
200	225	+855	+925	+1030	+1200	+495	+565	+670	+840	+332	+375	+445	+550	+720
		+740	+740	+740	+740	+380	+380	+380	+380	+260	+260	+260	+260	+260
225	250	+935	+1005	+1110	+1280	+535	+605	+710	+880	+352	+395	+465	+570	+740
		+820	+820	+820	+820	+420	+420	+420	+420	+280	+280	+280	+280	+280
250	280	+1050	+1130	+1240	+1440	+610	+690	+800	+1000	+381	+430	+510	+620	+820
		+920	+920	+920	+920	+480	+480	+480	+480	+300	+300	+300	+300	+300
280	315	+1180	+1260	+1370	+1570	+670	+750	+860	+1060	+411	+460	+540	+650	+850
		+1050	+1050	+1050	+1050	+540	+540	+540	+540	+330	+330	+330	+330	+330
315	355	+1340	+1430	+1560	+1770	+740	+830	+960	+1170	+449	+500	+590	+720	+930
		+1200	+1200	+1200	+1200	+600	+600	+600	+600	+360	+360	+360	+360	+360
355	400	+1490	+1580	+1710	+1920	+820	+910	+1040	+1250	+489	+540	+630	+760	+970
		+1350	+1350	+1350	+1350	+680	+680	+680	+680	+400	+400	+400	+400	+400
400	450	+1655	+1750	+1900	+2130	+915	+1010	+1160	+1390	+537	+595	+690	+840	+1070
		+1500	+1500	+1500	+1500	+760	+760	+760	+760	+440	+440	+440	+440	+440
450	500	+1805	+1900	+2050	+2280	+995	+1090	+1240	+1470	+577	+635	+730	+880	+1110
		+1650	+1650	+1650	+1650	+840	+840	+840	+840	+480	+480	+480	+480	+480

公称尺寸/mm		D					E				F			
大于	至	7	8	9	10	11	7	8	9	10	6	7	8	9
—	3	+30 +20	+34 +20	+45 +20	+60 +20	+80 +20	+24 +14	+28 +14	+39 +14	+54 +14	+12 +6	+16 +6	+20 +6	+31 +6
3	6	+42 +30	+48 +30	+60 +30	+78 +30	+105 +30	+32 +20	+38 +20	+50 +20	+68 +20	+18 +10	+22 +10	+28 +10	+40 +10
6	10	+55 +40	+62 +40	+76 +40	+98 +40	+130 +40	+40 +25	+47 +25	+61 +25	+83 +25	+22 +13	+28 +13	+35 +13	+49 +13
10	14	+68 +50	+77 +50	+93 +50	+120 +50	+160 +50	+50 +32	+59 +32	+75 +32	+102 +32	+27 +16	+34 +16	+43 +16	+59 +16
14	18													
18	24	+86 +65	+98 +65	+117 +65	+149 +65	+195 +65	+61 +40	+73 +40	+92 +40	+124 +40	+33 +20	+41 +20	+53 +20	+72 +20
24	30													
30	40	+105 +80	+119 +80	+142 +80	+180 +80	+240 +80	+75 +50	+89 +50	+112 +50	+150 +50	+41 +25	+50 +25	+64 +25	+87 +25
40	50													
50	65	+130 +100	+146 +100	+174 +100	+220 +100	+290 +100	+90 +60	+106 +60	+134 +60	+180 +60	+49 +30	+60 +30	+76 +30	+104 +30
65	80													
80	100	+155 +120	+174 +120	+207 +120	+260 +120	+340 +120	+107 +72	+125 +72	+159 +72	+212 +72	+58 +36	+71 +36	+90 +36	+123 +36
100	120													
120	140	+185 +145	+208 +145	+245 +145	+305 +145	+395 +145	+125 +85	+148 +85	+185 +85	+245 +85	+68 +43	+83 +43	+106 +43	+143 +43
140	160													
160	180													
180	200	+216 +170	+242 +170	+285 +170	+355 +170	+460 +170	+146 +100	+215 +100	+215 +100	+285 +100	+79 +50	+96 +50	+122 +50	+165 +50
200	225													
225	250													
250	280	+242 +190	+271 +190	+320 +190	+400 +190	+510 +190	+162 +110	+240 +110	+240 +110	+320 +110	+88 +56	+108 +56	+137 +56	+186 +56
280	315													
315	355	+267 +210	+299 +210	+350 +210	+440 +210	+570 +210	+182 +125	+214 +125	+265 +125	+355 +125	+98 +62	+119 +62	+151 +62	+202 +62
355	400													
400	450	+293 +230	+327 +230	+385 +230	+480 +230	+630 +230	+198 +135	+232 +135	+290 +135	+385 +135	+108 +68	+131 +68	+165 +68	+223 +68
450	500													

（续）

G				H												
5	6	7	8	1	2	3	4	5	6	7	8	9	10	11	12	13
+6 +2	+8 +2	+12 +2	+16 +2	+0.8 0	+1.2 0	+2 0	+3 0	+4 0	+6 0	+10 0	+14 0	+25 0	+40 0	+60 0	+100 0	+140 0
+9 +4	+12 +4	+16 +4	+22 +4	+1 0	+1.5 0	+2.5 0	+4 0	+5 0	+8 0	+12 0	+18 0	+30 0	+48 0	+75 0	+120 0	+180 0
+11 +5	+14 +5	+20 +5	+27 +5	+1 0	+1.5 0	+2.5 0	+4 0	+6 0	+9 0	+15 0	+22 0	+36 0	+58 0	+90 0	+150 0	+220 0
+14 +6	+17 +6	+24 +6	+33 +6	+1.2 0	+2 0	+3 0	+5 0	+8 0	+11 0	+18 0	+27 0	+43 0	+70 0	+110 0	+180 0	+270 0
+16 +7	+20 +7	+28 +7	+40 +7	+1.5 0	+2.5 0	+4 0	+6 0	+9 0	+13 0	+21 0	+33 0	+52 0	+84 0	+130 0	+210 0	+330 0
+20 +9	+25 +9	+34 +9	+48 +9	+1.5 0	+2.5 0	+4 0	+7 0	+11 0	+16 0	+25 0	+39 0	+62 0	+100 0	+160 0	+250 0	+390 0
+23 +10	+29 +10	+40 +10	+56 +10	+2 0	+3 0	+5 0	+8 0	+13 0	+19 0	+30 0	+46 0	+74 0	+120 0	+190 0	+300 0	+460 0
+27 +12	+34 +12	+47 +12	+66 +12	+2.5 0	+4 0	+6 0	+10 0	+15 0	+22 0	+35 0	+54 0	+87 0	+140 0	+220 0	+350 0	+540 0
+32 +14	+39 +14	+54 +14	+77 +14	+3.5 0	+5 0	+8 0	+12 0	+18 0	+25 0	+40 0	+63 0	+100 0	+160 0	+250 0	+400 0	+630 0
+35 +15	+44 +15	+61 +15	+87 +15	+4.5 0	+7 0	+10 0	+14 0	+20 0	+29 0	+46 0	+72 0	+115 0	+182 0	+290 0	+460 0	+720 0
+40 +17	+49 +17	+69 +17	+98 +17	+6 0	+8 0	+12 0	+16 0	+23 0	+32 0	+52 0	+81 0	+130 0	+210 0	+320 0	+520 0	+810 0
+43 +18	+54 +18	+75 +18	+107 +18	+7 0	+9 0	+13 0	+18 0	+25 0	+36 0	+57 0	+89 0	+140 0	+230 0	+360 0	+570 0	+890 0
+47 +20	+60 +20	+83 +20	+117 +20	+8 0	+10 0	+15 0	+20 6	+27 0	+40 0	+63 0	+97 0	+155 0	+250 0	+400 0	+630 0	+970 0

公称尺寸/mm		J			JS												
大于	至	6	7	8	1	2	3	4	5	6	7	8	9	10	11	12	13
—	3	+2 −4	+4 −6	+6 +8	±0.4	±0.6	±1	±1.5	±2	±3	±5	±7	±12	±20	±30	±50	±70
3	6	+5 −3	±6	+10 −8	±0.5	±0.75	±1.25	±2	±2.5	±4	±6	±9	±15	±24	±37	±60	±90
6	10	+5 −4	+8 −7	+12 −10	±0.5	±0.75	±1.25	±2	±3	±4.5	±7	±11	±18	±29	±46	±75	±110
10	14	+6 −5	+10 −8	+15 −12	±0.6	±1	±1.5	±2.5	±4	±5.5	±9	±13	±21	±36	±55	±90	±135
14	18																
18	24	+8 −5	+12 −9	+20 −13	±0.75	±1.25	±2	±3	±4.5	±6.5	±10	±16	±26	±42	±65	±105	±165
24	30																
30	40	+10 −6	+14 −11	+24 −15	±0.75	±1.25	±2	±3.5	±5.5	±8	±12	±19	±31	±50	±80	±125	±195
40	50																
50	65	+13 −6	+18 −12	+28 −18	±1	±1.5	±2.5	±4	±6.5	±9.5	±15	±23	±37	±60	±95	±150	±230
65	80																
80	100	+16 −6	+22 −13	+34 −20	±1.25	±2	±3	±5	±7.5	±11	±17	±27	±43	±70	±110	±175	±270
100	120																
120	140	+18 −7	+26 −14	+41 −22	±1.75	±2.5	±4	±6	±9	±12.5	±20	±31	±50	±80	±125	±200	±315
140	160																
160	180																
180	200	+22 −7	+30 −16	+47 −25	±2.25	±3.5	±5	±7	±10	±14.5	±23	±36	±57	±92	±145	±230	±360
200	225																
225	250																
250	280	+25 −7	+36 −16	+55 −26	±3	±4	±6	±8	±11.5	±16	±26	±40	±65	±105	±160	±280	±405
280	315																
315	355	+29 −7	+39 −18	+60 −29	±3.5	±4.5	±6.5	±9	±12.5	±18	±28	±44	±70	±115	±180	±285	±445
355	400																
400	450	+33 −7	+43 −20	+66 −31	±4	±5	±7.5	±10	±13.5	±20	±31	±48	±77	±125	±200	±315	±485
450	500																

（续）

K					M					N				
4	5	6	7	8	4	5	6	7	8	5	6	7	8	9
0 -3	0 -4	0 -6	0 -10	0 -14	-2 -5	-2 -6	-2 -8	-2 -12	-2 -16	-4 -8	-4 -10	-4 -14	-4 -18	-4 -29
+0.5 -3.5	0 -5	+2 -6	+3 -9	+5 -13	-2.5 -6.5	-3 -8	-1 -9	0 -12	+2 -16	-7 -12	-5 -13	-4 -16	-2 -20	0 -30
+0.5 -3.5	+1 -5	+2 -7	+5 -10	+6 -16	-4.5 -8.5	-4 -10	-3 -12	0 -15	+1 -21	-8 -14	-7 -16	-4 -19	-3 -25	0 -36
+1 -4	+2 -6	+2 -9	+6 -12	+8 -19	-5 -10	-4 -12	-4 -15	0 -18	+2 -25	-9 -17	-9 -20	-5 -23	-3 -30	0 -43
0 -6	+1 -8	+2 -11	+6 -15	+10 -23	-6 -12	-5 -14	-4 -17	0 -21	+4 -29	-12 -21	-11 -24	-7 -28	-3 -36	0 -52
+1 -6	+2 -9	+3 -13	+7 -18	+12 -27	-6 -13	-5 -16	-4 -20	0 -25	+5 -34	-13 -24	-12 -28	-8 -33	-3 -42	0 -62
	+3 -10	+4 -15	+9 -21	+14 -32		-6 -19	-5 -24	0 -30	+5 -41	-15 -28	-14 -33	-9 -39	-4 -50	0 -74
	+2 -13	+4 -18	+10 -25	+16 -38		-8 -23	-6 -28	0 -35	+6 -48	-18 -33	-16 -38	-10 -45	-4 -58	0 -87
	+3 -15	+4 -21	+12 -28	+20 -43		-9 -27	-8 -33	0 -40	+8 -55	-21 -39	-20 -45	-12 -52	-4 -67	0 -100
	+2 -18	+5 -24	+13 -33	+22 -50		-11 -31	-8 -37	0 -46	+9 -63	-25 -45	-22 -51	-14 -60	-5 -77	0 -115
	+3 -20	+5 -27	+16 -36	+25 -56		-13 -36	-9 -41	0 -52	+9 -72	-27 -50	-25 -57	-14 -66	-5 -86	0 -130
	+3 -22	+7 -29	+17 -40	+28 -61		-14 -39	-10 -46	0 -57	+11 -78	-30 -55	-26 -62	-16 -73	-5 -94	0 -140
	+2 -25	+8 -32	+18 -45	+29 -68		-16 -43	-10 -50	0 -63	+11 -86	-33 -60	-27 -67	-17 -80	-6 -103	0 -155

公称尺寸/mm		P					R				S			
大于	至	5	6	7	8	9	5	6	7	8	5	6	7	8
—	3	-6 -10	-6 -12	-6 -16	-6 -20	-6 -31	-10 -14	-10 -16	-10 -20	-10 -24	-14 -18	-14 -20	-14 -24	-14 -28
3	6	-11 -16	-9 -17	-8 -20	-12 -30	-12 -42	-14 -19	-12 -20	-11 -23	-15 -33	-18 -23	-16 -24	-15 -27	-19 -37
6	10	-13 -19	-12 -21	-9 -24	-15 -37	-15 -51	-17 -23	-16 -25	-13 -28	-19 -41	-21 -27	-20 -29	-17 -32	-23 -45
10	14	-15 -23	-15 -26	-11 -29	-18 -45	-18 -61	-20 -28	-20 -31	-16 -34	-23 -50	-25 -33	-25 -36	-21 -39	-28 -55
14	18													
18	24	-19 -28	-18 -31	-14 -35	-22 -55	-22 -74	-25 -34	-24 -37	-20 -41	-28 -61	-32 -41	-31 -44	-27 -48	-35 -68
24	30													
30	40	-22 -33	-21 -37	-17 -42	-26 -65	-26 -88	-30 -41	-29 -45	-25 -50	-34 -73	-39 -50	-38 -54	-34 -59	-43 -82
40	50													
50	65	-27 -40	-26 -45	-21 -51	-32 -78	-32 -106	-36 -49	-35 -54	-30 -60	-41 -87	-48 -61	-47 -66	-42 -72	-53 -99
65	80						-38 -51	-37 -56	-32 -62	-43 -89	-54 -67	-53 -72	-48 -78	-59 -105
80	100	-32 -47	-30 -52	-24 -59	-37 -91	-37 -124	-46 -61	-44 -66	-38 -73	-51 -105	-66 -81	-64 -86	-58 -93	-71 -125
100	120						-49 -64	-47 -69	-41 -76	-54 -108	-74 -89	-72 -94	-66 -101	-79 -133
120	140	-37 -55	-36 -61	-28 -68	-43 -106	-43 -143	-57 -75	-56 -81	-48 -88	-63 -126	-86 -104	-85 -110	-77 -117	-92 -155
140	160						-59 -77	-58 -83	-50 -90	-65 -128	-94 -112	-93 -118	-85 -125	-100 -163
160	180						-62 -80	-61 -86	-53 -93	-68 -131	-102 -120	-101 -126	-93 -133	-108 -171
180	200	-44 -64	-41 -70	-33 -79	-50 -122	-50 -165	-71 -91	-68 -97	-60 -106	-77 -149	-116 -136	-113 -142	-105 -151	-122 -194
200	225						-74 -94	-71 -100	-63 -109	-80 -152	-124 -144	-121 -150	-113 -159	-130 -202
225	250						-78 -98	-75 -104	-67 -113	-84 -156	-134 -154	-131 -160	-123 -169	-140 -212
250	280	-49 -72	-47 -79	-36 -88	-56 -137	-56 -186	-87 -110	-85 -117	-74 -126	-94 -175	-151 -174	-149 -181	-138 -190	-158 -239
280	315						-91 -114	-89 -121	-78 -130	-98 -179	-163 -186	-161 -193	-150 -202	-170 -251
315	355	-55 -80	-51 -87	-41 -98	-62 -151	-62 -202	-101 -126	-97 -133	-87 -144	-108 -197	-183 -208	-179 -215	-169 -226	-190 -279
355	400						-107 -132	-103 -139	-93 -150	-114 -203	-201 -226	-197 -233	-187 -244	-208 -297
400	450	-61 -88	-55 -95	-45 -108	-68 -165	-68 -223	-119 -146	-113 -153	-103 -166	-126 -223	-225 -252	-219 -259	-209 -272	-232 -329
450	500						-125 -152	-119 -159	-109 -172	-132 -229	-245 -272	-239 -279	-229 -292	-252 -349

（续）

T			U			V		
6	7	8	6	7	8	6	7	8
			-18 -24	-18 -28	-18 -32			
			-20 -28	-19 -31	-23 -41			
			-25 -34	-22 -37	-28 -50			
			-30 -41	-26 -44	-33 -60	-36 -47	-32 -50	-39 -66
			-37 -50	-33 -54	-41 -74	-43 -56	-39 -60	-47 -80
-37 -50	-33 -54	-41 -74	-44 -57	-40 -61	-48 -81	-51 -64	-47 -68	-55 -88
-43 -59	-39 -64	-48 -87	-55 -71	-51 -76	-60 -99	-63 -79	-59 -84	-68 -107
-49 -65	-45 -70	-54 -93	-65 -81	-61 -86	-70 -109	-76 -92	-72 -97	-81 -120
-60 -79	-55 -85	-66 -112	-81 -100	-76 -106	-87 -133	-96 -115	-91 -121	-102 -148
-69 -88	-64 -94	-75 -121	-96 -115	-91 -121	-102 -148	-114 -133	-109 -139	-120 -166
-84 -106	-78 -113	-91 -145	-117 -139	-111 -146	-124 -178	-139 -161	-133 -168	-146 -200
-97 -119	-91 -126	-104 -158	-137 -159	-131 -166	-144 -198	-165 -187	-159 -194	-172 -226
-115 -140	-107 -147	-122 -185	-163 -188	-155 -195	-170 -233	-195 -220	-187 -227	-202 -265
-127 -152	-119 -159	-134 -197	-183 -208	-175 -215	-190 -253	-221 -246	-213 -253	-228 -291
-139 -164	-131 -171	-146 -209	-203 -228	-195 -235	-210 -273	-245 -270	-237 -277	-252 -315
-157 -186	-149 -195	-166 -238	-227 -256	-219 -265	-236 -308	-275 -304	-267 -313	-284 -356
-171 -200	-163 -209	-180 -252	-249 -278	-241 -287	-258 -330	-301 -330	-293 -339	-310 -382
-187 -216	-179 -225	-196 -268	-275 -304	-267 -313	-284 -356	-331 -360	-323 -369	-340 -412
-209 -241	-198 -250	-218 -299	-306 -338	-295 -347	-315 -396	-376 -408	-365 -417	-385 -466
-231 -263	-220 -272	-240 -321	-341 -373	-330 -382	-350 -431	-416 -448	-405 -457	-425 -506
-257 -293	-247 -304	-268 -357	-379 -415	-369 -426	-390 -479	-464 -500	-454 -511	-475 -564
-283 -319	-273 -330	-294 -383	-424 -460	-414 -471	-435 -524	-519 -555	-509 -566	-530 -619
-317 -357	-307 -370	-330 -427	-477 -517	-467 -530	-490 -587	-582 -622	-572 -635	-595 -692
-347 -387	-337 -400	-360 -457	-527 -567	-517 -580	-540 -637	-647 -687	-637 -700	-660 -757

（续）

公称尺寸/mm		X			Y			Z		
大于	至	6	7	8	6	7	8	6	7	8
—	3	-20 -26	-20 -30	-20 -34				-26 -32	-26 -36	-26 -40
3	6	-25 -33	-24 -36	-28 -46				-32 -40	-31 -43	-35 -53
6	10	-31 -40	-28 -43	-34 -56				-39 -48	-36 -51	-42 -64
10	14	-37 -48	-33 -51	-40 -67				-47 -58	-43 -61	-50 -77
14	18	-42 -53	-38 -56	-45 -72				-57 -68	-53 -71	-60 -87
18	24	-50 -63	-46 -67	-54 -87	-59 -72	-55 -76	-63 -96	-69 -82	-65 -86	-73 -106
24	30	-60 -73	-56 -77	-64 -97	-71 -84	-67 -88	-75 -108	-84 -97	-80 -101	-88 -121
30	40	-75 -91	-71 -96	-80 -119	-89 -105	-85 -110	-94 -133	-107 -123	-103 -128	-112 -151
40	50	-92 -108	-88 -113	-97 -136	-109 -125	-105 -130	-114 -153	-131 -147	-127 -152	-136 -175
50	65	-116 -135	-111 -141	-122 -168	-138 -157	-133 -163	-144 -190		-161 -191	-172 -218
65	80	-140 -159	-135 -165	-146 -192	-168 -187	-163 -193	-174 -220		-199 -229	-210 -256
80	100	-171 -193	-165 -200	-178 -232	-207 -229	-201 -236	-214 -268		-245 -280	-258 -312
100	120	-203 -225	-197 -232	-210 -264	-247 -269	-241 -276	-254 -308		-297 -332	-310 -364
120	140	-241 -266	-233 -273	-248 -311	-293 -318	-285 -325	-300 -363		-350 -390	-365 -428
140	160	-273 -298	-265 -305	-280 -343	-333 -358	-325 -365	-340 -403		-400 -440	-415 -478
160	180	-303 -328	-295 -335	-310 -373	-373 -398	-365 -405	-380 -443		-450 -490	-465 -528
180	200	-341 -370	-333 -379	-350 -422	-416 -445	-408 -454	-425 -497		-503 -549	-520 -592
200	225	-376 -405	-368 -414	-385 -457	-461 -490	-453 -499	-470 -542		-558 -604	-575 -647
225	250	-416 -445	-408 -454	-425 -497	-511 -540	-503 -549	-520 -592		-623 -669	-640 -712
250	280	-466 -498	-455 -507	-475 -556	-571 -603	-560 -612	-580 -661		-690 -742	-710 -791
280	315	-516 -548	-505 -557	-525 -606	-641 -673	-630 -682	-650 -731		-770 -822	-790 -871
315	355	-579 -615	-569 -626	-590 -679	-719 -755	-709 -766	-730 -819		-879 -936	-900 -989
355	400	-649 -685	-639 -696	-660 -749	-809 -845	-799 -856	-820 -909		-979 -1036	-1000 -1089
400	450	-727 -767	-717 -780	-740 -837	-907 -947	-897 -960	-920 -1017		-1077 -1140	-1100 -1197
450	500	-807 -847	-797 -860	-820 -917	-987 -1027	-977 -1040	-1000 -1097		-1227 -1290	-1250 -1347

参考文献

[1] 张继东. 机械测量入门与提高 [M]. 北京：机械工业出版社，2011.
[2] 曾秀云. 公差配合与技术测量 [M]. 2版. 北京：机械工业出版社，2010.
[3] 张彩霞，赵正文. 图解机械测量入门100例 [M]. 北京：化学工业出版社，2011.
[4] 王萍辉. 公差配合与技术测量 [M]. 北京：机械工业出版社，2009.
[5] 于万成. 质量控制与检测技术 [M]. 2版. 北京：机械工业出版社，2013.
[6] 马林. 六西格玛管理 [M]. 北京：中国人民大学出版社，2004.
[7] 甘永立. 几何公差问答 [M]. 上海：上海科学技术出版社，2009.